U0145333

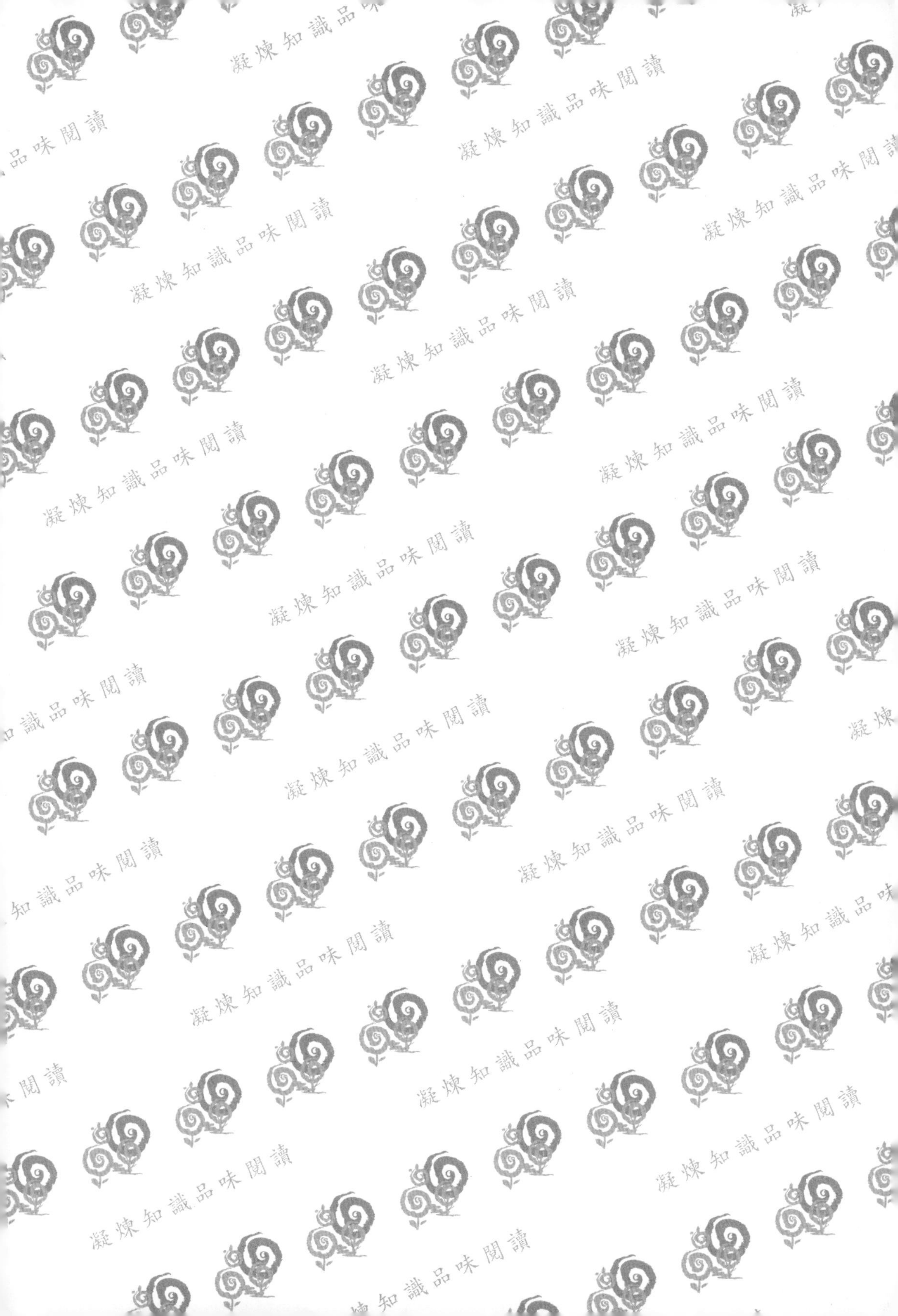

五南圖書出版公司 印行

生物統計學

閱讀文字

理解內容

觀看圖表

圖解讓

生物統計學

更簡單

序言

本書的特別編排設計，將讓你感覺不可思議地淺顯易近，讀完前幾頁你會懷疑：

現在正在看的，是生物統計嗎？

本書的目的只有一個：讓讀者了解生物統計。編排方式跟一般生物統計書籍完全不一樣。一般的生物統計書籍在教讀者**生物統計學**，編寫的方式在熟稔生物統計學的人看來，可能是個章節分明、井井有條的嚴謹論述；然而卻不見得是一個未接觸過生物統計的人容易學習的編排方式，有不少學生物統計的人直到求學都已畢業，也都還是一知半解；即使有時候已經做了正確無誤的生統分析，還是會遲疑自己到底分析對了沒。

本書為讓初學者閱讀通暢，所用詞語皆為一般日常用語，文中所說的任何名詞（除了人名以外），即使是粗體字的名詞，請大家用一般**日常生活上慣用、常見的意思**去理解它。

使用易於了解的日常用語這事……很重要嗎？對於初學者而言絕對是很重要的，以下就舉兩個生物統計學上最常見，但卻也誤導最多人的專業用語例子來說明（下例中以灰底呈現的字詞，請讀者**不要**記住，也先**不要**去查閱或了解，本書在文中會有清楚的說明）：

1. 樣本標準差：

初學者第一次看到這個詞時，在正常、合理的思考邏輯下，會認為這是在說 [樣本] 的 [標準差]；但很可惜的，這個詞在生物統計學上所指的偏偏是 [母群體] 的 [標準差]。

正確的說法是**用樣本資料去推測的** [母群體] 的 [標準差]，既然如此，實在不宜取樣本標準差這個詞作為生物統計專業術語去表示該意思。也因此本書文中不使用樣本標準差這個詞，而是以其他方式來說明。

2. 顯著差異：

這可說是任何牽涉到生物統計的話語中，無論是在教科書或是研究發表、會議演講等等，用得最多次的一個詞了。不論你懂不懂生物統計，在學術會議或研究報告中，你也一定會很常看到、聽到 [……有顯著差異] 或是 [……差異很顯著]。怎麼看，[顯著] 這個詞都是在形容 [差異]，是在說 [差異] 差得很大、差得很顯著的意思；但很可惜的，這也是一個常見的誤導。

[……有顯著差異] 稍為精確的描述應該是 [依據樣本資料，我們能顯著**判別**兩者的母群體有**差異**]，若要簡略也應該說 [能顯著**判別**兩者有差異]，其中顯著是在形容**判別**，不是在形容**差異**大小：因此再怎麼也該說為 [顯著有差異]，而不是 [有顯著差異]；

應說 [⋯的差異讓我們能很顯著地**判別**]，而不是 [差異很顯著]。

本書文中有例子與圖解說明**差異量**很小，但卻能讓你顯著**判別**有差異的情況，以及**差異量**很大，但你卻難以**判別**有無差異的情況；並且，本書文中也不使用顯著這個詞，而是以日常用語**明顯**與其他方式來說明。

因此，本書是以讓讀者容易學習與了解為目的來描述與編排，很多生物統計學的專業用語在本書中都是看不到的。**如果讀者在書中何處閱讀到讓你感覺不親近像是專業用語的詞，還請不吝指教讓筆者修正**；但是，有些分析法以其發明者的名字做為命名，這些部分本書呈現原名以示尊敬（讀者若因這些人名而感到窒礙難讀，請在腦中自行將其想像轉換為小明、小華、小高、小斯…之類的即可）。

那麼，為了讓初學者容易學習，本書是否加了很多其他生物統計學書籍沒有，只有本書才有的額外資訊？不但沒有，而且還相反地，少了很多一般生物統計學書籍一定有，只有本書才敢沒有的資訊；舉例來說，像虛無假設、對立假設、顯著性等生物統計學用詞大概是所有生物統計學課程必提的，其意涵也可說是生物統計架構中的關鍵。但是，筆者訪問過對生物統計學習不利的學生們，很多人約略就是在提到虛無假設、對立假設時開始對生物統計學有不親近感，也開始有所抗拒、排斥，而差不多在學及顯著性一詞時開始感到混淆、困惑。

雖然本書少了很多生物統計學用詞，但還是有以註記方式（註…）在書末附對照表，供讀者查閱其在生物統計學上的專業用詞。然而此註記只為了讓你在學習懂得生物統計的原理**後**，了解其他書籍或期刊說到的**生物統計學專用詞**是什麼意思，請在你完全了解生物統計的基本原理**之後**，再去查看註記所對照的詞語。**初學者請不要急於查看有註記的詞語**，因為有些生物統計學用詞在字面上不易理解，可能會阻礙或誤導你（如上述兩例）對生物統計的學習。

此外，本書在談述各種生物統計方法時，也適時帶動**研究設計**與**生物統計**方法之間的牽連，因為一個研究結果該使用何種生物統計方法，大部分在研究設計時就已經決定了；**研究設計**與**生物統計**請大家一同思考與學習。

期盼各位讀者在看完本書之後，在做研究及閱讀研究論文時，都能了解其生物統計分析部分所要表示的意思，而不會再只是覺得「啊，那就是學術上規定必須附加上的生統分析用語」、「反正就是 p 要 <0.05 就對了啦」。

CONTENTS 目錄

序言

第1章　猜測的邏輯

第2章　捏造記錄簿

第3章　比較的方式

CONTENTS 目錄

第4章　規律與關係

第5章　類別的處理

第6章　時間分析

第 1 章
猜測的邏輯

單元1　猜

在現實的日常生活當中，雖然你翻開了這本看起來很嚴肅的什麼生物統計的書，但你並沒有很專心看著這本書，而是注意到桌子右邊擱著一張新開幕餐廳的特價優惠宣傳單，眼睛一亮口水一流，揪了一旁的三五親朋好友等會兒去吃。你的好友甲回你說：「新開幕特價看起來很優惠沒錯，但是太便宜了，去了一定一堆人，要排很久的隊。」好友乙則說：「而且現在天氣陰陰的，等下鐵定下雨，不如泡泡麵嗑比較方便。」

這一段常見的日常生活對話中，有一些是**已經發生的事實**：桌子右邊有一張新開幕餐廳的特價優惠宣傳單、你眼睛亮口水流、現在天氣陰陰的。有一些是**對未知事物的猜測**：一定一堆人、去了要排很久的隊、等下鐵定下雨。

大致上我們在下課時間談論生活上的事物時，常常包含對**已經發生**或是**已知的事實**的敘述，以及**對未知事物的猜測**兩大類的話語，而且常常從**已經發生**或是**已知的事實**來**猜未知事物**。而在感覺較嚴肅學術研討會或醫學研究上，專家學者們談論的方式也差不了多少；辛苦得到寶貴的資料後，要討論的除了描述掌握在手中的數據之外，就是從這些**已知的研究結果**來**推測未知事物**。你了解「**推測**」就等於是「**猜**」；只是學術上的用詞與朋友間閒聊的口語，字面上不同而已。

在日常生活中，對於同樣一件**已經發生**或是**已知的事物**，不同人會有不同的描述：

「現在天氣陰陰的」或是「沒有太陽有陰雲」

「有張優惠宣傳單在桌子右邊」或是「桌子右邊有張優惠宣傳單」

但敘述的內容意思都還是一樣的。

不過當我們要**猜未知的事物**時，不同人來**猜**可能差很多：

「新開幕特價太便宜了，一定一堆人，要排很久的隊，不要去。」

「新開幕肯定沒什麼人知道，一定不用排隊，快去搶！」

「現在天氣陰陰的，等下鐵定會下雨，不要出門。」

「現在天氣陰陰的，等下就會出大太陽啦，現在正涼爽，快出門！」

在學術研究上，當醫學研究人員要報告**已知的研究結果**時：

「**這群**糖尿病患者吃 A 藥後，有 60% 的人治好了糖尿病」或是

「**這群**糖尿病患者吃 A 藥後，有 40% 的人糖尿病沒有治好」

說法不同，但含義一樣。

而醫學研究人員要**推測未知事物**時，也是不同研究人員來**推測**可能差很多：

「吃 A 藥後有 60% 的人治好了糖尿病」，所以**推測**「A 藥將能有效治療**其他**糖尿病患者」

「吃 A 藥後有 40% 的人糖尿病沒治好」，所以**推測**「A 藥不能有效治療**其他**糖尿病患者」

既然「**推測**」就是等於「**猜**」，本書往後將使用**猜**（註 1）這個字來表達要**推測**的意思。

今天下午下了場大雨 （已發生的事實）	明天會下雨 （未發生的事）
太陽是從東邊升起的 （已知的事實）	明天太陽會從東邊升起 （未發生的事）
桌上有一張蓋住的撲克牌 （已發生的事實）	桌上這一張蓋住的撲克牌是黑桃5 （此牌是不是黑桃5是已發生的事實，但是未知）
9位病人吃了這個藥後已經治癒 （已發生的事實）	下一位病人吃這個藥會治癒 （未發生的事）
１０位病人吃了這個藥 其中9人已經診斷確認治癒 （已發生的事實）	接下來要診斷這第１０位病人 他現在應該也已經治癒了 （是否已痊癒是已發生的事實，但是未知）
今天下午下了場大雨 （已發生的事實）	今天這場大雨是因為昨天氣流跟前天鋒面引起（已發生但未知的事實，推測原因）

關於猜

日常生活中我們有時會做這樣的猜測：**明天有 60% 會下雨**

廣義來說，這可以算是一種猜測，不過意思就是明天有可能會下雨，也有可能不會下雨；嚴格來說，這樣的猜測等於沒猜。當你明天出門時對於要不要帶雨傘出門，你只有帶與不帶，**二選一**（沒有帶 60% 的傘這事吧）；也就是必需要在會下雨、不會下之間選邊站。

相對於左頁的例子，研究人員可以預測「A 藥有 60% 能治療糖尿病」，但是當下一個患者來在眼前時，研究人員可沒辦法 60% 的給患者 A 藥吃，只能選擇給或不給，一樣是二選一了。

因此我們：

不猜說**明天有 60% 會下雨** ⬇ 猜說**明天會下雨** ⬅此猜測有 60% 機會是對的➡ 猜說 **A 藥能治療糖尿病**

不猜說 **A 藥有 60% 能治療糖尿病** ⬇ 猜說 **A 藥能治療糖尿病**

猜說**明天會下雨** ⬇ 明天出門要帶傘 ⬅此做法有 60% 機會是對的➡ 給下一個患者吃 **A 藥**

單元2　不猜

對於日常生活中很多**未發生**或是**未知的事物**，你是不猜的：

對於明天的日出方位，你知道會從東方升起；不需要猜，你知道那是有**規律**的**必然**現象。

握在手中的蘋果，如果放開它，你知道它將向地面掉落；你甚至能知道它在多少時間後會到達地面。不需要猜，你知道那是如物理**定律**般**必然**的現象。

測量到一個直角三角形的兩邊長度後，對於第三邊的長度；不需要猜，你知道有數學**公式**可以必然正確地計算出來。

你訂購的超大隻龍蝦寄來了，牠是否有如廣告裡所說的那麼超大隻呢；不需要猜，因為你可以直接拿個秤**測量**牠的重量。

理論上來說，當你有任何方式能精確得知某個未發生或是未知事物，你不需要猜。只不過在生物醫學上，少有遵循**規律**、**定律**、**公式**來讓我們輕鬆算、免猜臆的；多的是**不規則**的**變化**、**差異**，讓我們不得不猜，非猜不可。

現實上即使你知道有某種方式能精確得知某個**未發生**或是**未知事物**，但實際上你沒能執行那個某種方式時，仍然需要猜。例如你想知道全國所有人的平均身高，**逐一去測量每個人**的身高，可以得到正確無誤的解答；但要實際上去**逐一測量每個人**需耗費龐大的人力與時間，以致於幾乎不可能真正做到，因此還是得用猜的。

因此當我們在某一時刻想知道某個**未發生**或是**未知事物**，而在那個時刻沒有**任何可實際執行的方式**能精確得知結果的話，我們就只有……**猜**了。

除了依規律、定律、公式或測量等方式而不猜的情況，尚有一個**不猜**的情況；這個情況可說是**不猜**的精髓，並且幾乎是所有**猜**的基礎（即便是生物統計學上的**猜**也是）。在一般用語上，它可能稱之為**信念**；在生物統計上，本書將之稱為**假定**（註 2）。

這裡的用詞**假定**，是指強烈的認定，假設而且**認定**！已經認定，不用去測量、檢驗或求證它的真假對錯（與需求證真假對錯的**假設**不同）。

假定為何是**猜**的基礎呢？因為我們總是在眾多的**假定**之下去猜測事物，我們常常都對眾多事物有所假定，只是假定得太自然太習慣而不自覺罷了，以前面例子來說：

你見現在天氣陰陰的，你**假定**等一下的地球環境氣候跟往常一樣（不會突然有火山爆發、被隕石撞擊、強烈的異常太陽黑子活動等等什麼鬼的事件），然後你**猜**等一下會下雨。

地球環境氣候跟往常一樣這個**假定**是通常你是不自覺的，也許真的有某天會有火山、隕石來襲或太陽異變，但總之你**假定**等一下這些狀況都不會發生。

我們通常**假定**「未知事件的發生環境會跟往**常**的狀**態**一樣」；這很自然而且實際上也大多如此，所以我們常不自覺，但這卻沒什麼不妥。

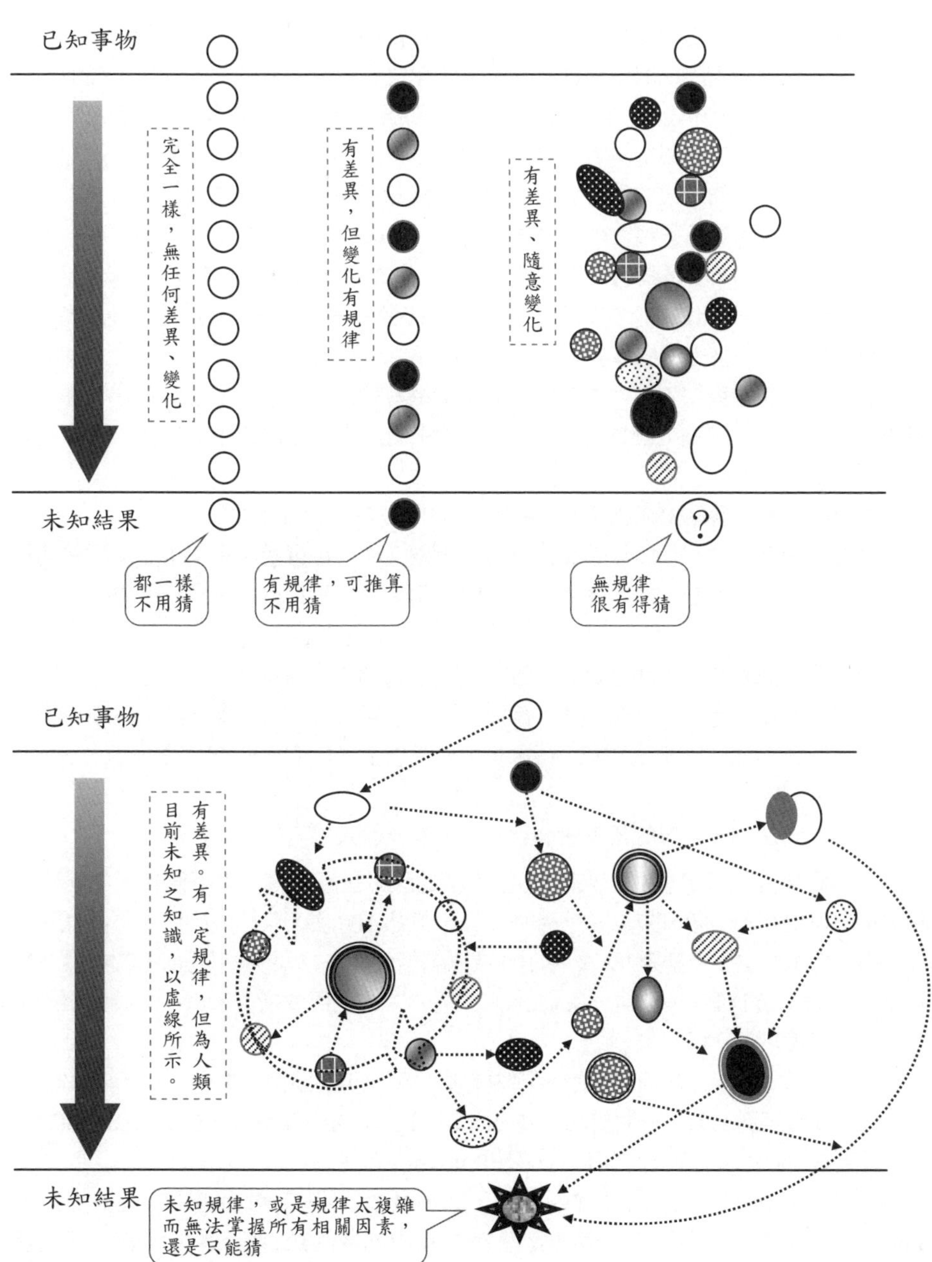
已知事物
完全一樣，無任何差異、變化
有差異，但變化有規律
有差異、隨意變化
未知結果
都一樣
不用猜
有規律，可推算
不用猜
?
無規律
很有得猜
已知事物
有差異。有一定規律，但為人類目前未知之知識，以虛線所示。
未知結果
未知規律，或是規律太複雜
而無法掌握所有相關因素，
還是只能猜

單元3　猜對

當事物的發生沒有任何**必然**的**規律**時，那就是**隨意**、**任意**的。有時可能出現的各種結果之間有固定的比例，例如右頁左圖出現黑與白的比例為 1：1，右圖出現黑與白的比例為 7：1。右圖中可以知道黑的結果比較容易出現，但發生黑或白仍是**隨意**的，我們還是不知哪一次會出現黑、哪一次會出現白；就只知道出現黑的結果的可能性比較高，或說是出現黑的結果的**機會**比較高。既是**隨意**但又各有各自出現的**機會**，本書將這種情形稱之為**隨機**（這跟一般人日常用語中對隨機的認知並沒有太大不同）。

隨機出現的事物，就是我們需要猜的事物。一事物出現的**率**（與其他事物的**比例**），「在已發生、已知的記錄中，我們可以知道它的**已發生率**」；「在未知、未發生的將來，我們可以稱為是它發生的**機率**」。

當我們要猜某件事物時，如果**假定**它發生的**機率**與已知記錄的**發生率**一樣。那翻翻確實記錄過往歷史經驗的**記錄簿**（註 3）來猜東猜西，就是最常用的猜法。下面是個日常的例子：

◎如果過去你總共看過 100 次天氣陰陰的，其中 99 次之後都下雨。

現在看到天氣陰陰的，而你想在「待會將下雨」與「待會將不會下雨」這兩種情形進行 2 猜 1 時，那麼一般人會猜「待會將下雨」；而生物統計學建議你猜……「待會將下雨」。

☼ 如果過去你總共看過 100 次天氣陰陰的，其中 99 次之後都放晴。

現在看到天氣陰陰的，而你想在「待會將下雨」與「待會將不會下雨」這兩種情形進行 2 猜 1 時，那麼一般人會猜「待會將不會下雨」；而生物統計學建議你猜……「待會將不會下雨」。

生物統計學的基本中心思想，就是一般人平常的普通思想。

以上例◎來說，**假定現在未來與都上例 中的歷史記錄一樣**，那麼**同樣**天氣陰陰的狀況再出現 100 次的話，99 次之後都會下雨。**同樣** 100 次天氣陰陰的狀況都**同樣**猜將會下雨，則 100 次中會猜對 99 次 → 100 次中猜對的比率為 99% → 任何一次猜測都是有 99% 的機率會猜對 → 任何一次猜測都是有 99% 的把握會猜對。這些關於**猜對**的不同說法，意義都是一樣的。

接下來的例子，請比較看看醫學領域中的猜是否比猜上面例子中會不會下雨難呢：

有研究學者經過試驗，**一共**有100位Kznnoer's Tyuoo disease患者吃StpiZurrakjee#22藥後，結果其中99位患者都治好了Kznnoer's Tyuoo disease。

現在有第 101 位 Kznnoer's Tyuoo disease 患者，研究學者想在「此患者吃 StpiZurrakjee#22 藥會被治好」與「此患者吃 StpiZurrakjee#22 藥不會被治好」這兩種情形進行 2 猜 1 時，那麼生物統計學建議猜「會被治好」。不管生物統計學，你依自己想法來猜的話，你猜「 ______ 被治好」。

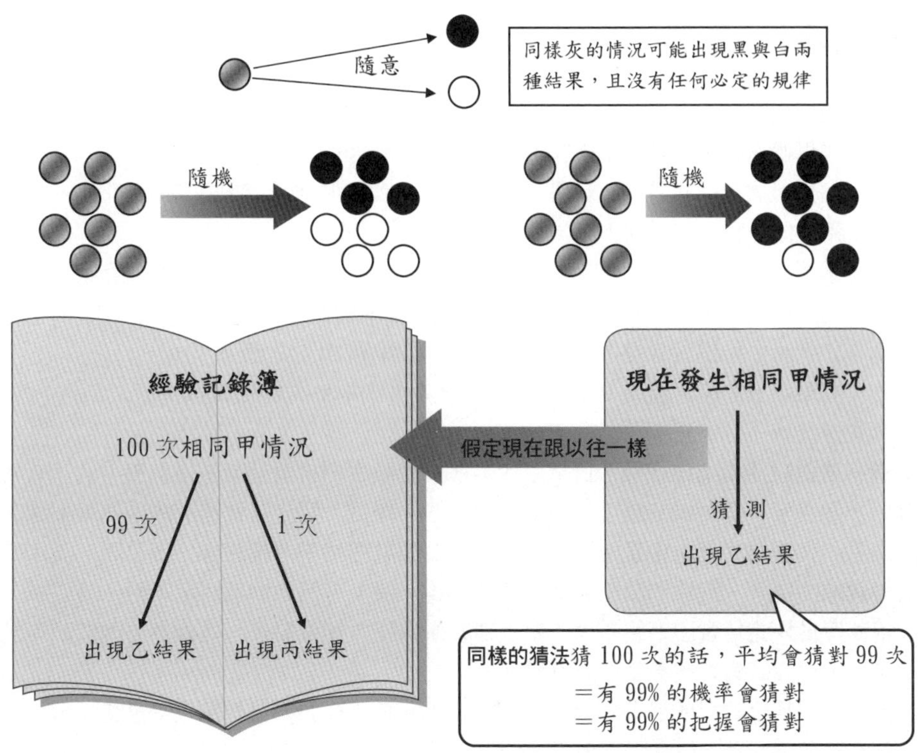

如果左頁例題的文字敘述讓你看了很礙眼，請用塗鴉符號△、□取代Kznnoer's Tyuoo disease、StpiZurrakjee#22這些虛擬的英文字詞後，再看看下面的例題：

當場練習題

有研究學者經過試驗，100位△病患者吃□藥後，其中99位患者△病都治好了。

現在第101位△病患者在眼前，研究學者想在［他吃□藥會治好△病］與［他吃□藥不會治好△病］這兩種情形進行2猜1時，那麼生物統計學建議研究學者猜［會被治好］。若不管生物統計學，你會建議研究學者猜［ ______ 被治好］。

並且憑什麼，你可以宣稱猜［會被治好］，有99%的把握會猜對。參考選項：

① 憑 你是老大說了算

② 憑 你有超能力預測超準

③ 憑 你**假定**所有患者吃□藥的效果跟經過試驗的100位患者一樣

④ 憑 你**假定**所有患者吃□藥有99%會被治好

（答案請見單元6）

單元4　猜錯

在下面例子中：

A：如果過去你總共看過 100 次天氣陰陰的，其中 98 次之後都下雨。

B：如果過去你總共看過 100 次天氣陰陰的，其中 97 次之後都下雨。

你是不是同樣猜「待會將下雨」呢？

再看下例：

C：如果過去你總共看過 100 次天氣陰陰的，其中 51 次之後都下雨。

D：如果過去你總共看過 100 次天氣陰陰的，其中 50 次之後都下雨。

E：如果過去你總共看過 100 次天氣陰陰的，其中 49 次之後都下雨。

哪些情況猜「待會將下雨」呢？

猜有猜對與猜錯兩種結果，日常生活中很多時候我們猜東猜西是沒有壓力的，有時候只是個娛樂，猜對或猜錯可能只是心情上的小感受；關於這種情形的猜測就不深入討論了。我們現在考慮**會直接決定你某個作為的**這種猜測。請想像一個符號＝表示**等於**與**聯結**的鏈子，把它們聯結成綑的樣子（**猜＝決**）。例如你猜將會下雨，並因為這個猜測**等於決定**待會出門要帶傘；醫生猜某新藥療效比舊藥好，並因為這個猜測**等於決定**給予往後的病人該新藥來治病。

因此，如果你的目的是猜對就好，那麼例 A、B、C 你要猜的是「待會將下雨」，而例 E 你要猜的是「待會將不會下雨」。

當**猜＝決**會決定一個作為時，猜對表示即將做對某件事，而猜錯表示即將做錯某件事，此時在衡量猜對會得到的**好處**與猜錯所造成的**損害**之間，將會影響我們猜的模式，請見右頁表 **A** 與表 **B**。

以右頁表 **B** 情況為例，可能有不少人覺得濕冷、感冒帶來的損害比不帶傘的方便重大許多，即使**猜**不會下雨的猜對率很高，卻寧願**猜＝決**會下雨而帶傘；這樣子的**猜＝決**在如右頁表 **C** 的情況更為常見，每 100 次中 51 次帶一傘的不方便與 49 次濕冷、感冒實在讓人很容易選擇要**猜＝決**哪一邊。

而右頁表 **D** 的情況，如果發生在現實上，則可能就讓人不容易選擇要**猜＝決**哪一邊了。也許有很多人願意承擔 1 次濕冷、感冒，換取 9999 次不用帶傘的方便。如果你是願意如此**猜＝決**的人，那麼請問若是 1 次濕冷、感冒，換取 9998 次不用帶傘的方便呢？若是 1 次濕冷、感冒，換取 9997 次不用帶傘呢？ 999 次呢？ 99 次呢？ 9 次呢？

如果你 1 次濕冷、感冒，換取 9999 次不用帶傘的方便，你仍不願意**猜＝決**不下雨而不帶傘，那麼若是 1 次濕冷、感冒，換取 10000 次不用帶傘呢？ 10001 次呢？ 100000 次呢？ 1000000 次呢？

那個讓你**猜＝決**換邊的界限次數比，也就是率，可以稱為你的………界限比值、冒險率、區隔值、**A** 率、甲率、α 值（註 4）或什麼的都可以。

A

	猜甲	猜乙
正確率（依據經驗）	高	低
猜對好處	小	大
猜錯損害	大	小
你猜＝決哪一個？		

B

事件：目前天氣晴朗	猜不會下雨＝不帶傘	猜即將下雨＝帶傘
正確率（依據經驗）	高	低
猜對好處	小：省了帶一把傘的力氣	大：不被淋濕、心情爽快
猜錯損害	大：淋濕、冷、感冒……	小：耗費帶一把傘的力氣
你猜＝決哪一個？		

C

事件：目前天氣多雲	猜不會下雨＝不帶傘	猜即將下雨＝帶傘
正確率（依據經驗）	高，51%	低，49%
同樣的事件發生 100 次，同樣的猜＝決 100 次		
猜對好處	省了 51 次帶一把傘的力氣	49 次不被淋濕、心情爽快
猜錯損害	49 次淋濕、冷、感冒……	耗費 51 次帶一把傘的力氣
你猜＝決哪一個？		

D

事件：目前超級晴朗	猜不會下雨＝不帶傘	猜即將下雨＝帶傘
正確率（依據經驗）	高，99.99%	低，0.01%
同樣的事件發生 10000 次，同樣的猜＝決 10000 次		
猜對好處	省了 9999 次帶傘的力氣	1 次不被淋濕、心情爽快
猜錯損害	1 次淋濕、冷、感冒……	耗費 9999 次帶傘的力氣
你猜＝決哪一個？		

左頁內文中那個什麼冒險率、區隔值、A 率、甲率、α 值，其大小主要由猜測者自己決定，並且不同的情況猜＝決不同的事物因為都有不同的利弊得失，所以這個界限值都可有所不同；而且能夠是 100% 或是 0%，也就是上例中你無論如何絕不帶傘或都要帶傘的意思。

單元5　兩種方向的猜

事物的發生如右頁示從過去到現在到未來是一連串的過程，前面的單元描述的主要是從現在已知的事物去猜未來未發生的事物（右頁圖 1 中往**右**方向的猜）。而如果過去已發生但我們不知道，而它又是很重要、我們想要的事物，那我們就會從現在已知的事物去猜過去已發生但不知的事物（右頁圖 1 中往**左**方向的猜）。這種方向的猜日常生活中也很常見，例如兇手是誰？這事是誰幹的？……等等。

現在著重在從已知事物來猜已發生但不知的事物（往**左**方向的猜）。跟之前往右猜一樣的是，如果有必定規律，仍是不用猜的（請見右頁圖 2）。例如：已知一母親懷孕，可能生出男嬰、女嬰、雙胞胎……，必須猜。若已知一女嬰，必定來自懷她的母親，不用猜。

如果已知事物可能且隨意發生自兩個以上的事物，必須要猜。同樣的，有時可能出現同一已知事物的來源事物之間有固定的比例，但只要沒有必定規律（或是我們不知道），那對我們來說，此一已知事物就是**隨機**發生自所有可能的來源事物；我們猜，而且對於猜對與猜錯的相關事項，一樣如同前兩個單元所述。不過，我們要清楚明白下列的現象（請看右頁圖 3）：

- 甲事物發生乙事物的機會大，不一定乙來自甲的機會就大，但有可能乙來自甲的機會也是大的。
- 甲事物發生乙事物的機會小，不一定乙來自甲的機會就小，但有可能乙來自甲的機會也是小的。
- 乙事物來自甲事物的機會大，不一定甲發生乙的機會就大，但有可能甲發生乙的機會也是大的。
- 乙事物來自甲事物的機會小，不一定甲發生乙的機會就小，但有可能甲發生乙的機會也是小的。

一切機會都是要看**記錄簿**為準。

不過，雖然不是一定，但是大部分事物在自然世界**常**見的正**常**狀**態**：

- 甲事物發生乙事物的機會大，常常乙來自甲的機會也是大的。（右頁圖 3 左上圖）
- 甲事物發生乙事物的機會小，常常乙來自甲的機會也是小的。（右頁圖 3 右下圖）
- 乙事物來自甲事物的機會大，常常甲發生乙的機會也是大的。（右頁圖 3 左上圖）
- 乙事物來自甲事物的機會小，常常甲發生乙的機會也是小的。（右頁圖 3 右下圖）

各位可觀察或回想一下自己日常生活中遇到的事物來看看是否如此，例如：酒駕很容易出嚴重車禍，嚴重車禍很多是來自於酒駕。

不認真努力的人很少功成名就，功成名就的人很少不認真努力的。

學好生物統計的人很多道德修養變好了，道德修養變好的傢伙很多是由於學好生物統計。

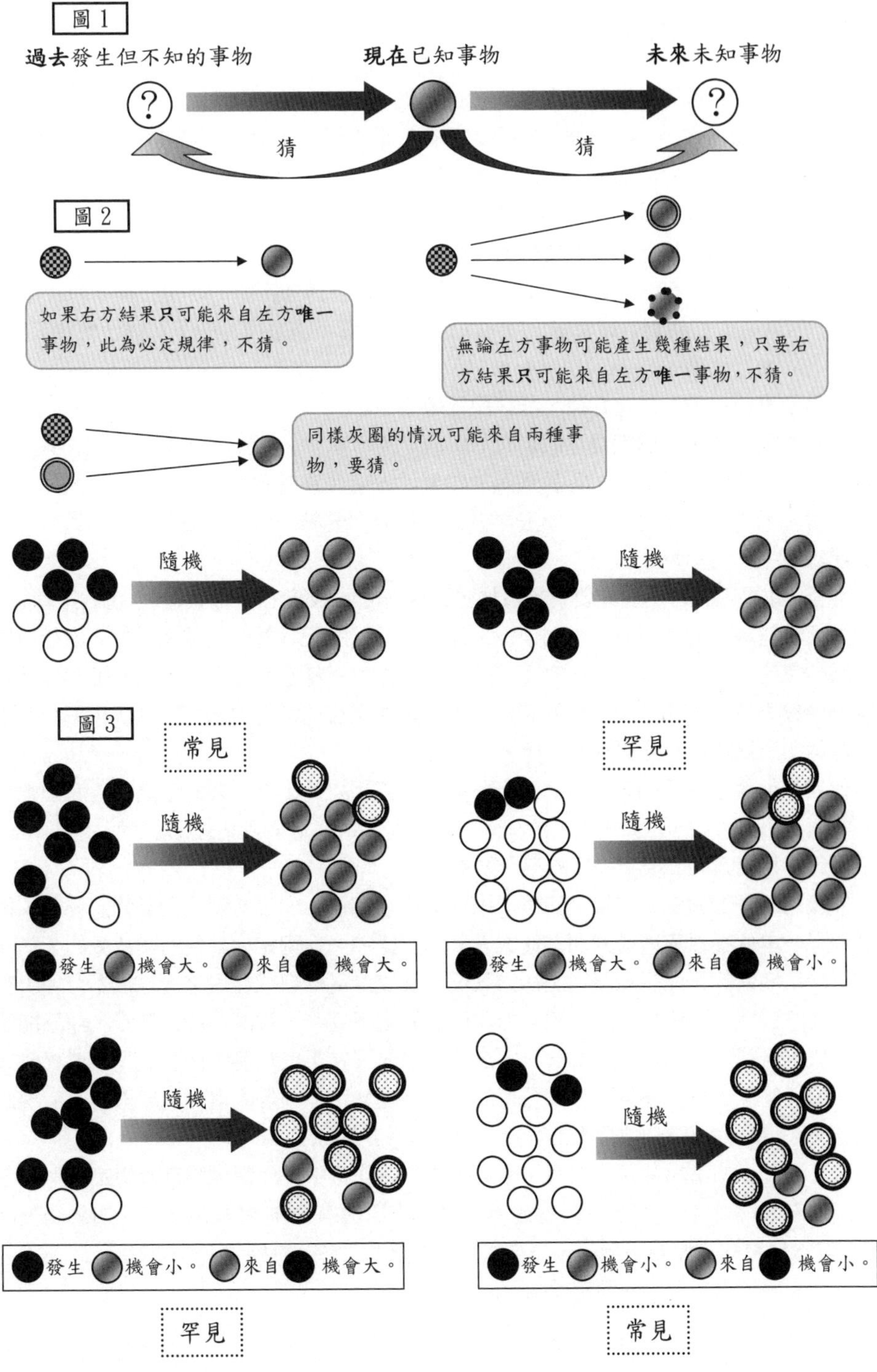
圖 1
過去發生但不知的事物
現在已知事物
未來未知事物
?
?
猜
猜
圖 2
如果右方結果只可能來自左方唯一事物，此為必定規律，不猜。
無論左方事物可能產生幾種結果，只要右方結果只可能來自左方唯一事物，不猜。
同樣灰圈的情況可能來自兩種事物，要猜。
隨機
隨機
圖 3
常見
罕見
隨機
隨機
發生 機會大。來自 機會大。
發生 機會大。來自 機會小。
隨機
隨機
發生 機會小。來自 機會大。
發生 機會小。來自 機會小。
罕見
常見

單元6　做假

本書絕對是不建議**作**假的，然而卻一定要建議大家**做**出好的**假定**。**假定**是猜的基礎，怎麼把假定**做**得好，不僅在研究結果的分析上很重要，更是在一開始做研究設計時就要好好的想清楚要如何**做假**……**定**了。

先來總結一下關於**猜**這件事，重要的相關要素就是：

第一：**有記錄簿**，也就是我們要知道每個猜項的猜對率或猜錯率。

第二：我們**假定**現在一連串事物的發生狀況，與記錄簿裡記錄的狀況一樣。

第三：考量猜對利益與猜錯壞處之間，決定你心中**猜＝決**選擇的……那個什麼界限值、A 率、α 值。

這些要素都備齊、決定好後，就翻**記錄簿**猜吧。

而這些要素之中，**假定**是你假定的，那個什麼甲率、α 值的也是你決定的，只有**記錄簿**是你需要弄到手的……。我是說，如果你先前並沒有乖乖每天寫日記，或是記錄不詳實、不精美，那麼你就須要去弄來一本**關於你要猜的事物**記載精良、完善、詳實的**記錄簿**。

通常，如果別人有**關於你要猜的事物**記載良好的**記錄簿**，你可以去跟他借來用就好。例如天氣陰陰要猜會不會下雨的情況，你隔壁鄰居的**記錄簿**所記載過去的天氣記錄應該跟你家的天氣是一樣的。你家隔壁的天氣跟你家一樣應該是很合理的，但若你還是疑神疑鬼不放心，那就用請你**假定**一下：**假定**你家目前與待會的天氣狀況，跟你家隔壁鄰居的記錄簿裡記錄的狀況一樣。

假定是你說了就算的，非常武斷、強勢的，正因如此，在你要假定之前，必須很小心謹慎的思量一番，再做出妥善的假定。妥善適當的假定，可說是日常生活猜東猜西、學術研究猜南猜北，要猜得好的第一要事。

什麼是不好的假定？如果上面例子中**你家住在海邊**，你沒有關於天氣的記錄簿，你借到了一本**住在沙漠**地區的朋友他家天氣的記錄簿，你**假定**你家目前與待會的天氣狀況跟沙漠地區的天氣記錄簿裡記錄的狀況一樣；這從學理或常理來看是很不合理、很不妥善的**假定**。即使如此，我們只能說你的**假定**不妥善，難讓一般人接受，卻不能說你的假定是**錯**的，因為待會的天氣狀況是未知的，在下一刻**發生**什麼重大地球異變而使得海邊的氣候與沙漠氣候相同的可能性並不是零；但**不發生**重大地球異變，海邊的氣候與沙漠氣候不同的情況更為可能、更合理，也更讓人認同。

關於單元 4 的當場練習，③與④是正確的。在④當中，你都已經直接**假定**所有患者吃□藥有 99% 會被治好了，那就是所有患者吃□藥有 99% 會被治好了。如果與先前 100 位△病患的治療結果無關，完全只是隨便想到 99% 這個數字，那麼這是個不妥善的**假定**，只是剛好與③的**假定**雷同而已。

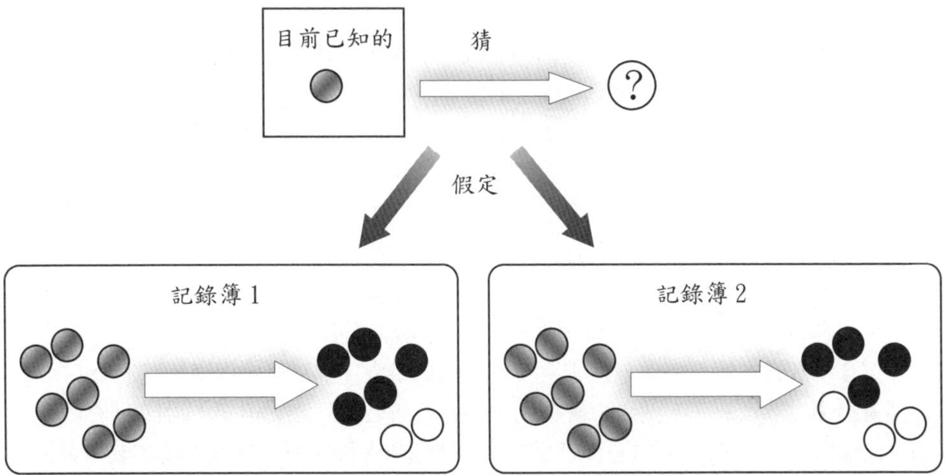

此圖例中假定同記錄簿 1 比假定同記錄簿 2 更好，已知的與記錄簿 1 中的完全一樣，與記錄簿 2 中的有點不同(灰階色澤方向不同，此圖例意在表示細微的不同)。

已知的越詳細，能夠假定出越適合的記錄簿。
下圖例中最好的是假定同記錄簿 1B。

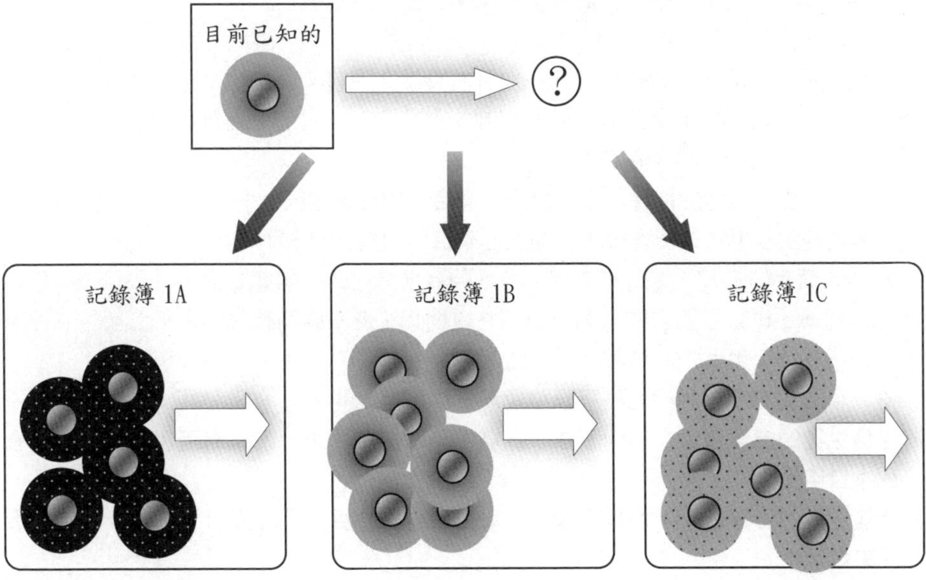

單元7　認同

做假的重點是要讓大家認同，簡單講也就是要**合乎常理**而已。**最完美的做假，就是做的跟真的一樣，也就是你假定的就是事實！**

要假定到完全等同於事實幾乎是不可能的事，或是即使你那麼巧做出完全等同事實的假定，你也不知道你假定的完全等同事實。其實要求大家事事都要假定到完全等同事實，這個要求本身就不**合乎常理**了，合理的是要求大家盡量做出接近事實的假定。這並不是很難，因為常理與事實就是大家天天都在接觸體驗的啊，用既有的一般智識去做假定就很容易**合乎常理**了；應該說要做出特別差的假定時反而才要費心思，例如故意「假定海邊氣候與沙漠氣候一樣」、「假定明天太陽會爆炸」。

除了**合乎常理**之外，想要讓假定更接近未知的事實，就是**思慮周延**。這需要有相關的知識跟資訊，以前面「猜會不會下雨，假定目前氣候與過去相同」這個例子來看，如果你知道地球氣候這幾年在逐漸改變，或是你有特別的颱風、鋒面即將來到等資訊，可以考慮這些相關因素，去找個更適合的記錄簿來假定。

在單元 5 中所提到兩個猜的方向中，要往右方向的猜時，猜測者只需要假定一個記錄簿，也就是右頁圖 1 中灰色球事件產生右方各種事件的分佈記錄簿。但在學術研究上，常常要猜的方向是往左的方向猜，也就是已知一件事物要猜它是來自哪個未知的來源。如右頁圖 2 中，如果灰色球事件可能來自左方 4 個未知來源，則要有 4 個記錄簿，才能算出此灰色球事件來自各個來源的機率，也才能知道猜此灰色球事件來自其中某一來源的正確率。

假定是很武斷的，做假越少越好，而且右頁圖 2 中有 4 個未知來源只是個例子，現實上我們很可能不知道有幾個可能的來源，因此要一一假定可說是無從假定、不切實際。因此我們先做一個**大假定**：

- **甲事物發生乙事物的機會很大，那麼乙來自甲的機會也很大。**
- **甲事物發生乙事物的機會很小，那麼乙來自甲的機會也很小。**

這個**大假定**如單元 5 中所舉的例子，是很合乎常理的。如此一來，我們只須再假定一個記錄簿，也就是要猜的那個來源（右頁圖 2 左邊四個問號其中之一）產生灰色球事件的記錄簿（也就是右頁圖 2 下方四個圖其中之一）。

在這個**大假定**中，我們忽略下面這些現實中不常見的情況：

- **甲發生乙的機會很大，但丙丁戊 ...... 發生乙的機會更大，乙來自丙丁戊 ...... 的機會比來自甲大。**
- **甲發生乙的機會很小，但丙丁戊 ...... 發生乙的機會更小，乙來自丙丁戊 ...... 的機會比來自甲小。**

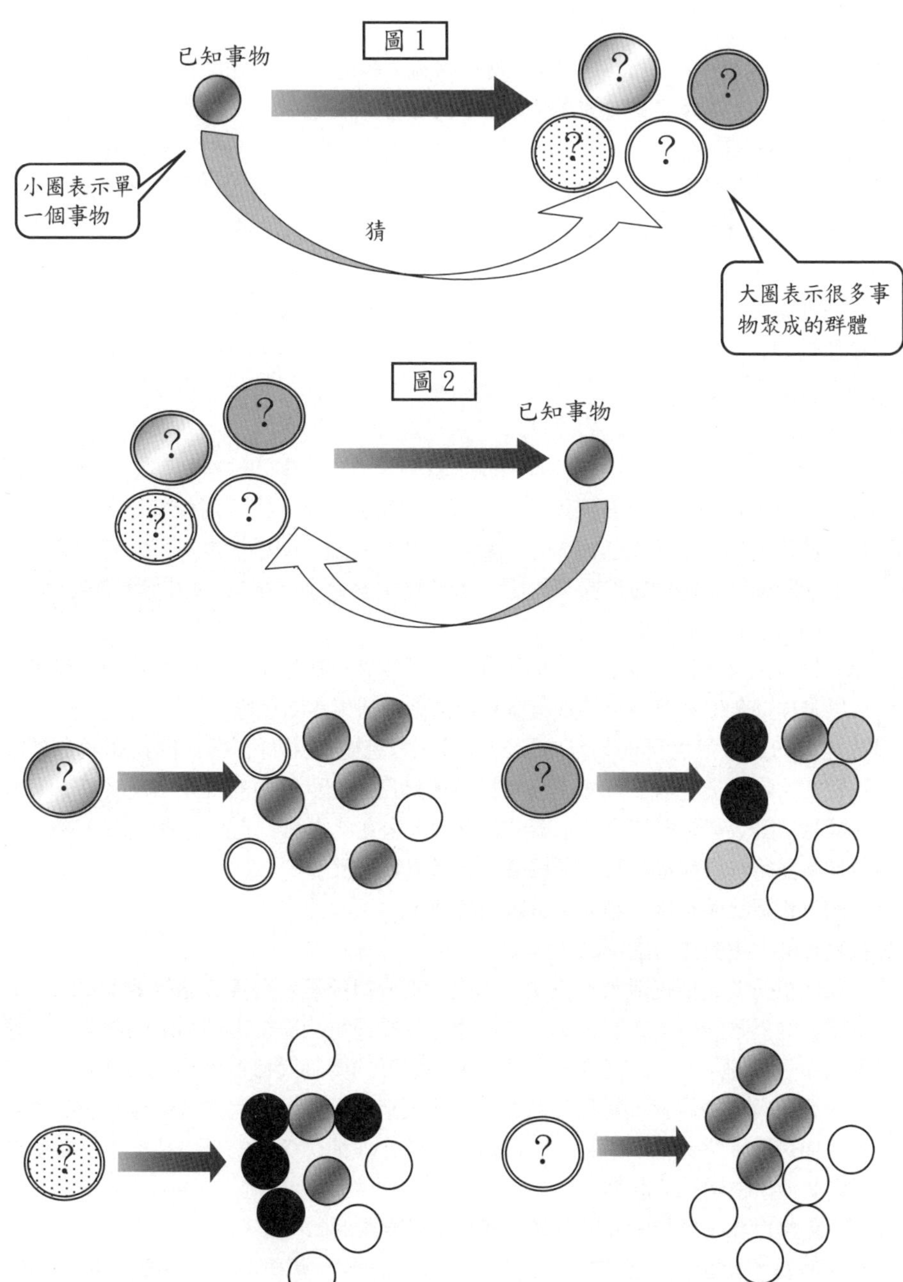
圖 1
已知事物
?
小圈表示單一個事物
猜
大圈表示很多事物聚成的群體
圖 2
已知事物

單元8　捏造

通常如果世界沒什麼重大或明顯的改變的話，對於不是很遠的未來我們常是預想「未知事件的發生環境會跟往**常**的**狀態**一樣」；也就是**假定**「未知事件的發生將與過往**記錄簿**中記載的一樣」。人類的知識是從過往經驗累積傳承下來，並以此探索未知的未來，所以如此的假定可說是自然合理的；而重點的就是能假定出我們要猜的未知事件到底是跟**哪一本記錄簿**記載的一樣。

但這之前，我們必須先面對一個現實上的嚴重問題：

「麻煩有寫日記把每下不下雨詳實記錄下來的人舉個手來看看 !!」

現實便是如此，即使如下不下雨這麼日常的事件也很少有人有記錄簿；生活上諸如此類的事可能不下千百件，別說要件件都有精良的記錄簿，可能的事實是連要借都很難借到。

而在學術上，科學知識的發展如前所說，很多是以探索未知的新知為主，既然是**創新**的知識，很可能是過往沒有遇過或是沒有想到要去記錄，找不到相關記錄簿的，例如新藥治療病人的效果（以前沒有這個藥，現在才有的，所以根本不可能有相關記錄簿）、上網時間對人體健康的長期影響（網路發達是近幾年開始，短期影響的記錄可能有，長期影響的記錄還要再過一段時間才有）。

但是記錄簿又是我們猜東西必備的要件，因此生物統計學家就致力於**捏造**記錄簿的技術，以求提供各位眾多善男善女有個藉以依據好猜東西的記錄簿。

這些**捏造**的記錄簿也可稱為是虛擬記錄簿，**捏造**虛擬東西怎麼讓你我**認同**並拿來用，那就要看它捏造得好不好，有沒有捏得很接近自然世界中的現實情況。接下來本書要討論的重點，都是關於這些虛擬的記錄簿，但在此之前，先在這邊強調三次：

如果你有記錄詳細完善的真實記錄簿，請用真實記錄簿！

有好的真實記錄簿可用，請先用真實記錄簿！

先找真實的，沒有才用虛擬的！

上面雖然很重要到要提醒大家三次，不過大部分情況是**沒有真實記錄簿可用**的，本書以下要談的是關於虛擬的記錄簿。其中**捏造**的技術可能需要用到高深的數學，但**捏造**的準則卻是很簡單的，就是虛擬記錄簿裡面記錄的要接近**自然**世界上的事物常見的樣子，或說是常見的狀況、**常見的狀態**。雖然要猜的事物是沒有遇過或沒有相關資訊的，但只要是自然世界上的事物，我們可以合情合理地想像它的發生狀態也是類似自然世界中其他事物**常見的狀態**。

那麼，**自然世界中事物常見的狀態**到底是個怎麼樣的狀態呢？

如果現有**真實記錄簿**中記載的是自然世界中的事物，那麼其中所記載的事物的樣子，可說就是自然世界中事物的自然狀態了（參見右頁圖示）。

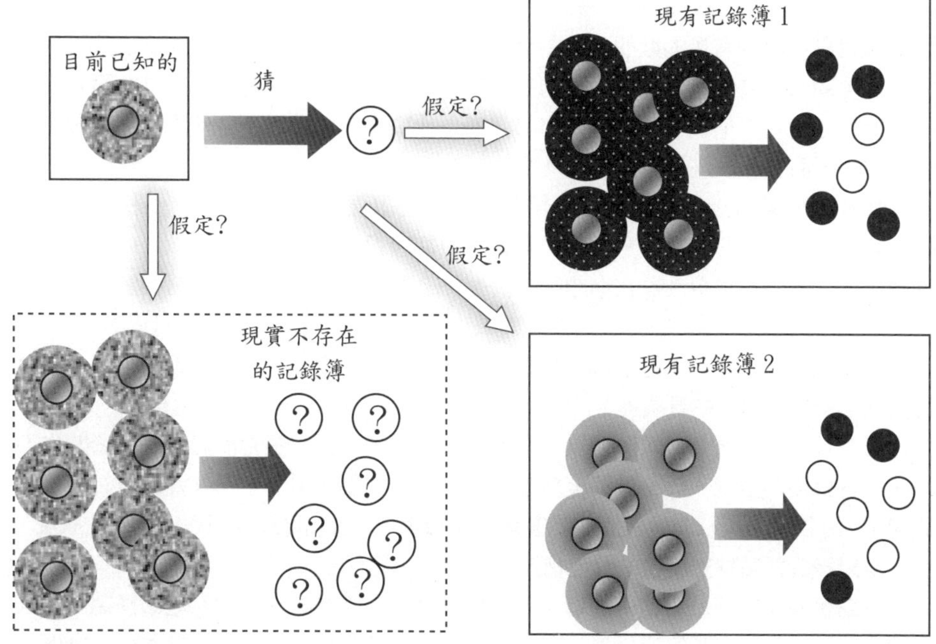

需要的卻現實中不存在，捏造一下：

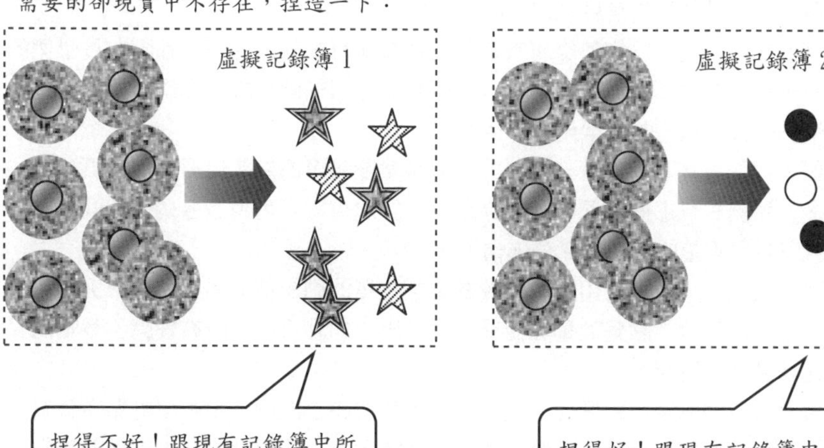

捏得不好！跟現有記錄簿中所記錄的差太多，不易讓人接受這個與常理、常識中差異太多的虛擬記錄簿。

捏得好！跟現有記錄簿中所記錄的差不多，容易讓人接受。

單元9　自然常見狀態記錄簿（一）

自然世界中事物常見的狀態，因為是自然事物，所以我們唯有大量觀察自然界各式各樣的事物，來看看有沒有一共通的自然常見狀態。如果真的有，既然是共通且常見的，所以你我心中早就應該有感覺出那大概是什麼樣子，在眾多各種**真實記錄簿**中也應該都有，而且那應該是明顯且容易看得出來的。

我們先隨便看看幾個日常生活中類似記錄簿或記錄單可能的樣子，以點餐吃飯為例，我們看到右頁的點餐表是去一般餐廳、便當店很常見的劃記表；你一個人先到了餐廳，拿了一張點菜單，並在你想吃的餐點格上劃上｜；代表要點一份的意思（右頁左上）。

另一個同事隨後到了，選了個雙寶飯，就在菜單上面劃了－，劃記不同，但一樣就是要點一份的意思（右頁右上）。

之後公司同事朋友全來了，大伙人要點餐，每人各劃記一張太浪費紙張，老闆也不好統計各餐點的數量，於是你們全部都劃記在同一張點餐單上，那就會像是右頁下表的樣子。這張單子可以叫做你們的**點餐數量記錄單**，一看就可以看到大家點餐的狀況，也就是記錄各餐點點餐數量的**分佈情形**。

右頁**點餐數量記錄單**中的劃記情形是隨便舉例的，不過如果真的有這家餐廳，而且你們公司的人常常去那家店用餐，而且每次**點餐數量記錄單**的劃記情形都與右頁舉例的劃記差不多，那麼右頁那個**點餐數量記錄單**所劃記出來的就可說是**你們公司同仁在那家餐廳**各餐點點餐數量的**常見分佈情形**。

如果你們公司的人在每一家餐廳用餐的**點餐數量記錄單**的劃記情形都與右頁舉例的劃記差不多，那麼右頁那個**點餐數量記錄單**所劃記出來的就可說是**你們公司同仁在各家餐廳**各餐點點餐數量的**共通常見分佈情形**。

如果各個公司的人在那一家餐廳用餐的**點餐數量記錄單**的劃記情形都與右頁舉例的劃記差不多，那麼右頁那個**點餐數量記錄單**所劃記出來的就可說是**各個公司同仁在那家餐廳**各餐點點餐數量的**共通常見分佈情形**。

如果所有的人在每一家餐廳用餐的**點餐數量記錄單**的劃記情形都與右頁舉例的劃記差不多，那麼右頁那個「**點餐數量記錄單**所劃記出來的就可說是**所有餐廳**各餐點點餐數量的**共通常見分佈情形**。

基於現實上各餐廳的菜色跟價位都不盡相同，我們將上面例子中觀察重點從各餐點點餐數量的分佈情形修改為**客人用餐花費**的分佈情形，意即把原本右頁中表的**餐點**那一欄位改成右頁最下面的**花費**欄位，而上面的量數標記延用不變，原本－劃記表示一份餐，現在表示為一個人，此為**顧客用餐花費記錄單**（請見單元 10 右頁上圖）。

餐點	數量
滷蛋 5 元	
白飯 10 元	
甜不辣 15 元	
小菜一疊 25 元	
肉排一片 30 元	
雞腿一隻 35 元	
炸魚一條 40 元	
簡餐一客 50 元	
排骨飯 60 元	|
雞腿飯 70 元	
雙寶飯 80 元	
套餐附湯 90 元	
特製套餐 100 元	
海陸套餐 110 元	
豪華套餐 120 元	
奢華套餐 150 元	
賒帳套餐 999 元	

餐點	數量
滷蛋 5 元	
白飯 10 元	
甜不辣 15 元	
小菜一疊 25 元	
肉排一片 30 元	
雞腿一隻 35 元	
炸魚一條 40 元	
簡餐一客 50 元	
排骨飯 60 元	
雞腿飯 70 元	
雙寶飯 80 元	一
套餐附湯 90 元	
特製套餐 100 元	
海陸套餐 110 元	
豪華套餐 120 元	
奢華套餐 150 元	
賒帳套餐 999 元	

數量	一	上正	一正正	正正正正正	止正正正正正正	上止正正正正正正	一正正正正正正正正正	止正正正正正正正正正	正正正正正正正正正	一正正正正正正正正	一正正正正正正正	止正正正正	一正正	上正	上	一	
餐點	滷蛋5元	白飯10元	甜不辣15元	小菜一疊25元	肉排一片30元	雞腿一隻35元	炸魚一條40元	簡餐一客50元	排骨飯60元	雞腿飯70元	雙寶飯80元	套餐附湯90元	特製套餐100元	海陸套餐110元	豪華套餐120元	奢華套餐150元	賒帳套餐999元

花費	50元	60元	70元	80元	90元	100元	110元	120元	130元	140元	150元	160元	170元	180元	190元	200元	999元

單元10　自然常見狀態記錄簿（二）

上述的**顧客用餐花費記錄單**（右頁上圖）之上面欄位的每一劃記代表一個花費者的數量，而下面欄位標出的是花費的價錢。此**顧客用餐花費記錄單**的格式可以通用到更多的店家，不僅可以用來看出**各群人在各不同餐廳**用餐花費是否有**共通常見分佈情形**；此**花費記錄單**可以通用到各種商家（理髮、超商、補習班等等），以用來看出**各群人在各不同商家**用餐花費是否有**共通常見分佈情形**。

記錄單上記錄確實的人數，在各個方面可以提供確實的參考資訊；但若就猜而言，總共 500 人中有 50 人花費 100 元，與每 100 人中有 10 人花費 100 元，這兩種資訊對於猜都提供了一樣關於猜對率的資訊。猜所重視的是率，因此我們要用的**記錄單**上的確實數量，其實只要有相對數量就可以了（請見右頁中圖）。

若把花費的貨幣單位去掉（中文字 " 元 "），則**花費記錄單**可以通用到全世界（請見右頁下圖），甚至可以將下欄的數字套用在任何單位（公斤、公尺、分鐘等等）且通用在任何事物。數量欄位也已不限於人，而是可以適用在任何事物，這可是自然世界通用記錄單。

但通用記錄單是人為製作的，要記錄的內容是要依自然世界事物發生狀況來記錄的；最大的重點在於，現實的自然世界上到底存不存在一共通的分佈情形？

存在！而且很明顯！只要張開眼睛，舉目所見，你都會發現；如果拿張上述的記錄單仔細記錄你會發現得更徹底，但它實在已經明顯到你隨便一看都看得出來：

- 一般成人一餐吃飯的花費，在國內約是 60~100 元最多，60 元以下或 100 元以上較少，40 元以下或 200 元以上更少，10 元以下或 500 元以上更少更少。
- 一般成人身高約在 150~180 公分最多，150 公分以下或 180 公分以上較少，130 公分以下或 200 公分以上更少，100 公分以下或 220 公分以上更少更少。
- 一般成人體重約在 50~70 公斤最多，50 公斤以下或 70 公斤以上較少，40 公斤以下或 100 公斤以上更少，30 公斤以下或 150 公斤以上更少更少。

很多很多的事物（不只限定於是人），只要你量得出數值（不管單位），很明顯的有常見共通的分佈情形：

某個數值附近的數量最多，比那個數值大或小的數量較少，而且離那個數值越遠數量越少。

這是自然事物最明顯的常見主要狀態，而要再更進一步細看的話，就是看

某個數值附近的數量最多：是有多多？

比那個數值大或小的數量較少：是有多少？

離那個數值越遠數量少得越多：離多遠會少多少？

顧客用餐花費記錄單

數量	一	上 正	一 正 正	正 正 正 正 正	止 正 正 正 正 正 正	上 止 正 正 正 正 正 正	一 正 正 正 正 正 正 正 正 正	止 正 正 正 正 正 正 正 正 正	正 正 正 正 正 正 正 正 正	一 正 正 正 正 正 正 正 正	一 正 正 正 正 正 正 正	止 正 正 正 正	一 正 正	上 正	上	一	
花費	50元	60元	70元	80元	90元	100元	110元	120元	130元	140元	150元	160元	170元	180元	190元	200元	999元

顧客用餐花費—相對數量

相對數量	一	上 正	一 正 正	正 正 正 正 正	止 正 正 正 正 正 正	上 止 正 正 正 正 正 正	一 正 正 正 正 正 正 正 正 正	止 正 正 正 正 正 正 正 正 正	正 正 正 正 正 正 正 正 正	一 正 正 正 正 正 正 正 正	一 正 正 正 正 正 正 正	止 正 正 正 正	一 正 正	上 正	上	一	
花費	50	60	70	80	90	100	110	120	130	140	150	160	170	180	190	200	999

通用記錄單

相對數量	一	上 正	一 正 正	正 正 正 正 正	止 正 正 正 正 正 正	上 止 正 正 正 正 正 正	一 正 正 正 正 正 正 正 正 正	止 正 正 正 正 正 正 正 正 正	正 正 正 正 正 正 正 正 正	一 正 正 正 正 正 正 正 正	一 正 正 正 正 正 正 正	止 正 正 正 正	一 正 正	上 正	上	一	
花費	50	60	70	80	90	100	110	120	130	140	150	160	170	180	190	200	999

單元11　自然常態記錄簿（三）

前面單元的圖例中，餐廳點菜單都是一格一格的，在**顧客用餐花費記錄單**中下面花費欄位我們每格之間差 10 元；如果要記錄得詳細一點，可將記錄單做成更多格，每格之間差 1 元；要再記錄得更詳細，那就將記錄單做成更多更多格，每格之間差 0.1 元；再更更詳細，就做成更多更多更多格，每格之間差更少到 0.01、0.001……元。如此一來，格子太細畫面不好看，我們可以把格子線條去掉；另外正字劃記那麼多，其實只要看最上面那個劃記就行，下面通通省略掉，如右頁上圖。

將花費欄位這個項目去掉，連單位也去掉後，下面的數字只具有相對大小的意義，已沒有實質的意義（例如 10 可以代表花費中的 10 角、10 元、10 綑鈔票，或是長度中的 10 公分、10 公尺、10 公里），因此下面的數字可以從 50~999 改記為 0~ 很大很大，如右頁中圖（因為格數太多，有太多正字劃記，每一格裡面的正字劃記變得很小，小到變成一點一點的）。當細格數很多，所有的點靠得很密集的時候，靠在一起的點就會像連成是一條線，如右頁下圖左。

經過調整後的記錄單看起來已經像個曲線圖，我們可以改稱它為**記錄圖，不過不要忘記它的本質就是個記錄東西劃記的記錄單、記錄簿**。

右頁的圖例中仍然只是本書隨便舉例劃記的，並非就是自然事物常見狀態的**記錄圖**，我們知道自然事物常見狀態的記錄圖的樣子是：

某個數值附近的數量最多，比那個數值大或小的數量較少，且離得越遠數量越少。

至於

①**那個數值附近的數量最多**：是有多多？

②**比那個數值大或小的數量較少**：是有多少？

③**離那個數值越遠數量少得越多**：離多遠會少多少？

右頁下圖左右兩圖都是**某個數值附近的數量最多，比那個數值大或小的數量較少，而且離那個數值越遠數量越少**的記錄圖，但①②③多或少的程度不同。

而自然事物常見狀態①②③多或少的程度，當然只能從現實中有記錄的大量自然事物真實記錄資料來看看①②③多或少的程度。能發現的事實是：①②③多或少的程度沒有一定，這是大量事物觀察的結果。也就是說各種不同事物各種特質的**記錄圖**大多會有個類似的樣子，但細節的圖樣會有所不同；而這些都是自然事物常見狀態的記錄圖，簡稱為**自然常態記錄圖**。記錄了各種事物**自然常態記錄圖**的**記錄簿**，也就是**自然常態記錄簿**。

必須再一次強調的是：這裡所說的是**自然常態記錄圖**（或**簿**），是**常見**的狀態，不是**必然**的狀態，仍然有些自然事物、自然特質的狀態不是類似自然**常態**記錄圖；他們可能有自己獨特的**自然記錄圖**，不過仍然是**自然**的。

顧客用餐花費記錄單

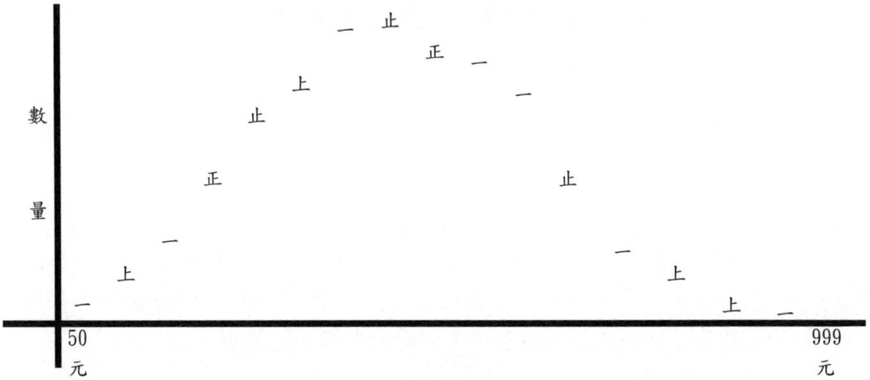

數量

一 上 一 正 止 上 一 止 正 一 一 止 一 上 上 一

50元　999元

通用記錄單

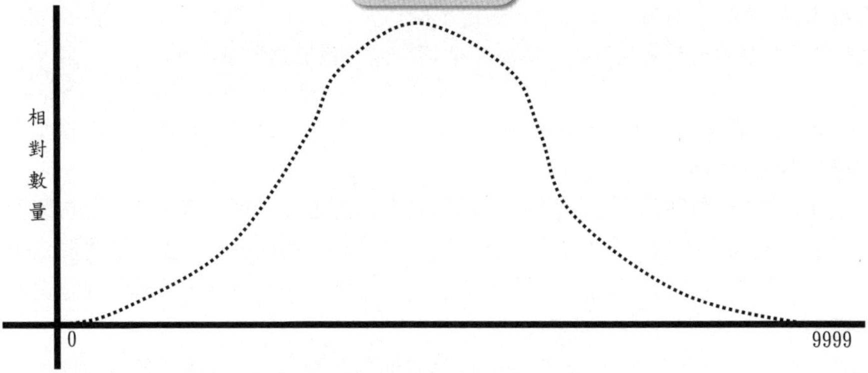

相對數量

0　9999

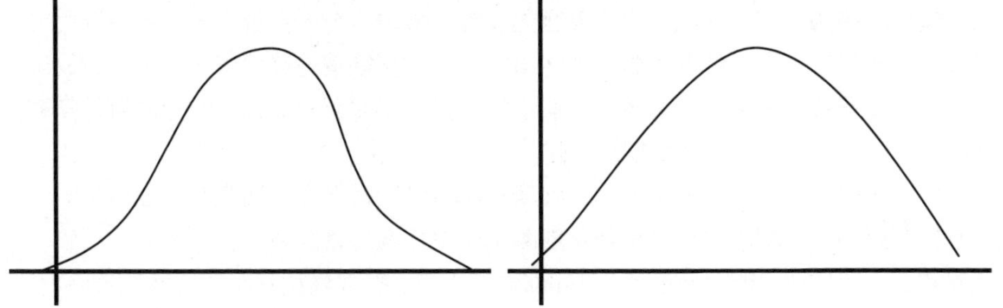

單元12 自然常態記錄簿（四）

我們現在有一個概念，**自然常態記錄圖**有一個大概的樣子，只是細節可能各自不同，因此有數學家揑造了一本**自然常態記錄簿**。這個**自然常態記錄簿**裡面包含眾多的**自然常態記錄圖**。此**自然常態記錄簿**（註 5）的揑造手法是：

$$縱向數值 = \frac{1}{\sigma\sqrt{2\pi}} e^{\frac{-(橫向數值-\mu)^2}{2\sigma^2}}$$

此框中的說明涉及較深數學原理，無興趣者可跳過，不會影響之後的學習。

上面數學式中的 μ 和 σ 是可以變動的數值：μ 是前述①的**那個數值**，σ 是前述②③離多遠會少多少的程度。不同數值的 μ 和 σ 畫出來的自然常態記錄圖都不一樣，所以這個數學式可以揑造出**許多**種不同的自然常態記錄圖（見右頁圖示），所以可稱之為自然常態**記錄簿**。

而 π 和 e 是**固定不變**的數值，**所有**自然常態記錄圖的 π 和 e 數值都是一定的：π 約是 3.14（數學上的圓周率），e 約是 2.72（數學上的自然底數）。所以各種不同的自然常態記錄圖之間有類似的基本形狀（見右頁上圖與中圖）。

上面的數學式經過數學作圖後就會如右頁圖示，但若你對數學沒興趣、對數學作圖不熟，請直接接受這點。

所有的不同的自然常態記錄圖之間差異的地方在於圖形高、低、寬、窄、左右位置不同（見右頁上圖與中圖），不會有其他形狀上的不同，例如右頁下圖中那些形狀的記錄圖，都不是自然常態記錄圖（但它們仍可能是某種事物的自然記錄圖，只是它不是常態的）。

因為這個數學式所畫出來的，是眾多的**自然常態記錄圖**，精確地說是無限多種不同的**自然常態記錄圖**；如果你有現實上某些事物的**真實記錄簿**，仔細比對後你會發現，它們大多會很像這些揑造出來**自然常態記錄簿**之中的一個**自然常態記錄圖**。這個揑造的**自然常態記錄簿**受過很多人、很多**真實記錄簿**的檢驗，被大多數人公認為可適用於很多事物。雖然還是有可能有少數的自然事物的**自然記錄圖**是其他樣子的，但對於未知或沒有**真實記錄簿**的事物，一般都是假定如同**自然常態記錄簿**其中的一個**自然常態記錄圖**，而較少假定如同其他**自然記錄圖**。

最後，由於經過數學式所畫出來的**自然常態記錄圖**明顯是揑造出來而非記錄來的，因此宜把**記錄**兩字去掉，可稱為**自然常態圖**；又這個圖形實際對應到事物上的意義，是該事物在不同數值上的分佈情形（例如前面例子中人們餐廳用餐花費的分佈情形），因此又可把**自然常態圖**稱為**自然常態分佈**。

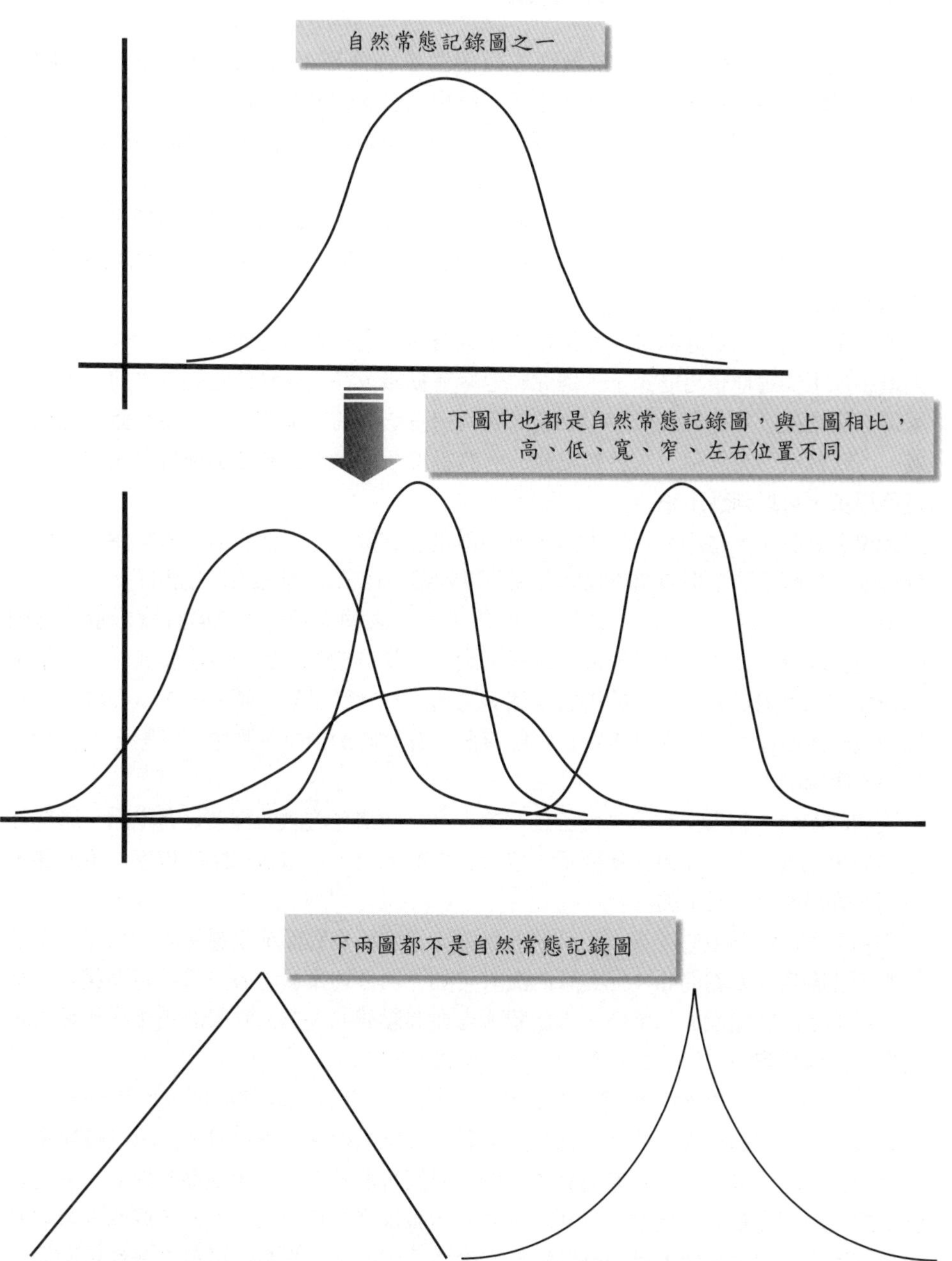
自然常態記錄圖之一
下圖中也都是自然常態記錄圖，與上圖相比，
高、低、寬、窄、左右位置不同
下兩圖都不是自然常態記錄圖

單元13　分佈的改變

從一開始桌上的一張新開幕餐廳的特價優惠宣傳單，到前面的點餐，本書關心您 ...... 吃飽了沒？我想每個人即使吃了一份相同份量的餐點，但有沒有吃飽卻是大多不一樣的。將每個人吃得飽不飽做個記錄、畫張記錄圖，右頁是吃飯前後飽餓程度的分佈圖。

從右頁中甲公司人員吃飯前後的兩個不同飽餓程度分佈圖表來看，你覺得甲公司人員吃飯有**明顯**（註 6）吃飽嗎？ ...... 或是說吃飯後有**明顯**增加飽足感、有**明顯**改變飽餓程度嗎？

所有甲公司的人員吃飯前、吃飯後的所有資訊如右頁圖，當你遇到了一位甲公司的人員，你不知道他是否吃飯了，但你聽他喊**有點餓**，在你問候他吃飽沒之前，請問你覺得他是吃飯了嗎？因為所有甲公司的人員只有吃飯前有某些人處於**有點餓**的飽餓程度，而吃飯後沒有任何人處於**有點餓**的飽餓程度，所以你確實知道他是還沒吃飯的；這**不用猜，可以判斷出來**。

如果又遇到了一位甲公司的人員，不知道是否吃飯了，但你聽他喊**還算飽**，請問你覺得他是吃飯了嗎？根據圖表我們同樣**可以判斷**這傢伙準是吃過飯沒錯的了。

接下來，看到右頁乙公司人員中午吃飯前後的兩個不同肚子飽餓程度數量分佈圖表，同樣地請問，依你的常理或是直覺來說，你覺得他們吃飯後有**明顯**變飽嗎？如果你很仔細地比對乙公司吃飯前後這兩個不同飽餓程度數量分佈圖表，可以發現似乎吃飯前後的飽餓程度有一點點差別，吃飯後好像有比吃飯前飽了那麼一點點，但是實在是很**不明顯**啊！

同樣的問題，如果遇到了一位乙公司的人員，知道他飽餓的程度是**有點餓**，請問你覺得他是吃飯了嗎？如果又遇到了一位乙公司的人員，知道他飽餓的程度是**還算飽**，請問你覺得他是吃飯了嗎？

因為不管吃飯前或吃飯後，乙公司人員都有人處於**有點餓**或是**還算飽**的狀態，所以我們**不能斷定**。要**猜**的話，從右頁的圖表可知，乙公司人員吃飯前處於**有點餓**的人數比吃飯後處於**有點餓**的人數多，因此**猜測**處於**有點餓**的人還沒吃飯的正確率比較大，而**猜**那個**還算飽**的人已經吃完飯的正確率比較大。

接著思考一下，我們為什麼會覺得甲公司人員吃飯後**明顯**變飽了，而甲公司人員吃飯後是很**不明顯**有變飽的？是因為飯前和飯後飽餓程度的**差異量**（或說是**改變量**）嗎？甲公司飯前最多人處於**普通餓**的程度，而飯後最多人處於**飽到爆**的程度，依右頁表中的飽餓程度劃分，是增加了 9 個等級的飽餓程度；整體來看甲公司每個人員吃飯後也差不多增加了 9 個等級的飽餓程度。而乙公司每個人吃飯後也差不多都只增加了 1 個等級的飽餓程度。

所有甲公司人員中午吃飯前肚子飽的程度：

人數	一	一	止正	止正正正正正正	一正正正正正正正正正	正正正正正正	正	上	一								
飽餓的程度	超級無敵餓	爆餓	很餓很餓	太餓了	普通餓	有點餓	不餓但想吃飯	不飽但能忍	只有半點飽	有點飽	還算飽	很飽	太飽了	飽到爆	超級無敵飽	不是飽是撐	撐到吐到又餓

所有甲公司人員中午吃飯後肚子飽的程度：

人數								一	一	上	正	止正	止正正正正正正	一正正正正正正正正正	正正正正正正		一
飽餓的程度	超級無敵餓	爆餓	很餓很餓	太餓了	普通餓	有點餓	不餓但想吃飯	不飽但能忍	只有半點飽	有點飽	還算飽	很飽	太飽了	飽到爆	超級無敵飽	不是飽是撐	撐到吐到又餓

所有乙公司人員中午吃飯前肚子飽的程度：

人數	一	止正	上正正	正正正正正	止正正正正正正	上止正正正正正正	一正正正正正正正正正	止正正正正正正正正正	正正正正正正正正正	上正正正正正正正正	一正正正正正正正	止正正正正	正正正	一正	上	一	
飽餓的程度	超級無敵餓	爆餓	很餓很餓	太餓了	普通餓	有點餓	不餓但想吃飯	不飽但能忍	只有半點飽	有點飽	還算飽	很飽	太飽了	飽到爆	超級無敵飽	不是飽是撐	撐到吐到又餓

所有乙公司人員中午吃飯後肚子飽的程度：

人數		一	止正	上正正	正正正正正	止正正正正正正	上止正正正正正正	一正正正正正正正正正	止正正正正正正正正正	正正正正正正正正正	上正正正正正正正正	一正正正正正正正	止正正正正	正正正	一正	上	一
飽餓的程度	超級無敵餓	爆餓	很餓很餓	太餓了	普通餓	有點餓	不餓但想吃飯	不飽但能忍	只有半點飽	有點飽	還算飽	很飽	太飽了	飽到爆	超級無敵飽	不是飽是撐	撐到吐到又餓

單元14　明顯與差異量

接著來深入探討什麼樣叫做**明顯**。如右頁圖示，丙公司跟乙公司一樣，飯前最多人當然也就是全部人處於**不飽但能忍**的程度，而飯後最多人也就是全部人處於**只有半點飽**的程度，相同的丙公司每個人都只增加了 1 個等級的飽餓程度。但是同樣地請問，你覺得丙公司人員吃飯後**明顯**變飽嗎？一般地常見說法是：很**明顯**、很確實地飽了一點點。

10 個人中有 1 個人往前進了 11 步但其他 9 人進了 1 步，與 10 個人都往前進了 2 步（見右頁下圖），這兩種情況總共都進了 20 步，但到底哪一組算是**明顯**前進呢？

重點是我們對**明顯**這個詞的認知與如何定義。不過，定義一個（或數個）指標與其計算公式，然後把兩組的情況帶入公式求得該指標大小，這看起來似乎是很**科學**的做法。但如果像上例中這種差很大的情況，其實**直接描述**各自不同的情況，才是最有用的資訊。

明不明顯其實是一種感覺的形容，若乙公司跟丙公司人員吃飯前後的比較讓你很難斷定，但若是問甲公司跟丙公司人員吃飯前後的比較呢，右頁與上個單元甲公司圖表比較看看，通常一般的直覺是甲公司吃飯前後的差異比較**明顯**吧？

但是如果遇到了兩位甲公司的人員，分別是處於**不飽但能忍**與**只有半點飽**的飽餓程度時，我們不能判斷這兩人誰是否吃過飯，因為甲公司的人員飯前飯後都有人處於這兩種飽餓程度。也就是如果把甲公司飯前飯後兩個分佈劃記在同一張表時，是有重疊的部分，而這重疊的部分就是我們不能判斷，要猜的部分。

反之，如果遇到了兩位丙公司的人員，分別是處於**不飽但能忍**與**只有半點飽**的飽餓程度時，則馬上就能判斷出**不飽但能忍**的這位還沒吃飯，而**只有半點飽**的傢伙已經吃過了。因如果把丙公司飯前飯後兩個分佈劃記在同一張表時，是沒有重疊的部分。

對於要**猜**已知事物來自於哪個分佈，與分佈之間的重疊度很有關係：

無重疊：不用猜，可直接判斷。（丙公司為此例）

重疊小：好猜，猜對率高。（甲公司為此例）

重疊大：難猜，猜對率低。（乙公司為此例）

但**好不好猜不代表分佈與分佈間差異量大小**，以上面三公司為例：

好猜度：丙＞甲＞乙

差異量：甲＞丙＝乙

簡單來說，影響好不好猜有兩個主要因素：

分佈**間**差異**越大**，越不容易與其他分佈重疊，越好猜。（例如甲公司）

分佈**內**差異**越小**，越不容易與其他分佈重疊，越好猜。（例如丙公司）

因此，對於兩種分佈之間，除了要看它們是否容易區分，請注意它們分開的**差異量**是否才是對你重要的資訊。

所有丙公司人員中午吃飯前肚子飽的程度：

人數								正正正正正正正正正正正正正正正正正正正									
飽餓的程度	超級無敵餓	爆餓	很餓很餓	太餓了	普通餓	有點餓	不餓但想吃飯	不飽但能忍	只有半點飽	有點飽	還算飽	很飽	太飽了	飽到爆	超級無敵飽	不是飽是撐	撐到吐到又餓

所有丙公司人員中午吃飯後肚子飽的程度：

人數									正正正正正正正正正正正正正正正正正正正								
飽餓的程度	超級無敵餓	爆餓	很餓很餓	太餓了	普通餓	有點餓	不餓但想吃飯	不飽但能忍	只有半點飽	有點飽	還算飽	很飽	太飽了	飽到爆	超級無敵飽	不是飽是撐	撐到吐到又餓

哪一組有**明顯**前進？

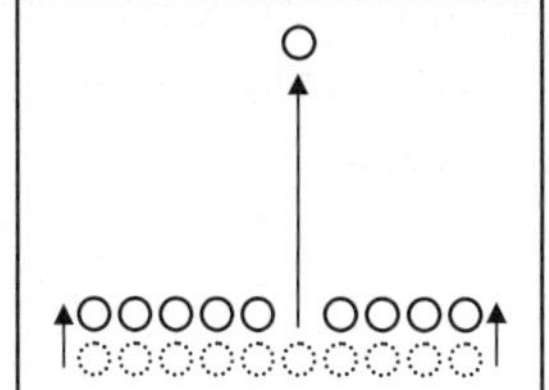

不一定要定義一個指標來比較何者有較明顯的前進，分開描述兩種不同的情況更有實質意義！

單元15　分佈中的極端

極端，就是指罕見的。很少發生，就很罕見，就是我們一般認知中的極端。

（本書曾經有考慮過直接使用罕見這個詞，不過感覺極端更能表現出它的意境，也更能讓讀者印象深刻，所以本書就使用極端這個詞了。）

極端有程度上的不同，就像罕見有很罕見、更罕見一樣。以前頁甲公司吃飯前飽餓程度的分佈來說，人數 1 人的「超級無敵餓」、「爆餓」、「只有半點飽」比人數有 3 人的「不飽但能忍」**更極端**，而「有點飽」以上程度的都是 0 人比「超級無敵餓」、「爆餓」、「只有半點飽」**更極端**。

必須再強調一遍，極端是指相對次數少的、罕見的，**而不是指分佈的兩端**。前面甲、乙、丙公司的例子只是剛好分佈的兩端是次數少的，所以極端都在兩端。右頁丁公司的吃飯前飽餓程度的分佈中，最極端的是人數最少的「不餓但想吃飯」，而吃飯後飽餓程度分佈中最極端的是人數最少的「不飽但能忍」；這個例子的分佈狀況恰好最極端的是在最中間的飽餓程度。

雖然極端是指相對次數少的、罕見的，**而不是指分佈的兩端**，但自然世界一般事物各種特質的分佈，極端**通常**都出現在**分佈的兩端**；在前面提到的**自然常態分佈**中，極端也是出現在**分佈的兩端**。

關於極端，大概有一個自然界的事實，是大家容易忽略的：

對於萬事萬物的特質，只要比較得夠詳細，測量得夠仔細，每件事物都是獨一無二，都是一樣罕見，都是一樣極端的。

如果以是否有雙手雙腳一顆心臟來評比全世界的人，你可能跟大多數的人一樣都是雙手雙腳一顆心臟，也就是你是不極端的，是常見的。

但若以你的膚色、身高、體重、髮型、食量……等等各種特質來評比全世界的人，那麼大概全世界沒有任何人跟你完全一模一樣，也就是你是幾十億分之一的罕見仔；而且不只你，全世界可能沒有任何兩個完全一模一樣的傢伙，大家都一樣極端。

在這種大家都一樣極端的情況下，極不極端的比較似乎沒有意義，因此為了深入探討**極端**對於**猜**的意義，先來討論我們拿來測量或比較的資訊類型。

延續前面吃飯跟吃飽的例子，如果我們談到吃飯只問有沒有吃飽，也就是只分為飽與不飽兩大**類別**，這時人有沒有飽的資訊就是一種**類別**的資訊。而若把飽的程度分成很多等級，這時人飽的程度就是一種有**大小順序**的資訊；若將飽餓程度依**大小順序**轉成以數字來呈現，可將最左邊不飽的程度中超級無敵餓記為等級 0，爆餓記為等級 1，很餓很餓記為等級 2，太餓了記為等級 3……越往右數字越大表示越飽。

所有丁公司人員中午吃飯前肚子飽的程度：

飽餓的程度	人數
超級無敵餓	正正正正正正正正正
爆餓	正正正正
很餓很餓	一正
太餓了	止正正正正正正
普通餓	正正正正正正正正正
有點餓	正正正正正正
不餓但想吃飯	一
不飽但能忍	正正正正
只有半點飽	正正正正正
有點飽	正正正正正
還算飽	正正
很飽	正正正
太飽了	正正
飽到爆	正正
超級無敵飽	正正
不是飽是撐	正正正正
撐到吐到又餓	正正

所有丁公司人員中午吃飯後肚子飽的程度：

飽餓的程度	人數
超級無敵餓	正正正正正正正正正正
爆餓	正正正正正正正
很餓很餓	正正正正正正
太餓了	正正
普通餓	正
有點餓	正
不餓但想吃飯	一
不飽但能忍	
只有半點飽	一
有點飽	上
還算飽	正
很飽	止正
太飽了	正正正
飽到爆	正正正正正
超級無敵飽	正正正正正正正
不是飽是撐	正正正正正正正正
撐到吐到又餓	正正正正正正正正正正

單元16　資料類型

在上面單元中，把甲公司吃飯前與丁公司吃飯後肚子飽的程度重新表示如右頁圖示，接著再如前面畫出常態分佈圖的方式，可畫出如右頁下方 A、B 的分佈圖。

須注意的是，雖然將飽的程度記為等級 0 ~ 16，但這些數字只代表大小順序，並不能做運算，而且每個等級之間的**差**與**倍數**關係不一定會相等：

太餓了 ≠ 爆餓 + 很餓很餓　<==>等級 3 ≠ 等級 1 + 等級 2

太餓了 - 爆餓 ≠ 很餓很餓 <==>等級 3 - 等級 1 ≠ 等級 2

太餓了≠ 爆餓 的 3 倍<==>等級 3 ≠ 等級 1 的 3 倍

而前面**花費**的常態分佈圖中，花費是可以做運算的：

3 塊錢 = 1 塊錢 + 2 塊錢

3 塊錢 - 1 塊錢 = 2 塊錢

在自然界及日常生活中，還有很多可以做加減乘除運算的常見可運算型資料，例如身高、體重：

3 公分 = 1 公分 + 2 公分

3 公斤 = 1 公斤 + 2 公斤

這種資料可運算且每一單位之間的差距是相等的，因此可說是**等距**型資料：

3 公分 - 2 公分 = 2 公分 - 1 公分

3 公斤 - 2 公斤 = 2 公斤 - 1 公斤

如果資料不僅可運算、單位之間的差距相等，且單位之間是有倍數關係，也就是可進行乘除運算的，例如身高、體重：

4 公分 = 2 x 2 公分 ； 10 公分 = 2 x 5 公分

6 公斤 = 3 x 2 公斤 ； 12 公斤 = 3 x 4 公斤

4 公分 / 2 公分 = 10 公分 / 5 公分 = 2 倍

6 公斤 / 2 公斤 = 12 公斤 / 4 公斤 = 3 倍

這種資料相同倍數間的數值有相等的比例關係，因此可說是**等比**型資料。這些資料類型的關係，我們可以很合理地看出：**類別**型資料不一定有大小**順序**，**順序**型資料不一定是**等距**，**等距**型資料不一定**等比**；但**等比**型資料一定**等距**，**等距**型資料一定有大小**順序**，**順序**型資料一定可以劃分成不同**類別**。

等距但不等比的例子如以**攝氏溫度**（℃）記錄溫度資料時：

3℃ = 1℃ + 2℃但 3℃ ≠ 1℃的 3 倍

這是因為單位定義上的關係，另一個溫度單位**絕對溫度**（K）則是等比的：

3 K = 1 K + 2 K且 3 K = 1 K的 3 倍

（關於**攝氏溫度**（℃）與**絕對溫度**（K）的定義請自行參閱物理相關書目）

所有甲公司人員中午吃飯前肚子飽的程度：

人數	一	一	止 正	止 正 正 正 正 正 正	一 正 正 正 正 正 正 正 正 正	正 正 正 正 正 正	正	上	一								
飽程度	0	1	2	3	4	5	6	7	8	9	10	11	12	13	14	15	16

所有丁公司人員中午吃飯後肚子飽的程度：

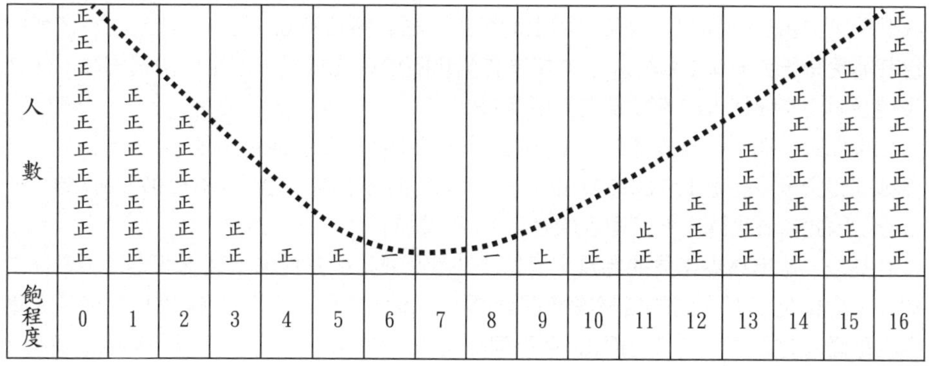

人數	正 正 正 正 正 正 正 正 正 正	正 正 正 正 正 正 正	正 正 正 正 正 正	正 正	正	正	一		一	上	正	止 正	正 正 正	正 正 正 正 正	正 正 正 正 正 正 正	正 正 正 正 正 正 正 正	正 正 正 正 正 正 正 正 正 正
飽程度	0	1	2	3	4	5	6	7	8	9	10	11	12	13	14	15	16

A 甲公司所有人吃飯前飽的程度分佈圖

人數

飽程度

B 丁公司所有人吃飯後飽的程度分佈圖

人數

飽程度

單元17　密集度

類別和**順序**型資料中，對於每個不同的類別跟順序，我們都可以用**一個一個**的來**數**：第一個類別、第二個類別、下一個類別……，第一個等級、第二個等級、下一個等級……。

等比和**等距**型資料，以長度為例，我們的計量不是第一個公分、第二個公分、下一個公分……，因為在第一公分跟第二公分之間，有 1.1 公分、1.2 公分……，在第 1 公分與 1.1 公分之間有 1.01 公分，細說下去有 1.001 公分、1.0001 公分、1.000000……0001 公分。這是數不完的，每個不同的距離之間都有無限多個數值介於其間，每個數值像連在一起一樣，從小到大**連續不間斷**。

這種**連續不間斷**的資料類型對於前面談到的**極不極端**有什麼影響呢？

就以很平常的身高為例，我們知道一般成年人身高多數人介於 140~190 公分，而地球上有幾十億人，想必很多人身高會一樣高，在現實中好像也是這樣。不過這是因為我們現實中量尺的問題，日常生活上的量尺大約都精細到 0.1 公分，透過高科技製造也許能更精細到 0.001 公分以下；如果有個無限精細的量尺，測量地夠精細後，便會發現幾乎沒有任何人的身高是完全相等的。

如果你跟你朋友的身高都約是 170.6 公分，精細地測量後你可能是 170.605 公分，再更精細測量後可能是 170.6057921687……公分，而你朋友可能是 170.60072261159……公分；因此精確來講，你們兩人的身高是不一樣的。

身高是一個**自然界常見的特質**，但如果把身高真正的長度無限精細測量後製表及作圖，不會像是前面提到的**自然常態記錄圖**，而是會類似右頁表 A 與圖 B 的樣子，會發現每個人的是獨一無二的**極端：各不同身高的人數都只有一人**。**連續不間斷**的資料，只要夠精確，小數點之後的位數是無限多的。

但從右頁圖 B 中可看出，雖然每個身高的人數都只有一人，但在 170 公分**附近的區域**有很多人而看起來點很**密集**，越往**兩邊的區域**人數越少而看起來點很**稀疏**，若把圖B「身高對人數」的作圖改成「身高對人數密集程度」作圖，就會得到如圖C的樣子。

密集程度是一**相對**的概念，一區有 100 個相對於一區有 10 個密集很多，一區有 100 個相對於一區有 10000 個則就顯得稀疏了。我們前面所說的**極端**，也是一**相對**的概念：100 個相對於 200 個是很常見，100 個相對於 10000 個就很罕見，很**極端**了。

這跟單元 10 中把記錄單中的數量改記為**相對數量**的想法一樣；在可一個一個區隔的單位中是**相對數量**，在不能區隔的連續資料中就是**次數密集度**。

單元 12 中那個數學家捏造的**自然常態記錄簿**，其橫向數值就是連續資料的大小，而縱向數值就是**次數密集度**。

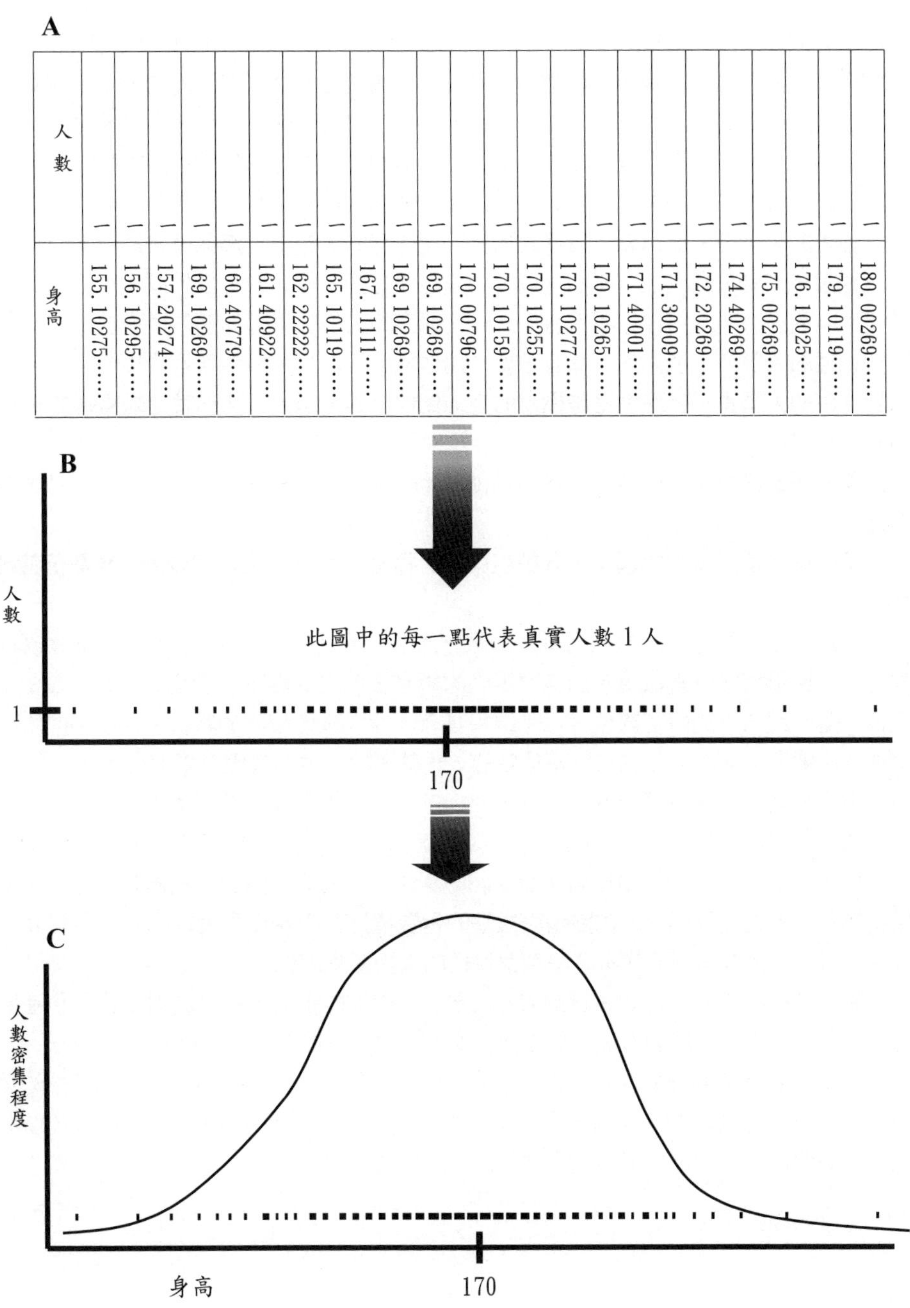

人數	1	1	1	1	1	1	1	1	1	1	1	1	1	1	1	1	1	1	1	1	1	1	1	1
身高	155. 10275……	156. 10295……	157. 20274……	169. 10269……	160. 40779……	161. 40922……	162. 22222……	165. 10119……	167. 11111……	169. 10269……	169. 10269……	170. 00796……	170. 10159……	170. 10255……	170. 10277……	170. 10265……	171. 40001……	171. 30009……	172. 20269……	174. 40269……	175. 00269……	176. 10025……	179. 10119……	180. 00269……

單元18　這樣也叫極端

雖然我們能認同極端就是罕見的，但如同前面所說的，只要比較得夠詳細，測量得夠細微，即便是身高這種平常的特質，每個人的身高都是獨一無二地罕見和極端的。為了解決這個問題，考慮到密集度與相對的概念，還有下面這種很合常理的想法：

比你美的人很多，那你就不算有多美；比你美的人很少，那你就是很美啦。

比你胖的人很多，那你就不算有多胖；比你胖的人很少，那你就是很胖啦。

比你美的人越少，那你就是越極端的美。比你胖的人越少，那你就是越極端的胖。

這樣說來，就身高來看，雖然每個人的身高都是獨一無二的，但只要：

比你高的人很多，那你就不算有多高；比你高的人很少，那你就是很高啦。

比你矮的人很多，那你就不算有多矮；比你矮的人很少，那你就是很矮啦。

比你高的人越少，那你就是越極端的高。比你矮的人越少，那你就是越極端的矮。

對於任何特質：

比某一個數值更罕見的越多，該數值就越不罕見；比它更罕見的越少，該數值就越罕見。

比某一個數值更極端的越多，該數值就越不極端；比它更極端的越少，該數值就越極端。

上面這種平凡的想法，對照到自然常態分佈中，請見右頁圖 A，**比數值甲更極端的部分**是：**比甲大的所有數值**，因為比甲大的所有數值之次數密集度都比甲的次數密集度低；還有**比乙小的所有數值**，乙是跟甲具有一樣次數密集度的數值，比乙小的所有數值之次數密集度都比乙的次數密集度低，也就等於比甲的次數密集度低。

這就像相對於一個身高 200 公分的成年人，在身高方面比他罕見的除了身高 210 公分、220 公分的成年人，身高 100 公分、90 公分的成年人也可能是比他罕見的。

前面有強調過，極端是指相對次數少的、罕見的，**而不是指分佈的兩端**，如果有某樣特質的分佈如右頁圖 B，**比數值丙極端**的是**數值比丙小且比丁大**的部分（右圖 B 中灰色區域），這些數值的次數密集度都比丙的次數密集度低。

如果有某樣特質的分佈如右頁圖 C，比數值戊極端的數值，就是右圖 C 中灰色區域的那些部分，那些數值的次數密集度都比戊的次數密集度低。

不管是在**自然常態分佈**或其他奇特的分佈中，比任何指定的數值（上面例子中的數值甲、數值丙、數值戊）極端的數值的次數密集度（右頁圖 A、B、C 中的灰色區域部分）的總合越小，那麼那個指定的數值就越極端。

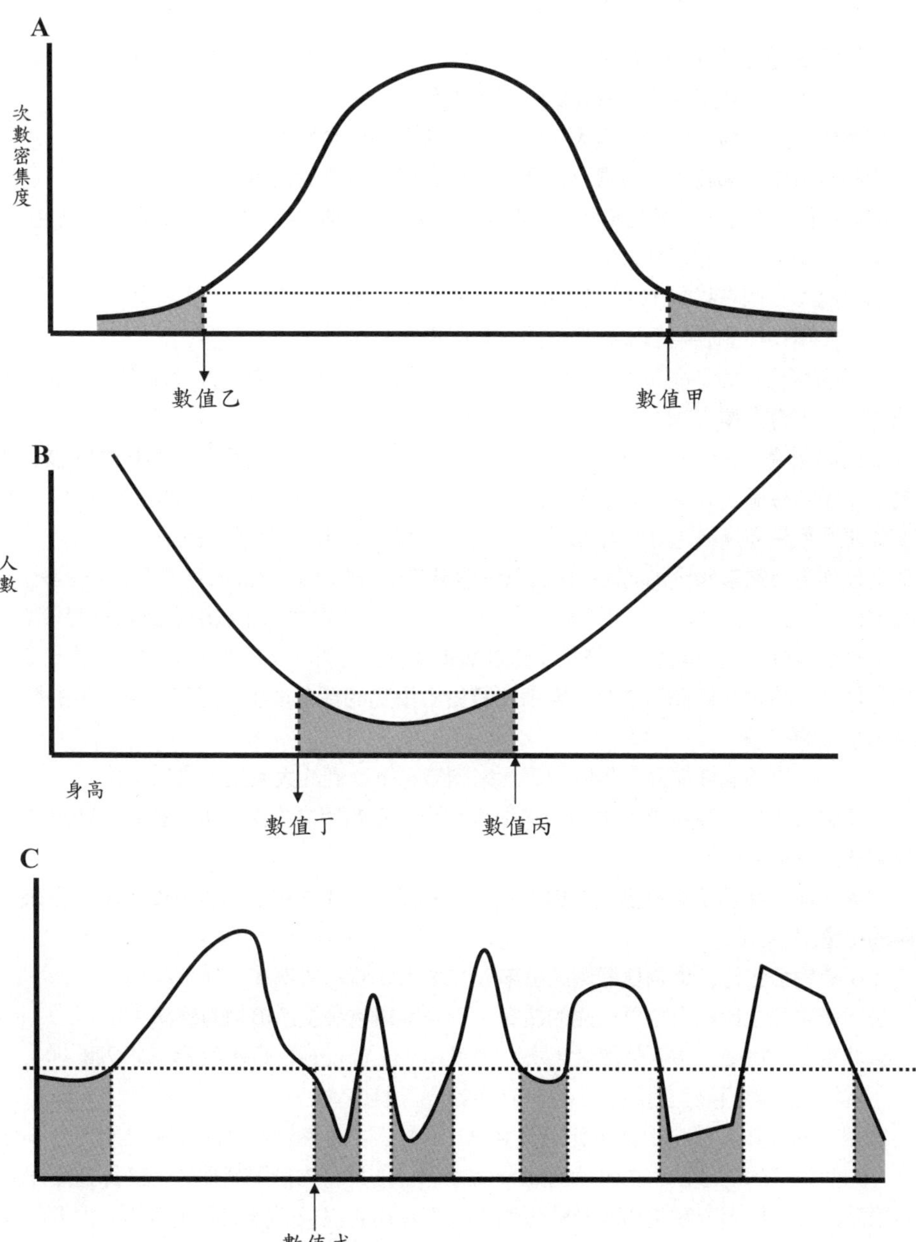
A
次數密集度
數值乙
數值甲
B
人數
身高
數值丁
數值丙
C
數值戊

單元19　極端率

在單元 5 曾提及在學術研究上，常常要猜的情況是已知一件事物，要猜它是來自哪個未知的來源。在那時我們有先做一個**大假定**：

甲事物發生乙事物的機會很大，那麼乙來自甲的機會也很大。

甲事物發生乙事物的機會很小，那麼乙來自甲的機會也很小。

關於這個**大假定**，在實際應用上有調整的必要，以接續前面所提到的身高來舉例說明：

甲事物：地球上的正常人

乙事物：一個身高為 197.552701……公分的生命體

已知乙事物，想要猜乙事物是否源自於甲事物。

（我們發現一個身高為 197.552701……公分的生命體，想要依此資訊來猜它是否是地球上的正常人類）

依前面所說，只要分辨夠細微，地球上存在有任何一個真實正常人的身高的機會都很小，因為每個人的身高都是獨一無二，所以都是「1 ／數十億」，非常接近 0。

如果我們沒有所有地球上正常人的身高的真實記錄簿，那我們**假定**地球上正常人的身高分佈是**自然常態分佈**的話，在**自然常態分佈**中任何一個身高的存在（或說是發生）的機會是「1 ／無限大」，非常非常接近 0。「1 ／無限大」在數學上認為是等於 0，而不是非常接近 0，但這不影響接下來要說的；就是如此一來，即使有前面的**大假定**，對於任何乙事物我們都只會有「**甲事物發生乙事物的機會很小，那麼乙來自甲的機會也很小**」的結論。

所以必須以前面極端與密集度的概念來調整一下我們的**大假定**，改為：

甲事物發生比乙事物更極端的機率很大，那麼乙在甲之中顯得很不極端，所以乙來自甲的機會很大。

甲事物發生比乙事物更極端的機率很小，那麼乙在甲之中顯得很極端，所以乙來自甲的機會很小。

〔**甲事物發生比乙事物更極端的機率**〕在本書定義為**極端率**（註 7）。

是**甲事物發生比乙事物更極端的機率**，不是**甲事物發生乙事物的機率**。

這非常非常重要，請各位讀者馬上右邊現在（right now）就填寫當場練習題。

（就算是作弊照抄上面的字，也請立即抄寫三遍 !!）

極端率的計算，就是上個單元右頁圖 A、B、C 中的灰色區域部分面積的總合，除以各圖曲線下的總面積；在自然常態分佈中，分佈是左右無限延伸的，計算需要用到數學微積分的技術。在生物統計的實用上，都是用查表或是讓電腦運算的。重要的是讀者要了解**極端率**的意義，以及**甲事物發生乙事物的極端率很小，乙來自甲的機會很小**這個大假定中，到底是要多小，你就會猜乙事物**不是**來源自甲事物。

但在這之前還需注意一點，我們原本的目的要猜的是「乙事物**是**或**不是**來源自甲事物」。

當場練習題

乙事物在甲事物中的極端率就是：
甲事物發生______乙事物________________的機率
甲事物發生______________________________的機率
____________________________________的機率
（很重要，請實際拿筆填寫三次）

一數值的極端率大小，是比該數值更極端區域的面積和，佔曲線下總面積的比例。

同一數值在不同分佈曲線的極端率不同，下圖中甲數值在分佈曲線A的極端率較大，在分佈曲線B的極端率較小，猜甲數值來自A，不是來自B；乙數值的情況則是相反。

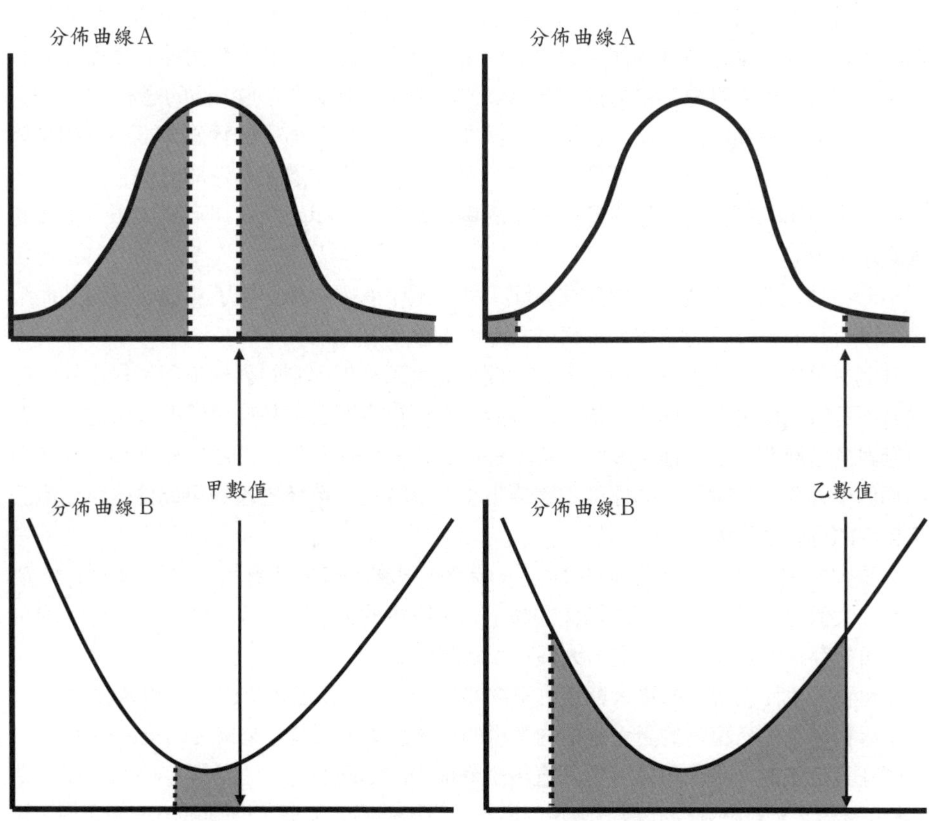

單元20　篩選下的極端率

原始要猜的是「乙事物**是**或**不是**來源自甲事物」

⬇ 原本應該要翻閱來猜的是

☼ 翻記錄簿找「乙事物來源自甲事物的機率」➡ 這需要有所有可能來源事物的記錄

⬇ 無論是真實或捏造的都不可得，因此只好**大假定**如下 ↵

甲事物發生乙事物的機會很大，那麼乙來自甲的機會也很大。

⬇ 當真實記錄的太精細或使用捏造分佈圖時需要調整如下

甲事物發生比乙事物更極端的機率很大，那麼乙來自甲的機會很大。

會走到算**極端率**這一步的原因，主要是 ☼ 這一過程中難以取得所有可能來源事物的記錄，但是雖然難以**取得所有可能**的，在現實中卻很有可能可以**排除其中某些不可能**的，在這種情況下我們可以調整**極端率**的算法。

在右頁上圖中可以看到，如果猜數值乙、丙不是來源自中間那個甲分佈，那麼數值乙、丙就會是左邊或右邊其他所有可能的來源之一。左邊或右邊都可能有**很多**可能的來源，右頁上圖中只是各左右畫一例出來，並非只有兩個可能的來源的意思。

依照前面對**極端率**的算法，數值乙、丙在中間那個甲分佈中的**極端率**很小，如果猜數值乙、丙不是來源自中間那個甲分佈，那就是來源自左邊或右邊的其他可能分佈；由圖中可看出乙在左邊可能來源分佈 1 的**極端率**不小，而丙在右邊可能來源分佈 2 的**極端率**也不小。

但若在猜之前，你就已掌握某些資訊，你知道中間甲分佈左邊不可能有任何其他來源，所有其他來源只可能在右邊與更右邊，如右頁中圖所示。

我們討論數值乙的部分，數值乙在中間那個來源分佈甲中的**極端率**還是很小的，但它若不是來源自中間那個甲分佈，就只能是來源自中間右邊其他可能的分佈之一；但不管對於右邊哪一個其他可能的分佈，任何右邊的分佈發生數值乙的**極端率**，都比中間那個甲分佈發生數值乙的**極端率**還要更小。這時是：**甲發生乙的可能性很小，但乙來自甲的可能性很大。**

這是因為在上述猜測流程中的 ☼ 這一步時，**已掌握有某些資訊**而導致的，而 ☼ 這一步在**大假定**之前，因此可以據此調整下一步驟中的**大假定**，以上述已知分佈甲的左邊不可能存在有其他分佈為例，**大假定**可以調整為：

甲事物發生比乙事物的**更大數值**的事物的機率很大，那麼乙來自甲的機會很大。

甲事物發生比乙事物的**更大數值**的事物的機率很小，那麼乙來自甲的機會很小。

請注意這邊的是**更大數值**，也就**直接**是分佈中的橫向數值；之前假定中的是以罕見（縱向數值）來對應到橫向數值極端的區域。此調整過的**大假定**所篩選出的極端率（註 8）如右頁下圖所示。

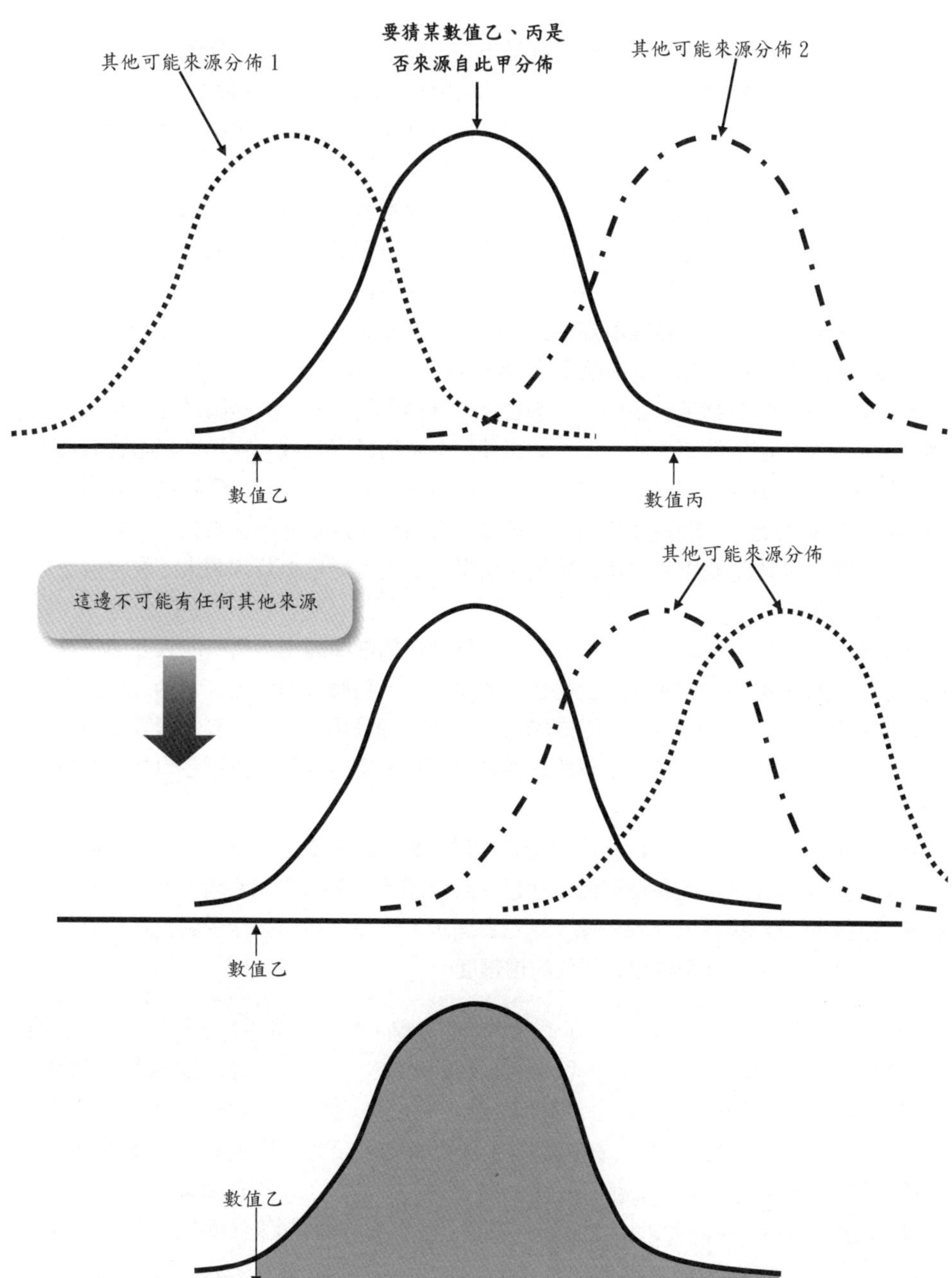
要猜某數值乙、丙是否來源自此甲分佈
其他可能來源分佈 1
其他可能來源分佈 2
數值乙
數值丙
這邊不可能有任何其他來源
其他可能來源分佈
數值乙
數值乙

單元21　信任問題

不管有無經過篩選，最後要猜時「**極端率**多小以下你就猜哪邊，**極端率**多大以上你就猜哪邊」的那個**界限值**（註 4），基本上是由你決定的，但老實說：

「你愛怎麼猜是你家的事，你要看星星、摸水晶球、翻撲克牌來猜，都不關我啥事啊！」

不過，有時候你要猜的真的會關乎別人的事，而且還關得很重大；例如在「你猜，他決策」這種情況下，你只是猜，決策的是別人，決策正確而受益或決策錯誤而受損的也是別人。「你猜，他決策」這種事在日常生活中其實也還滿常有的，比如說：你朋友要買禮物送人，**你比較瞭解那個人**，因此你朋友問你該買什麼禮物比較好；你只有去看一部電影的錢跟時間，**你朋友比較懂電影**，你問他哪部電影好看。

當要對一件未知事物下決策的人，卻對那件事物不夠瞭解，於是請較為熟稔的人來猜，那就會是一個「你猜，他決策」的事件。在生物醫學領域上特別多是這種事件，而且等著要下決策的人還可能不只一個，例如：一研究人員研究一個新藥，並對此新藥用在所有病人身上的療效做猜測，而根據這個猜測療效要進行決策的，可能是全世界數百個醫生（決定要不要給病人使用這個藥），也可能是數萬個病人（決定自己要不要用這個藥）。

那麼要下決策的人對於別人的猜，最重要的就是**信任問題**了；而猜的人要猜得讓別人信任，因此就不是「他愛怎麼猜是他家的事」了。整個猜的過程，包括怎麼假定、真實記錄簿或捏造記錄圖、猜＝決的**界限值**（就是那個甲率或 α 值）等等，都不只是猜的人自己覺得好就可以，重要的是要讓決策的人覺得妥當，決策者也才會**信任**這個猜。

在生物醫學領域裡，大多數的研究結果也都是發表出來讓大家看，希望大家信任或認同該結果；因此研究的各個環節，從研究設計開始，整個研究架構、流程到資料分析、猜，都要受到檢視、受到公認（見右頁圖示）。每個細節都能受到公共認可後，最後的猜對率可以說就是讓他人信任的**信賴度**。

在實用上，其實研究人員可以在整個研究的流程，依其專業進行到假定適當的記錄簿，只提供各種猜測的正確率後，不進行猜測；讓決策者依其各自能承擔的利弊得失，訂定自己的**界限值**去猜，並進行決策（見右頁下圖）。不過目前生物醫學領域的研究論文在學術發表時，一般都是由研究者使用**公認**的**界限值**進行猜測（在前面單元中提及的甲率、α 值 ...... 等，是由猜的人決定）；然而學術發表中研究者所猜出的結論，醫師要應用在臨床決策時，一定還須考量實際利弊得失與其他因素。

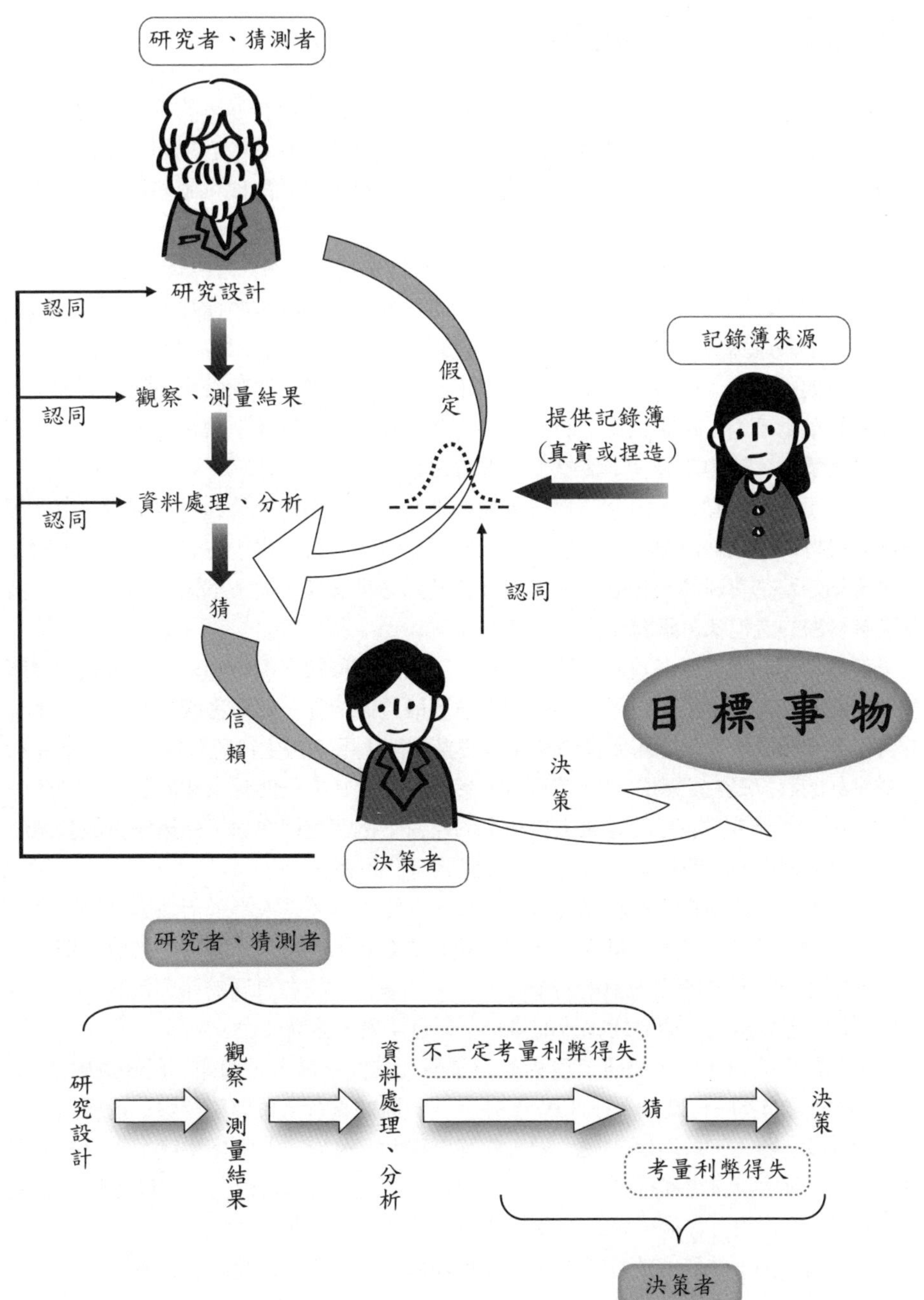
研究者、猜測者
研究設計
認同
觀察、測量結果
認同
資料處理、分析
認同
猜
假定
信賴
記錄簿來源
提供記錄簿
(真實或捏造)
認同
目標事物
決策
決策者
研究者、猜測者
研究設計
觀察、測量結果
資料處理、分析
不一定考量利弊得失
猜
決策
考量利弊得失
決策者

單元22　研究流程

本書到目前為止所談及的，都是日常生活中如行雲流水般一連串的平常思想，希望你讀到這裡感覺好像沒學到什麼東西，因為生物統計學的基本中心思想就是你心中本來就有的思想，不是需要你特別去學習的；本書只是幫忙點醒你，某些地方強調再強調，加強喚醒你心中的思考而已。

希望你已經做好心理建設，接下來要進入較為學術的部分，不少地方需要涉及高深的數學運算，但是你完全不需要擔心，你可以略去複雜的數學運算過程，直接接受「……經過數學運算後會是……」，也不會影響你對生物統計學重要意義與實用的學習，最重要的還是了解各個分析法的基本中心思想與原理。喜愛數學運算的人則可以動手實際驗算看看，探求數學運算式與各方法原理之間的關係。當然，若是涉及原理或是讀者需要了解的運算，本書是不會省略的。

首先最重要的一點是，既然依據研究設計進行研究，再將取得的資料進行分析，那麼**研究設計與生物統計分析是一體**的；因此要談資料分析，本書先談研究設計。對於一團未知的祕密有興趣，想解開祕密看看它們到底是怎樣，從「不知」到「知道」這個破解祕密的過程就是研究流程。

一個最理想的狀況是右頁圖的研究流程 A，**想辦法獲取**這每一個未知的資訊，破解每一個祕密；這個流程中最困難的是**想辦法獲取**這個步驟。如何**獲取**未知的資訊是屬於各個專業領域了，可能需要專業知識與測量技術，這不在生物統計學討論的重點。

較常見的狀況是右頁圖的研究流程 B，**想辦法獲取**其中一部分未知的資訊，破解一部分的祕密，用這一部分的資訊去猜所有的祕密；這個流程中除了**想辦法獲取**資訊所需要的專業領域知識與技術，還需要本書討論至今的**猜**法。

若本來是已知的事物，在經過一段時間後，可能受到某些人為或天然因素的影響而產生了變化，變成了未知的事物。研究者想辦法從變化後的未知事物中獲取一部分的資訊，用這一部分的資訊去**猜**所有變化後的未知事物，如右頁圖的研究流程 C。並且可以比較「已知事物」與「變化後的事物」有無差異，差異多大。

在生物醫學的領域中，如研究流程 C 這種研究情況非常多，例如「**已知**民國 84 年 3 月以前國人的健康程度」，在「民國 84 年 3 月開始實行全民健康保險」這項人為的因素影響後，經過一段時間之後「國人的健康程度」會變成怎麼樣；或是「**已知**民國 84 年 3 月以前國人的醫療花費」，在「民國 84 年 3 月開始實行全民健康保險」這項人為的因素影響後，經過一段時間後「國人的醫療花費」變成怎麼樣。

上面這兩個例子的研究流程很像，但要實際進行研究時，研究設計將會有很大的不同。

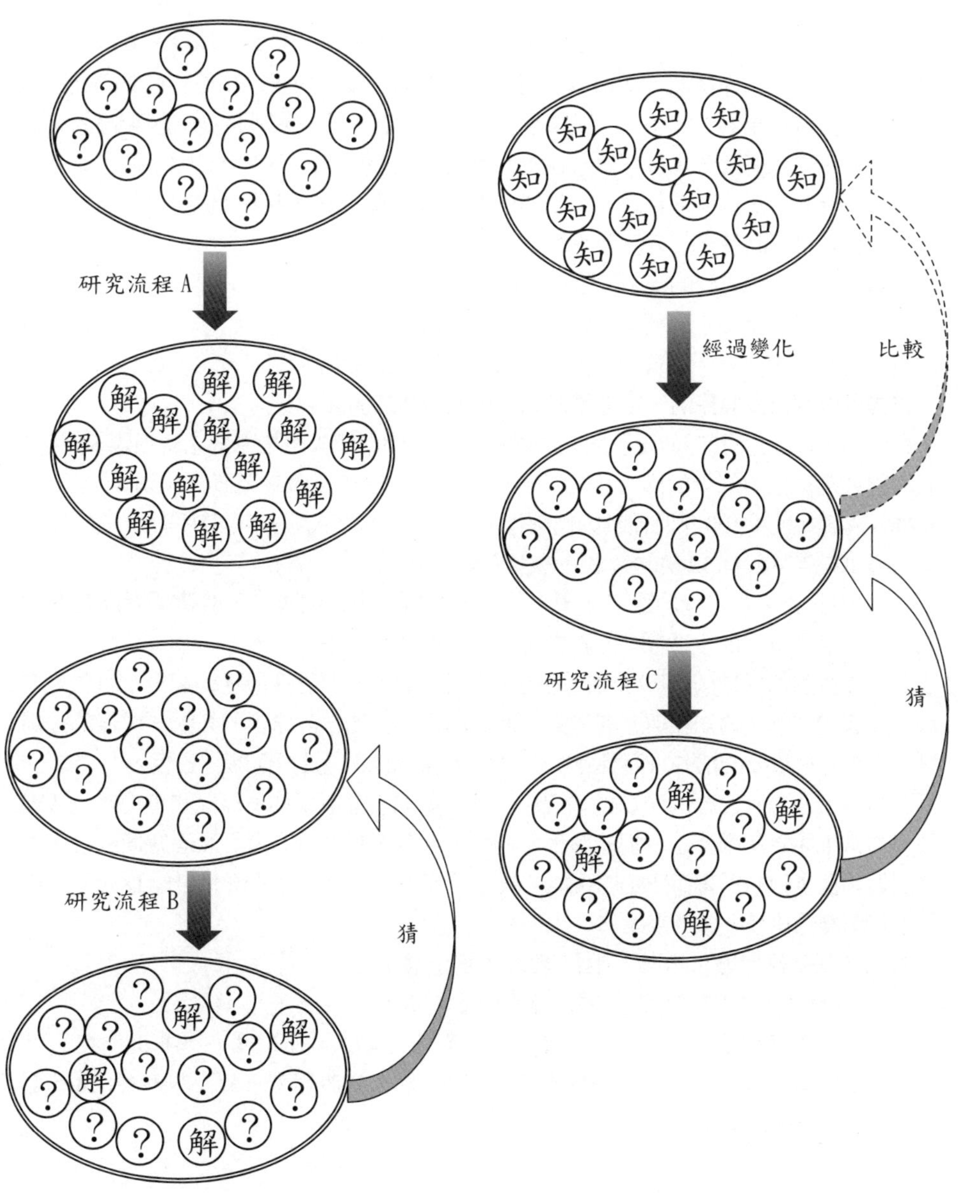
研究流程 A
經過變化
比較
研究流程 C
猜
研究流程 B
猜

單元23　研究設計

研究設計的最大重點就是**思慮周延**。各種領域（如經濟、醫學、物理）的研究設計可能會差異很大，即使同一個領域、同類形的主題、相似的研究流程，只要研究的事物不同、獲取結果的方式不同、測量準確度不同，甚至光是國外的研究搬到國內來做一遍、五年前的研究五年後再做一遍，都會有不同要考慮的因素。研究學者應該多參考各種研究設計，以多多見識他人是如何地**思慮周延**；但不要過度仿照，因為每一個研究都有各自不同該要注意及考慮的地方。

來看上個單元中提到的兩個很類似的例子：

①「全民健康保險」影響後「國人的健康程度」的變化

②「全民健康保險」影響後「國人的醫療花費」的變化

首先要確定研究的目的，然後盡量思考可能相關的因素。

在 ① 中研究者要考慮的是「國人的健康程度」中的**國人**是指哪些人？民國 84 年以前的國人跟民國 100 年的國人可是不一樣的，研究者要考慮是要研究民國 84 年時的一群人，活到民國 100 年時他們的健康程度，還是要研究民國 84 年時所有 50 歲的人，與民國 100 年時所有 50 歲的人之間的差異呢？

在 ② 中研究者要考慮的除了「國人的醫療花費」中的**國人**，可能還要考慮**花費**的部分，費用的多少是否要考慮物價波動，要以新台幣或美金為準？

上面這些還都只是列出可能要考慮的其中幾點而已，要**思慮周延**的能力，有些是要靠研究者在該領域的知識與歷練等等，而非專重在生物統計學上的知識；但這部分卻是研究設計很重要的部分，而且會影響研究獲取到的資料要如何進行分析。

在類似上個單元研究流程 C 的情況中，如果研究者還想要知道，已知事物變化成未知事物當中**因為**某個特定事物的影響而變化的部分，那麼研究者必須**思慮周延**後，排除**因為**其他事物的影響而變化的可能，於是可能會有像右頁圖的研究流程 D 所示，需要進行兩團的比較。舉例來說：

若「全民健康保險」影響「國人健康程度」⬆10

若「環境品質變差」影響「國人健康程度」⬇15

則「全民健康保險」＋「環境品質變差」影響「國人健康程度」＝⬇5

如果研究者沒有排除「環境品質變差」，將「國人健康程度」最後的總變化⬇5 都當成是「全民健康保險」的影響，那就錯了。

再看下例：

若「全民健康保險」影響「國人健康程度」⬇10

若「醫療技術進步」影響「國人健康程度」⬆15

則「全民健康保險」＋「醫療技術進步」影響「國人健康程度」＝⬆5

如果研究者沒有排除「醫療技術進步」，將「國人健康程度」最後的總變化⬆5 都當成是「全民健康保險」的影響，也是錯了。

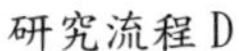

①
知

例如左頁文中的
[全民健康保險]

遭遇**某個特定事物**
而經過變化

沒有遭遇**那個特定事物**
而經過變化

②
③
⑦
差異未知

研究
猜
猜
猜
研究

④
⑤
解

比較差異
⑥

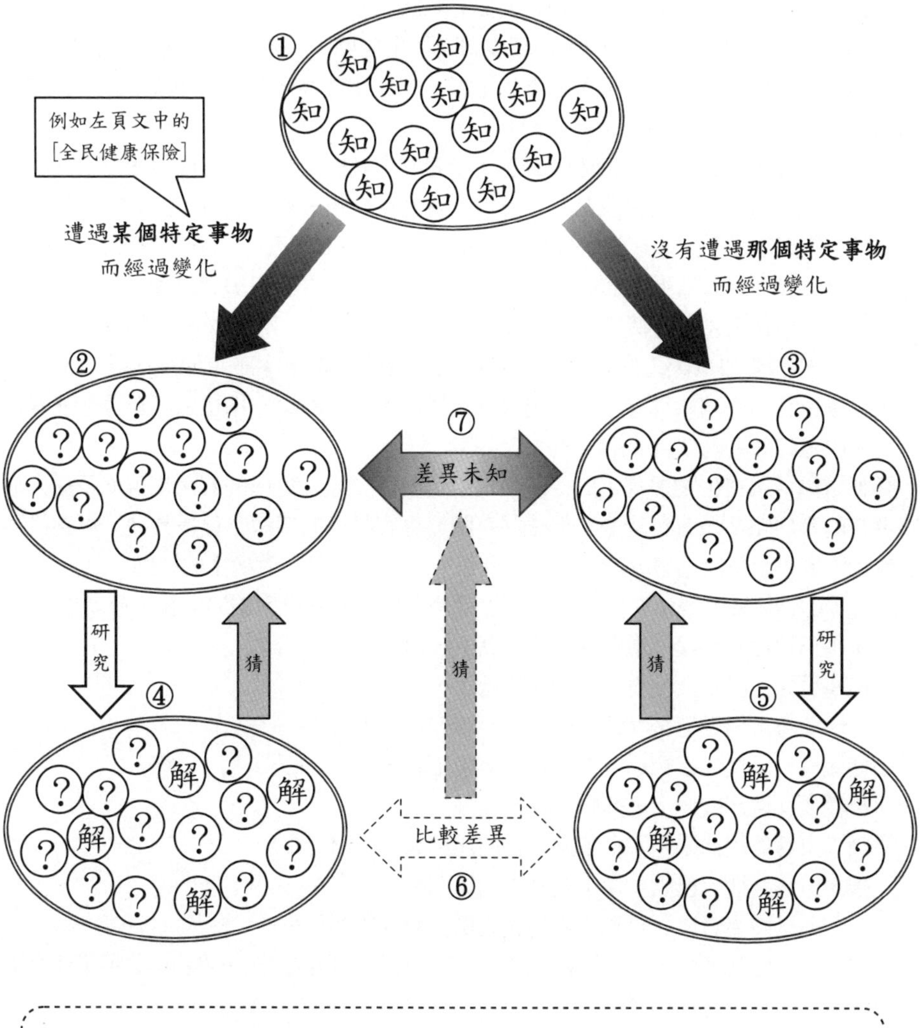

上面流程圖中最終目的想知道的是⑦，研究流程有下面兩種可能：

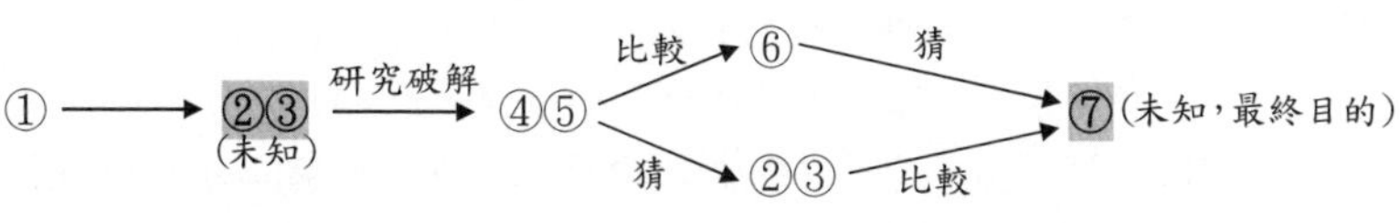

大多數研究中②未知的特質較多，較不易做假定，
因而④→②不好猜，所以多是走→⑥→⑦的流程。

單元24　思慮周延

要**思慮周延**主要是要靠研究者在該領域的知識與歷練，本書是生物統計學，沒辦法教你怎麼思慮才能絕對完整無遺漏，但本書可以舉些例子，讓讀者多多見識各種思慮。

〔**例一**〕首映後蟬聯十週票房冠軍的電影，一定比首映後只有當週票房冠軍的電影好看嗎？

電影好不好看也許有很多指標，票房、口碑、專業評價等等，但你片面聽到蟬聯十週票房冠軍的電影時，通常我們不多思索就有的直覺想法是，它肯定比只有一週票房冠軍的電影好看多了，這當然是很有可能的；不過也許那個只有一週票房冠軍的電影，因為太好看了，以致一週內所有的人都去看過了，所以之後票房就變差了。雖然這不是一定的，但是只要有這個可能，在做研究時有思慮到了，研究就會更周延。

如果你的專業知識讓你知道，全世界戲院一週的放映場次不可能讓所有人都去看過，那麼也許你會開始思慮，若只用蟬聯票房冠軍的週數單一指標來判斷電影好看程度，是不是如右頁圖 A 中的樣子呢？

類似這種情況在生物醫學上的例子像是：目前最多國人罹患的疾病是否就是國人最容易得的疾病呢？很有可能是，但也許有國人更容易得的疾病，但是該病人得到後馬上就病亡或是很快就治癒的話，反而只有很少人是處於正在生病中的狀態。

〔**例二**〕◯◯新聞報導：〔關於國人男性還是女性比較愛滑手機的爭論，據調查

「未婚男性比未婚女性滑手機的比例高」，而

「已婚男性比已婚女性滑手機的比例低」……

……因此國人男性還是女性比較愛滑手機仍持續爭論中……。〕

這個報導似乎沒什麼問題，但看看╳╳新聞報導：

〔男性或女性比較愛上網購物？據調查

「國人未婚男性比未婚女性上網購物的比例**高**」，而

「國人已婚男性比已婚女性上網購物的比例**高**」………

……「所以整體看來，是國人**女性比較愛上網購物**的」……〕

這這……這啥鬼報導？！是主播講錯還記者記錯，還是到底……中我們漏掉了什麼？

請再清楚看一遍並仔細思考：

「未婚男性比未婚女性上網購物的比例**高**」，而且

「已婚男性比已婚女性上網購物的比例**高**」，但是

「所有男性比所有女性上網購物的比例**低**」？

這種事有可能嗎？還是國人除了未婚跟已婚狀態之外，還有其它多元婚姻狀態？請看右頁 **B** 中的舉例說明。

為什麼會有這種事？這是罕見的特殊情形嗎？其實這種事還不少見，只是一般察覺不出來而已，請看看右頁 **C** 例中的說明，相信用誇張的數字後，大家馬上就能明白盲點在哪。想看看，你的研究設計會有這種容易忽略的盲點存在嗎？

A

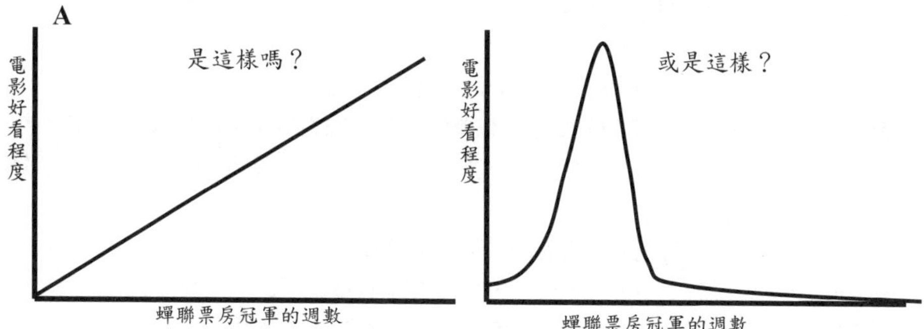

B

請想成左頁例子的已婚是指結過婚的就算，不需考慮離婚者算是已婚或未婚，因此每一個人不是未婚就是已婚，不會有人沒被算到或是被算到兩次。

	男性		女性	（數字單位是10萬人）
未婚	$\frac{5}{11}$	$>$	$\frac{3}{7}$	男性未婚 110 萬人中 50 萬人愛上網購物 女性未婚 70 萬人中 30 萬人愛上網購物
	$+$		$+$	
已婚	$\frac{6}{9}$	$>$	$\frac{9}{14}$	男性已婚 90 萬人中 60 萬人愛上網購物 女性已婚 140 萬人中 90 萬人愛上網購物
	$\parallel$		$\parallel$	
加總	$\frac{5+6}{11+9}$		$\frac{3+9}{7+14}$	（讀者請親自按計算機看看本書是否有誤算）
	$\parallel$		$\parallel$	
	$\frac{11}{20}$	$<$	$\frac{12}{21}$	男性總共 200 萬人中 110 萬人愛上網購物 女性總共 210 萬人中 120 萬人愛上網購物

C

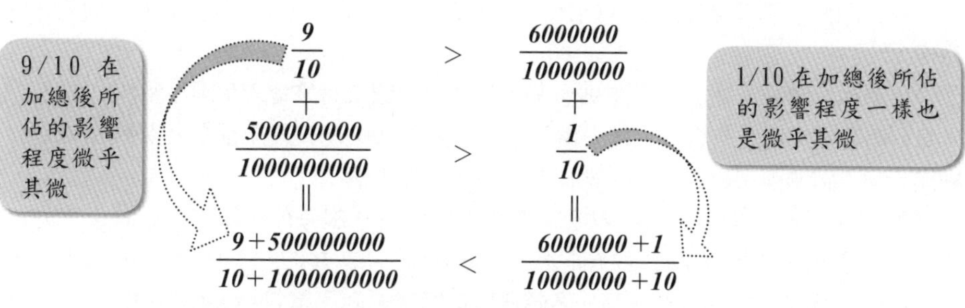

變成幾乎只有 $\frac{500000000}{1000000000}$ 和 $\frac{6000000}{10000000}$ 在單挑比大小而已

單元25　全盤考量

此單元的例子，可讓你檢視自己是否有多方面的考量。

〔例一〕關於一個飲食與健康的議題，以**常吃大魚大肉對於是否容易得 ✪✪ 病**為例，下面一句接一句的話術，有無讓你對「常吃大魚大肉是否容易得 ✪✪ 病」不斷地改觀呢？

第①句：有 10 萬個常吃大魚大肉的人罹患了 ✪✪ 病。（請參見右頁）

↳ 10⋯10 萬人得病！⋯⋯你覺得大魚大肉對罹患 ✪✪ 病的危險**大**嗎？

第②句：但**其他 50 萬個常吃大魚大肉的人，都不罹患 ✪✪ 病。**

↳啥！這樣一比，是常常大魚大肉比較好的樣子喔。

你是否覺得吃大魚大肉罹患 ✪✪ 病的危險其實是**小**的呢？

第③句：不過**不常吃大魚大肉的話，只有 10 人罹患了 ✪✪ 病**喔。

↳什麼，才 10 人得病！這樣看來，當然還是不要常常大魚大肉比較好啊。

第④句：可是**不常吃大魚大肉的，只剩其他 20 人不罹患 ✪✪ 病**啊！

↳這⋯⋯怎麼不常常大魚大肉又變比較差的感覺了！

這到底是要不要我們常常大魚大肉啊？

請參見右頁，一步一步地帶我們全盤考量的比較吧（註 9）。

〔例二〕下面這兩則報導中的算命師，有可能是同一個傢伙嗎？

「電視報導」最近 ▲▲ 鎮出現了一名**超神算命師**，據本台調查被他算過命的人之後發現：

①人生輝煌順利的人之中，超過 99% 先前已被算命師算出將來會人生輝煌順利；而且

②算命師當初算出將來會人生窮困潦倒的人，超過 99% 確實後來人生窮困潦倒。

↳好神啊！這準確率超過 99% 啊！

「網路謠傳」最近 ▲▲ 鎮出現了一名**超爛算命師**，據本站調查被他算過命的人之後發現：

③人生窮困潦倒的人裡面，超過 99% 先前被算命師**誤算**將來會人生輝煌順利；而且

④算命師當初算出將來會人生輝煌順利的人，超過 99% 的人後來**卻是**人生窮困潦倒。

↳爛死了！這錯誤率超過 99%，擲硬幣來算都比他準啊！

請見右頁下表 A 與 B，比較看看是否有可能是同一個傢伙，卻有兩種看起來完全相反的報導呢？若把表 A 的右上格填上 100000 人，表 B 的左下格填上 10 人，那電視報導與網路謠傳的就可能是同一名**超爛算命師**了。同一筆資料，敘述的方式不同營造出兩種截然不同的感覺（請注意只是敘述的方式不同，①②③④每一句敘述都是對的）。

這些例子主要提醒大家，若只從一部分的角度去評判資訊，很容易有先入為主的錯誤看法，應該要對於所有資料有全盤的考量。研究者在研究設計及判讀資料時，一定要多想想看有沒有其他任何可能忽略的地方，一定要盡量**思慮周延**、**全盤考量**。

①常吃大魚大肉 **10 萬得病** → 10 萬人得病，聽起來大魚大肉很危險啊?

②常吃大魚大肉 10 萬得病 **50 萬沒病** → 有病比上沒病：$\frac{10萬}{50萬}=\frac{1}{5}$ 大魚大肉安全啊!

③不常大魚大肉 **10 人得病** → 常吃的 10 萬人得病，不常才 10 人，太常大魚大肉危險!

常吃大魚大肉 10 萬得病 ┆ 50 萬沒病 → $\frac{10萬}{50萬}=\frac{1}{5}$ ← 大魚大肉，得病與不得病的比

④不常大魚大肉 10 人得病 ┆ **20 人沒病** → $\frac{10}{20}=\frac{1}{2}$ ← 不大魚大肉，得病與不得病的比

大魚大肉較**不易**得病，不大魚大肉也較**不易**得病，兩個相比 ↓ 看哪個**不易**的程度比較大

一比較之後可發現，不想得✪✪病還是要大魚大肉比較好 → $\frac{1/5}{1/2}=\frac{2}{5}$
（不大魚大肉**不易**得病，但大魚大肉**更不易**得病）

A **電視報導**	真的輝煌順利的人	真的窮困潦倒的人
算出會輝煌順利	1000	
算出會窮困潦倒	10	1000 → ②準確度= $\frac{1000}{1010}$（約 99%）

①準確度= $\frac{1000}{1010}$（約 99%）

B **網路**謠傳	真的輝煌順利的人	真的窮困潦倒的人
算出會輝煌順利	1000	100000 → ④錯誤率= $\frac{100000}{101000}$（約 99%）
算出會窮困潦倒		1000

③錯誤率= $\frac{100000}{101000}$（約 99%）

讀者可練習將 A 右上與 B 左下自行填上不同數字後，練習比較與描述該筆資料。

單元26　見著知微

我們常用見微知著來形容一個人很精明、有遠見，能從一點點細微的事物推敲到很多的事物。可惜科學研究的基本精神卻是**見著知微**，而且是見到非常地著，才謹能知道非常地微（這邊的謹是指慎重的意思）。下面的例子說明科學研究要如何地見著，才肯知道微：

〔事件〕有群 ✪✪ 病患者吃了 ☺☺ 藥丸之後，很多人病情改善了。

「見微知著」：這 ☺☺ 藥有效，可以治好 ✪✪ 病，病人治癒後能正常作息，增進國家生產力，可促進國家經濟，政府將有更多資源可以投入醫療領域，能開發出更多的藥治療更多的疾病……而因患者病癒所減省的醫療耗材對地球環境與生態的維護將有正面的……

「見著知微」：

- 你說 ✪✪ 病患者吃了 ☺☺ 藥丸之後病情可以改善，你怎麼知道是 ☺☺ 藥有效還是病人自己康復？➡找群沒有吃 ☺☺ 藥丸的病人來比較。
- 你怎麼知道是吃 ☺☺ 藥丸治好的，還是只要吃任何像藥丸的東西就可以好了？
  ↳找群病人，給他們吃像 ☺☺ 藥丸的東西，如麵粉丸，然後來比較。
- 你的病人是男生還是女生？年紀多大？你確定其他病人吃 ☺☺ 藥丸也會好？
  ↳找群性別、年齡與「吃 ☺☺ 藥丸的病人」差不多的病人，給他們吃麵粉丸後比較。
- 該不會跟 ☺☺ 藥丸無關，是因為護理人員照顧得比較好病才好的吧？
  ↳找如上述病人，給他們吃像 ☺☺ 藥丸的東西，並且有同樣護照顧，然後來比較。
- 你不是找一群看起來氣色很好的病人，本來就容易被治好吧（或是找一群氣色很差，不容易被治好的）？➡上述的病人使用隨機選取而來。
- 你………我………這………那………（要挑剔的可是多如牛毛的啦）
  ↳控制病人的飲食、運動、生活習慣，考慮基因、心理狀態……

以上就是科學研究是**見著知微**的精神，當所有其他因素都一樣，只有一個因素不一樣時，才能精確比出那個不一樣的因素對於後果會有什麼影響。研究設計時盡量考量其他相關因素可能引起的干擾，也是**思慮周延**、**全盤考量**的一環。在研究設計上，甚至有一種研究方法，主要找孿生雙胞胎來進行比較，因為雙胞胎在生活環境、飲食、家庭因素、基因等等很多方面可能都很類似；如果這雙胞胎都生了同樣的病，其中一人做了某種治療，另一個沒有接受該治療，則兩人之後的病況差異，就很可能主要是因為那個治療的效果（註 10）。

很多情況要考量的因素太多，即使研究設計得出來，實際上卻執行不了。有時研究者會考量現實層面，設計個不是那麼完美的研究架構，重要因素在研究中被檢測，而對於掌控不了的小瑕疵則在結果分析後討論哪些該留意之處。

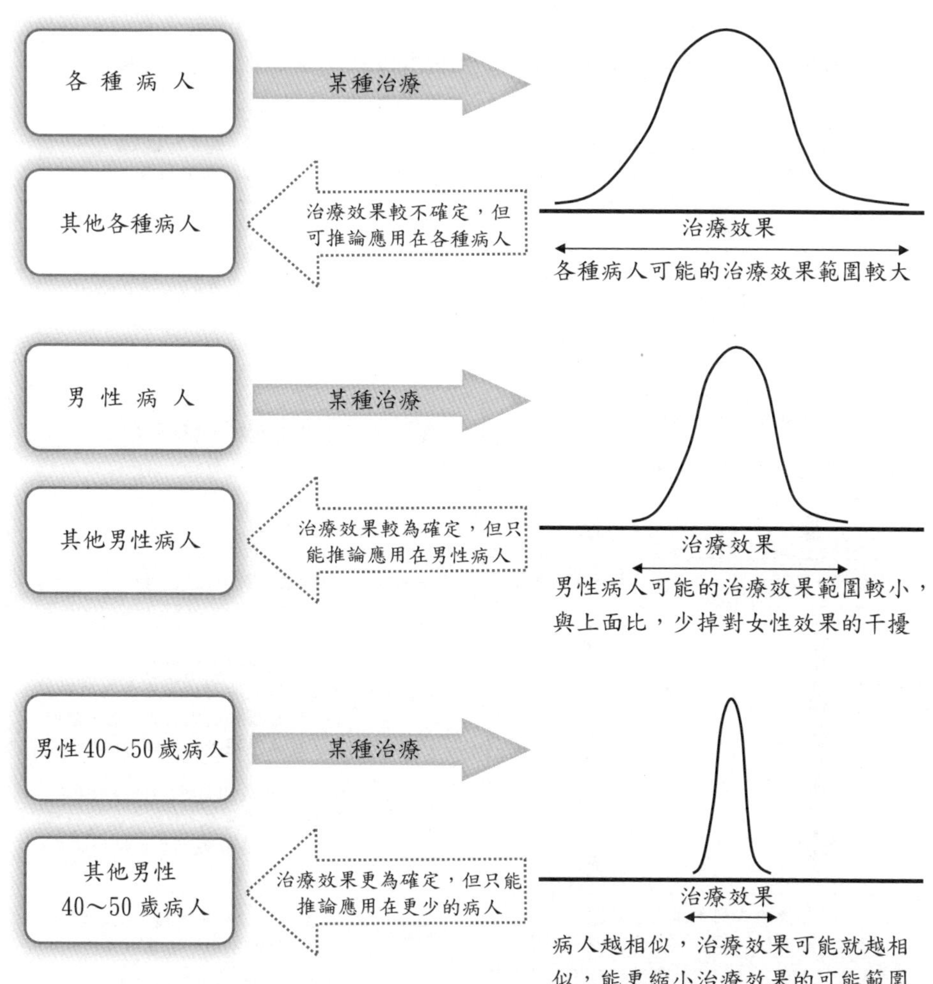

如左頁所述，科學研究為了**見著**，除了主要觀察的事項，也會考量其他多個相關的事物，當考量的越多、**見**得越**著**，常常會**知**得越**細微**。上面圖例中是常見的研究設計之一，當研究控制越多條件時，就可少掉越多的可能干擾，不過研究結果能實際應用的層面也相對變少。

(註：上面圖例中說的[治療效果更為確定]，**不是**指治療效果會更好或是更不好，是指治療效的可能範圍較小的意思；如果治療效果的可能範圍很大，我們就很難確定下一個病人治療後，到底療效會怎樣。)

單元27 學術研究

此頁**學術研究**與右頁**電視購物**的舉例，讓我們純粹只比較它們的設計架構：

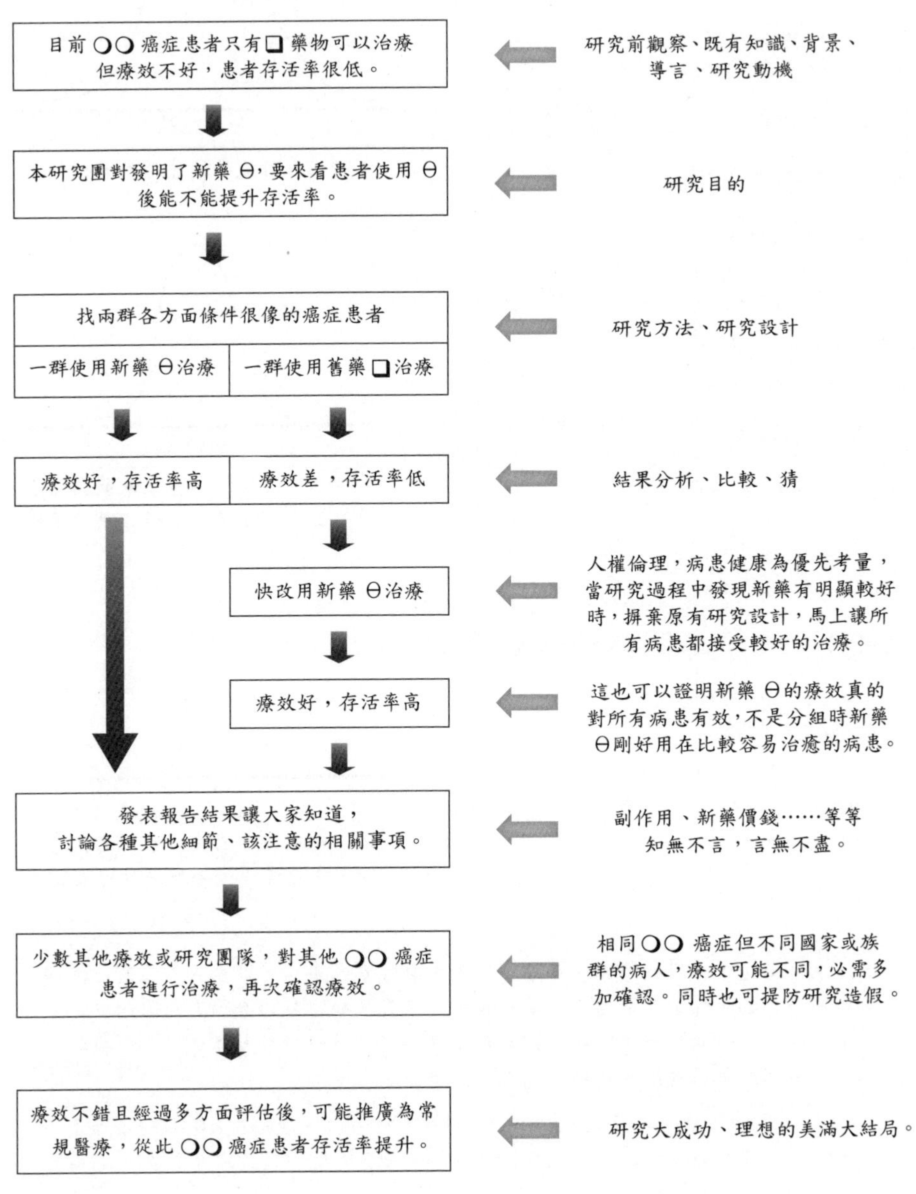

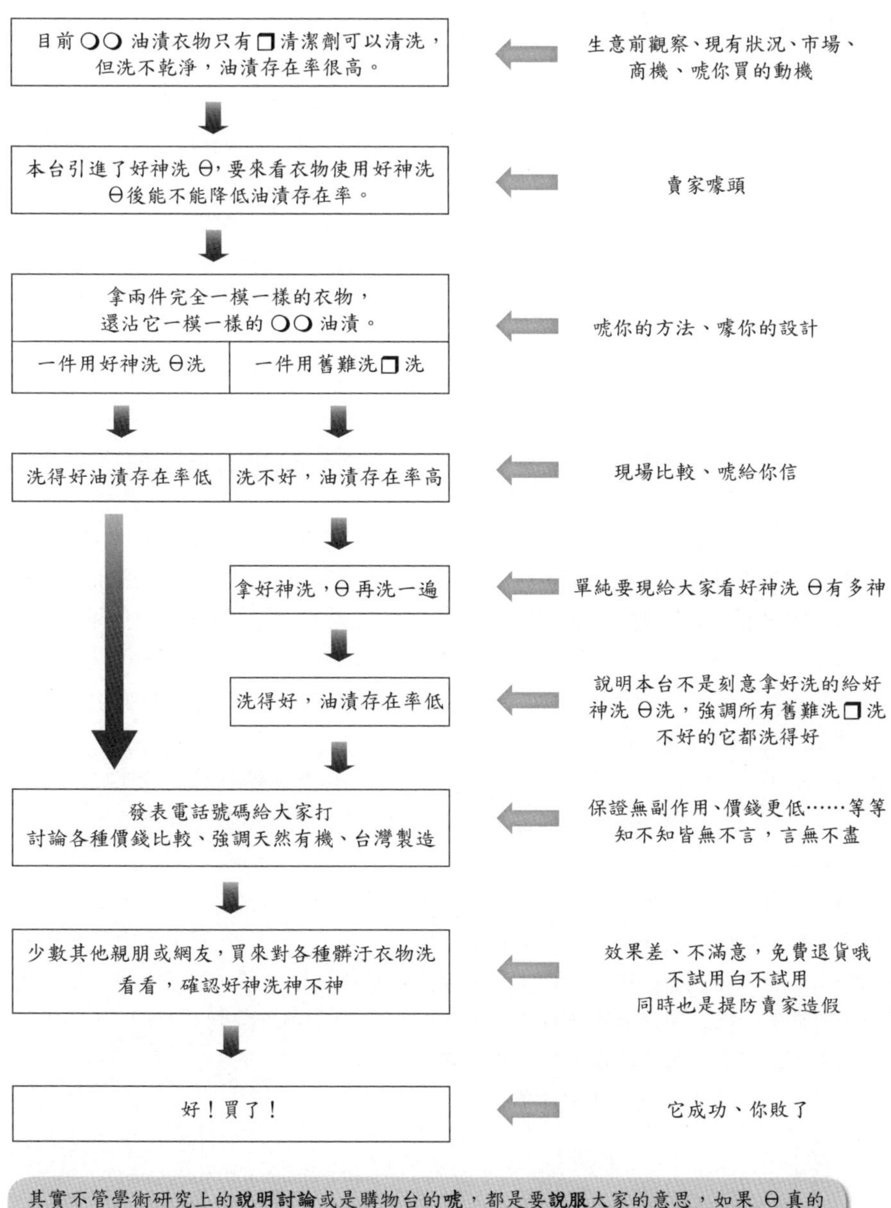

其實不管學術研究上的**說明討論**或是購物台的**唬**，都是要**說服**大家的意思，如果 ϴ 真的具有比較好的效果，那好的研究流程必須能一步一步證明它較有效，也要能一步一步說服別人接受 ϴ 比較好的事實。而**如果 ϴ 其實並沒有比較有效，好的研究流程必須能一步一步證明它沒有比較有效，也要能一步一步說服研究者自己接受 ϴ 沒有比較好的事實**。好的研究要去證明**真實**，而不是一定要證明自己所預期的。

單元28　找出極端率

當研究設計確定，執行並獲得資料後，在分析資料來猜的這一環節上，我們要做的只有一件事，就是**找出極端率**。因為使用生物統計猜的方式，完全就是依照**極端率**大小來猜，所以一有**極端率**就猜完了，所以一找到同時就猜完。

而絕大多數的情況極端率是**找**來的，不是算來的，大家要了解的重點就是**如何找**，而找的過程中的計算，主要是為了讓我們能找到極端率而計算；接下來有一連串的例題來說明各種研究設計下得到的各種資料，怎麼**找出**它的**極端率**；各例題的解答說明請見右頁。

〔**例題 1**〕　甲班 2279 人，平均身高 172.2201 公分，喜愛喝茶、打球、鏢準差 5 公分；乙班 56 人，平均身高 172.2202 公分，喜愛上網、喝咖啡、鏢準差 2.5 公分。而且沒有甲乙兩班的身高記錄簿，但已知甲乙兩班的身高都不是常態分佈。請問甲乙兩班的平均身高有無差異。

〔**例題 2**〕　甲班 1000 人，平均體重 65.55555 公斤，喜愛喝茶、打球、鏢準差 5 公分；有甲班的身高記錄簿摘要於右頁。在甲班附近不經意發現一人，目測身高 170~175 公分之間，請問這人是甲班的人嗎？

〔**例題 3**〕　甲班 1000 人，平均體重 65.55555 公斤，喜愛喝茶、打球、鏢準差 5 公分；有甲班的身高記錄簿摘要於右頁。在甲班附近不經意發現一人，測出身高 170 公分，請問這人是甲班的人嗎？

〔**例題 4**〕　甲班 1000 人，平均體重 65.55555 公斤，喜愛喝茶、打球、鏢準差 5 公分；沒有甲班的身高記錄簿。在甲班附近不經意發現一人，測出身高 199 公分，請問這人是甲班的人嗎？

例題 4 中有用的資訊太少，右頁中的解答中用了太強勢的假定，猜對率會大大降低（再更強勢一點就直接假定「這傢伙就不是甲班的人」了）。在**假定**「甲班身高是呈常態分佈」時，我們需要更多的資訊來知道「甲班身高是呈**哪一個**常態分佈」；而各種不同的常態分佈之間差別的地方就在於單元 11、12 中所提到的：

①的**那個數值**②③**離多遠會少多少的程度**

（下式中的 μ ）（取決於下式中的 σ ）

$$\text{縱向數值} = \frac{1}{\sigma\sqrt{2\pi}} e^{\frac{-(\text{橫向數值}-\mu)^2}{2\sigma^2}}$$
（單元 12 中提到的捏造的常態分佈）

〔例題1〕

[解答] 睜大眼睛看到很明顯 172.2201≠172.2202，所以有差異。

[說明] 已知的事物不用猜，跟愛打球、愛泡茶還是咖啡、射飛鏢離準心的差距多少、是不是什麼常態分佈通通都無關。

〔例題2〕

[解答] 有身高記錄簿就看身高記錄簿。

依記錄簿來看，甲班的身高不是常態分佈，有多處間斷，我們以身高區間來分類，身高 170~175 公分有 25 人，佔 1000 人中的 2.5%，依你心中選邊猜的界限值 α 猜吧。

[說明] 跟愛打球、愛喝茶、體重、飛鏢準度無關。

[甲班的身高記錄簿摘要]

(以身高區間記錄的記錄簿)

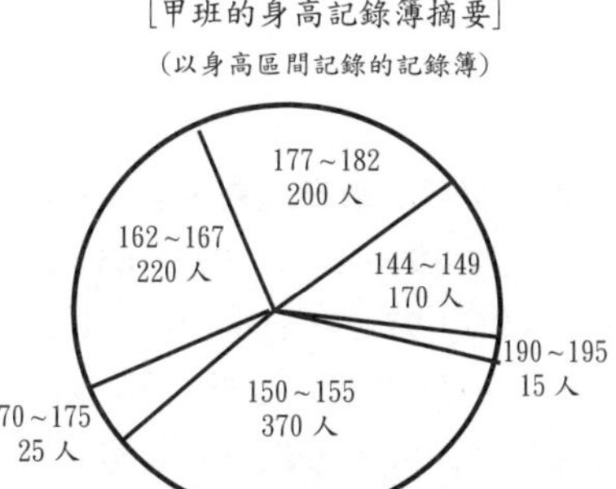

〔例題3〕

[解答] 有身高記錄簿就看身高記錄簿。

依記錄簿來看，我們將身高視為連續數值，身高比 170 更極端的部分。

170~175 公分與 190~195 公分共佔 1000 人中的 4%，極端率就是 4%。

比較極端率與你心中選邊猜的界限值猜吧。

[說明] 跟飛鏢準不準、體重、是否常態分佈無關。

[甲班的身高記錄簿摘要]

(有每人身高記錄，下圖只是摘要圖例的記錄簿)

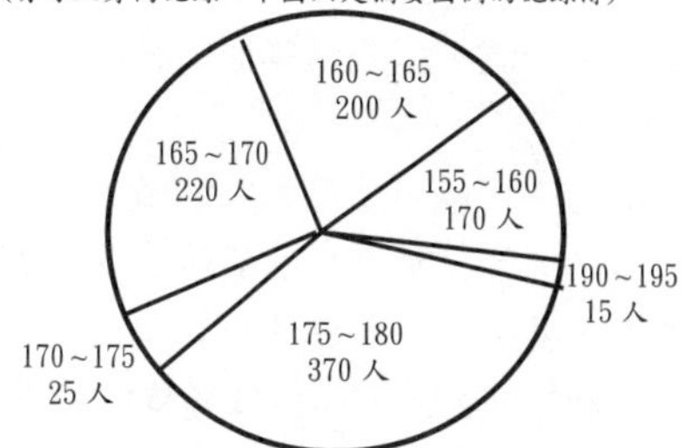

〔例題4〕

[解答] 不是甲班，如果一定要猜是不是的話。

[說明] 沒有甲班身高記錄簿，我們可以**假定**[甲班身高是呈常態分佈]；但常態分佈有無限多種(如下圖)，而我們所知道的甲班體重、喝茶、打球、鏢準差與身高是哪一種常態分佈無關。如果一定要猜，那可**假定**[甲班跟我所知道的一般人身高分佈一樣]，而在我所知道的一般人身高中，199 公分很罕見，所以他不是來自甲班。

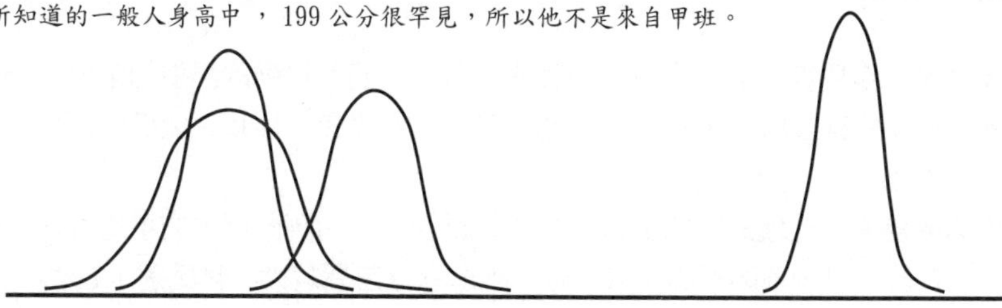

單元29　平均與差異

上單元中①的**那個數值**就是**平均**值，也就是一般日常生活中所認知的**平均**的意思。

「1、2、3、4、5」這 5 個數值的平均就是 3，請當場練習下面兩題：

「97、98、99、101、102、103」這 6 個數值的平均就是 ______

「1、2、3、197、198、199」這 6 個數值的平均就是 ______

嗯……本書忘記先跟大家說明平均值的算法了，補充說明如下：

$$\textbf{平均值} = \frac{\text{所有數值加總}}{\text{數值的個數}}$$

上單元中②③**離多遠會少多少的程度**取決於各個數值之間的差異，上面當場練習題中「97、98、99、101、102、103」跟「1、2、3、197、198、199」兩組數的平均一樣，但是你知道「97、98、99、101、102、103」這**組**之**內**的數字之間差異很小，而「1、2、3、197、198、199」這**組**之**內**的數字之間差異很大，因此要簡要的描述一群數值時，除了平均值以外，各數值之間的差異也是一大重點。

一群數值之間差異可以有很多種計算的方式來表現，比如說：

①計算每一個數值對其他所有數值的差值，用這些差值的總合來看數值之間差異的大小。

②計算每一個數值除以其他所有數值的商值，用這些商值的總合來看數值之間差異的大小。

上面①中可以規定都是大的減小的，②可以規定都是大的除以小的，②還可以改成用這些商值的總乘積來看數值之間差異的大小。這都只是可以表現數值之間差異的算法舉例，各種差異的算法有其優缺點，而下面列出的**差異**算法，在生物統計學中最常用，也被最多人認同是計算**差異**的**標準**，一般稱為**標準差**：

表現一群數之間差異的一種算法，**標準差** $= \sqrt{\dfrac{\sum(\text{每一個數值} - \text{平均值})^2}{\text{數值的個數}}}$

生物統計學中，額外把**標準差** ^{2} 稱為**變異數**：

變異數 ＝ **標準差** ^{2}

因為**標準差**、**變異數**是最多人慣用的算法，而且前面所提到的捏造的**常態分佈**中，**離多遠會少多少的程度**所取決的 σ，就是上列中的**標準差**；所以只能請你硬生生記起來。公式中的 Σ 就是加總的意思。

那麼**平均**與**差異**對於**極端率**的影響，請見右頁圖示，右頁圖例中的**平均**就是上列的**平均值**，而**差異**可以分佈圖形的寬窄來看，圖形越寬**差異**越大（**標準差**也越大）。

下面兩個不同的分佈平均值都是100，但上圖分佈內數值的差異較小，下圖分佈內數值的差異較大。

下面兩個不同的分佈平均值不同，但兩個分佈內數值的差異是相同的。

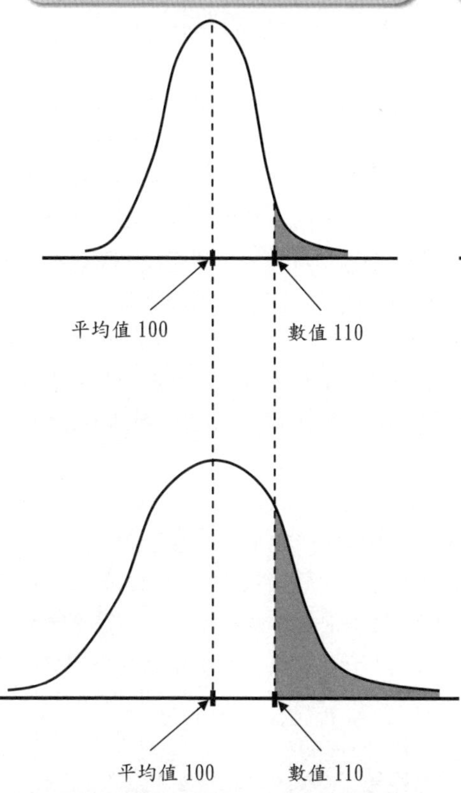

平均值 90

數值 110

平均值 100

數值 110

可明顯看出在上面兩個平均值相同的分佈中，當分佈內數值的差異不同時，對於同一個數值 110 的右側極端區大小不同，**極端率**也會不同。
（左側極端區也會不同，讀者可當場練習，自行標出左側極端區。）

可明顯看出在上面兩個分佈內數值的差異相同的分佈中，當平均值不同時，對於同一個數值 110 的右側極端區大小不同，**極端率**也會不同。
（左側極端區也會不同，讀者可當場練習，自行標出左側極端區。）

單元30　標準常態分佈

前面說到捏造的常態分佈有無限多種，只要有各個不同常態分佈的**平均**與**差異**，也就是把**平均值**代入常態分佈捏造公式中的 μ，把**標準差**代入捏造公式中的 σ，那麼之前提到的公式就會變成下面的樣子：

$$\text{縱向數值} = \frac{1}{\text{標準差}\sqrt{2\pi}} e^{\frac{-(\text{橫向數值}-\text{平均值})^2}{2\sigma^2}} \quad \text{（捏造的常態分佈）}$$

如此一來，對於任何具有確定**平均值**與**標準差**的常態分佈，對於任何的橫向數值，都能算出它所對應的縱向數值，再用數學上微積分的運算技巧，可以算出任何橫向數值的**極端率**，例如單元 28 右頁圖例中的數值 110 在該頁四個不同常態分佈的**極端率**。

對於數學微積分的運算技巧不好的我們，數學家將無限多種捏造的常態分佈裡面，**其中一個**常態分佈之中所有橫向數值所對應到的**極端率**算好，並整理成一張表給我們查詢比對，我們只要用查的就可以知道所有橫向數值所對應到的**極端率**了。不過如果要找的常態分佈不是**那一個**已經算好的常態分佈怎麼辦呢？所有的常態分佈在公式中只要調整**平均值**與**標準差**，就可以變成同一個常態分佈的公式，而在圖上只要**左右移動**與**拉縮寬窄**就可以變成同一個常態分佈的圖形喔；請看單元 28 右頁圖例中：

右下的常態分佈只要**往左移**，就可以變成**右上**的常態分佈；

左下的常態分佈只要把**寬度縮窄**，就可以變成**左上**的常態分佈；

右上的常態分佈需要**往右移**並且**拉寬寬度**，就可以變成**左下**的常態分佈。

那麼為了讓我們**左右移動**與**拉縮寬窄**方便，數學家算好給我們查詢比對的**那一個**常態分佈是**平均值**＝ 0，**標準差**＝ 1 的常態分佈，特別稱**這一個**常態分佈為**標準常態分佈**。在這個**標準常態分佈**中，所有的橫向數值代表的意義就是**離平均值 0 幾個標準差的距離**；例如：

橫向數值＝ 2：它離平均值 2 個標準差的距離。

橫向數值＝ 5.6：它離平均值 5.6 個標準差的距離。

橫向數值＝ -3：它離平均值 3 個標準差的距離，負號表示比較小，圖形上的話就是在**平均值** 0 的**左邊** 3 個標準差的距離。（正值就是比較大，圖形上在右邊）

右頁上圖中各種關於身高、體重、金錢的常態分佈圖與**標準常態分佈**圖疊合在一起，請看圖形下面的標示進行當場練習。最後請在下方空白寫下右頁最後一個練習「則 960 新台幣是距離平均 ______ 個標準差」的答案你是怎麼計算出來的：

你的算法：

哎，本書忘記先說明換算公式了：**任何數值離平均值幾個標準差的距離**

$$= \frac{\text{該數值} - \text{平均值}}{\text{標準差}} = \text{任何數值轉換成在}\textbf{標準常態分佈}\text{中的數值}$$

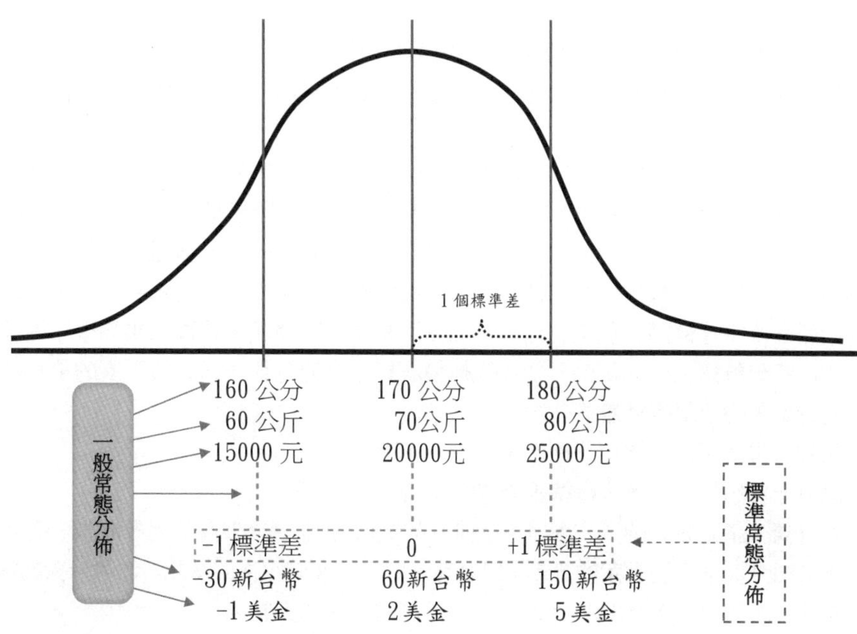

當場練習換算：

若1 美金 = 30 新台幣

則60新台幣 = ______美金

則75新台幣 = ______美金

若1標準差 = 10公分 = 10公斤 = 5000元 = 90 新台幣 = 3美金

則75公分 = ______個標準差

則750公斤 = ______個標準差

則7500元 = ______個標準差

若平均身高為170公分，則190公分是距離平均______個標準差

若平均體重為70公斤，請問55公斤是距離平均 -______個標準差

若平均錢數是60 新台幣，且1個標準差90 新台幣，

則960新台幣是距離平均______個標準差

(本書沒有提供此頁之當場練習的解答)

單元31　不標準常態分佈的平均值與標準差

好，標準常態分佈的**平均值**與**標準差**已經規定平均值是 0，標準差是 1，而其他所有的常態分佈都是不標準的常態分佈；並且一般常見的事物，幾乎都是近似不標準的常態分佈。

而不標準的常態分佈，可以經由上個單元所說的算法將其轉換為標準常態分佈，而這轉換計算的過程中需要不標準的常態分佈的**平均值**與**標準差**。

請想像一下這個流程：從一群**大群體**中觀察或測量到**一部分個體**的資料，這**一部分個體**也就是常說的**樣本**，而那個**樣本來源**的**大群體**有個很貼切的稱呼，叫做**母群體**。我們通常假定**母群體**呈現常態分佈，然後用**樣本**資料猜測**母群體**的**平均值**與**標準差**，並依此將**母群體**呈現的常態分佈運算轉換成標準常態分佈，所以接下來的重點就是要如何確定**平均值**跟**標準差**：

已知有**母群體**的**平均值**跟**標準差** ➡就直接使用。

沒有**母群體**的**平均值**跟**標準差** ➡用**樣本**資料去**猜**。

怎麼**猜**？請見右頁圖 A，觀察或測量到的數值 X 是一定來自某個**母群體**，而此**母群體**呈常態分佈是我們**假定**的，當我們只有一個數值X時，並且沒有其他可以猜的選擇，我們就只能猜數值 X 的母群體的平均值就是 X，見右頁圖 A。

而只有一個數值時沒有差異，所以我們也無法猜母群體的標準差，所以至少要觀察或測量到兩個數值，才能用這些觀察或測量到的數值之間的差異，去猜母群體的標準差，見右頁圖 B。我們將觀察或測量到的幾個數值，稱為是來自**母群體**的一小群**樣本**。**母群體**有**平均值**跟**標準差**，**樣本**本身也有它的**平均值**跟**標準差**。

生物統計學上建議的猜法是：**樣本**的**平均值**是多少就猜**母群體平均值**是多少。

數學上可以證明，如果固定樣本的個數，從一個母群體抽取出所有可能的**樣本組合**，計算出所有**樣本平均值**的**平均值**就會剛好＝母群體**平均值**；因為會**剛好等於**，所以我們稱這樣子猜是猜得**不偏**的。而用樣本本身的**標準差**來猜**母群體標準差**要猜得不偏，卻是要這樣子猜：

$$\text{猜得不偏之母群體標準差} = \text{樣本本身的標準差} * \sqrt{\frac{\text{樣本個數}}{\text{樣本個數} - 1}}$$

$$= \sqrt{\frac{\sum(\text{每一個樣本的數值} - \text{樣本平均值})^2}{\text{樣本個數} - 1}}$$

為什麼上面公式中的分母不剛好就是**樣本個數**，也不是**樣本個數** -2、**樣本個數** +1，而是要**樣本個數** -1 ？這是數學上運算的結果，如此計算後所**猜出的母群體標準差**，才會猜得**不偏**。

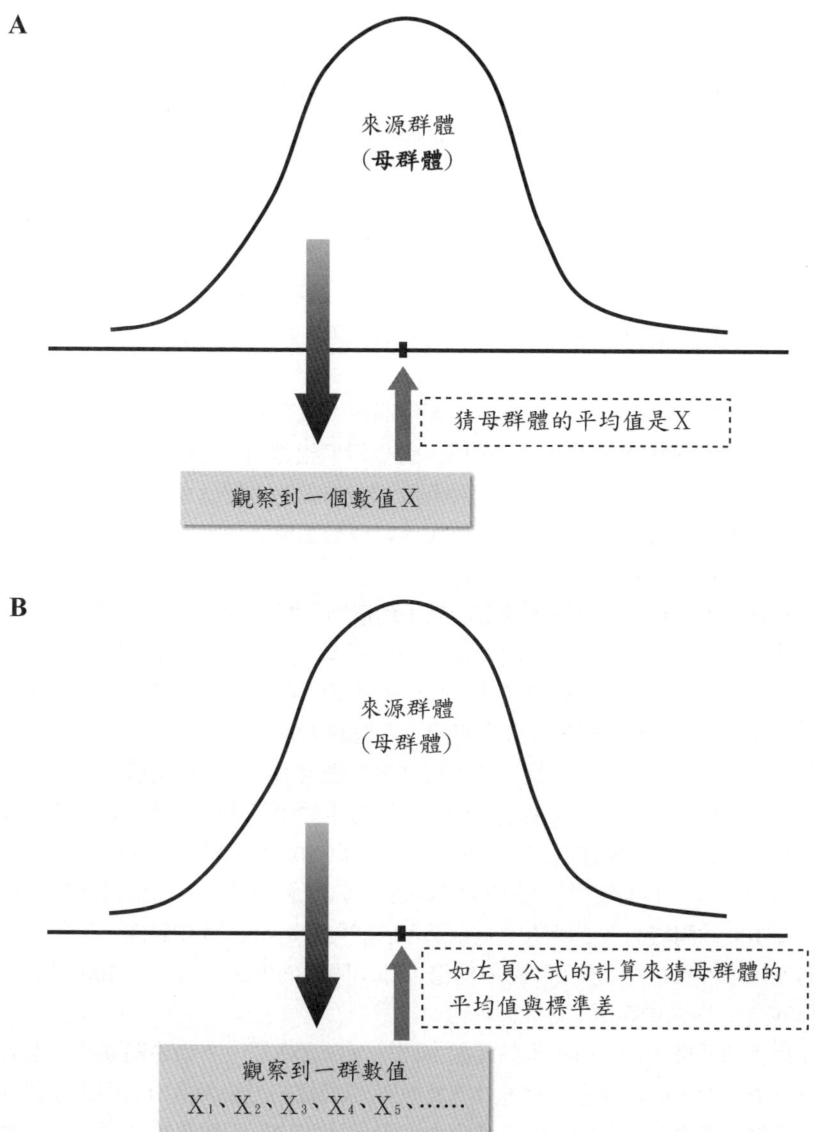

注意：左頁公式中分母是[**樣本個數-1**]，是用來**猜母群體標準差**的。**樣本本身的標準差**算法同前面所提到的標準差計算公式，公式中分母一樣是數值的個數，也就是[**樣本個數**]不是[**樣本個數-1**]！

單元32　猜範圍

除了像上個單元中談到的猜母群體的**標準差**或是**平均值就等於是**多少，有時候我們會猜某個未知的數值**是介於多少到多少之間**；這就像日常中有時我們會猜說「哇！這件衣服好漂亮，大概要 800 元吧」，而有時我們會猜說「哇！這件衣服好漂亮，大概要 700~800 元吧」。

有個很明顯的事實：

猜「這件衣服要價 800 元」的猜對率比猜「這件衣服要價 700~800 元」的猜對率低。

猜「這件衣服要價 700~800 元」的猜對率又比猜「這件衣服要價 700~900 元」的猜對率低。

你猜的範圍越大，命中那件衣服真正賣價的機率越高；但是如果你猜「嗯，這件衣服應該是要價 1~999999999 元」……好，這猜對率相當高（大概是 100% 正確吧），不過那是沒有提供有用資訊的廢話。猜範圍（註 11）的重點就是**猜對率要高**且同時**範圍要小**；下面將說明在生物統計學上，如何對猜範圍提供猜對率，而在同樣的猜對率下要如何猜，範圍能夠最小。

以生物統計學上常見的要是〔猜母群體**平均值**的範圍〕為例，說明如下：

若從某一個常態分佈的母群體隨意取到幾個樣本，隨意取到的樣本數值分佈，接近母群體一般常態分佈的樣子的機會比較大（右頁圖中的 B），而隨意取到樣本數值呈現奇怪分佈的機會較小，但不是沒有可能（右頁圖中的 C）。

不管取到哪種樣本，每一組樣本都以該樣本的數值資料，使用**同樣**的方法（同樣的思考邏輯、運算流程等等）來猜出一個猜母群體**平均值**可能的範圍；如果隨意取到的 100 組樣本都使用這個**同樣**的方法，就會猜出總共 100 個範圍。如果有很多組樣本**同樣**的方法猜出很多個範圍中，每 100 個範圍中有 50 個範圍命中真正母群體**平均值**，那麼，這 100 個**同樣**的方法所猜出的範圍可以宣稱就是 50% **命中範圍**。若每 100 個範圍中有 95 個範圍命中真正母群體**平均值**，那個**同樣**的方法所猜出的 100 個範圍都可以宣稱就是 95% **命中範圍**（註 12）。

只要用那個**同樣**的方法所猜出的範圍都同樣可以宣稱是…% **命中範圍**喔，就算是右頁圖 B 與圖 C 中兩個差異很大的樣本，即使使用**同樣**的方法所猜出的兩個範圍會很不一樣，即使一個會命中而另一個不會命中，但這兩個猜出的範圍都是同樣…% **命中範圍**（同樣 % 數命中率的範圍）。

上面所要強調的是<u>所有</u>**那個同樣的方法所猜出的** 95% **命中範圍**有 95% 會命中真正母群體平均值，當然手上的樣本資料以**那個**方法所猜出的<u>那一個</u> 95% **命中範圍**也是有 95% 會命中真正母群體平均值。

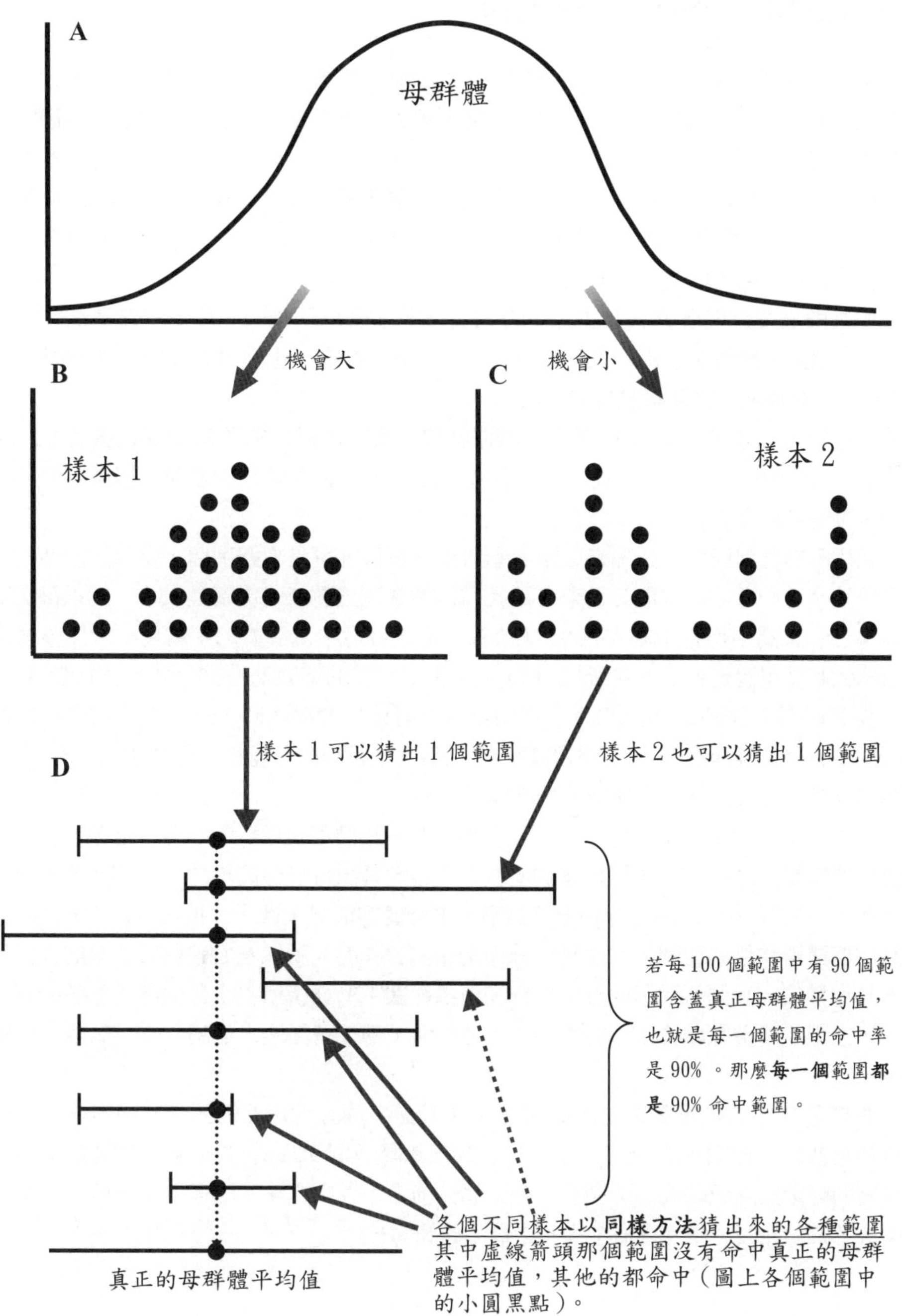
A
母群體
機會大
機會小
B
C
樣本 1
樣本 2
樣本 1 可以猜出 1 個範圍
樣本 2 也可以猜出 1 個範圍
D
若每 100 個範圍中有 90 個範圍含蓋真正母群體平均值，也就是每一個範圍的命中率是 90% 。那麼**每一個**範圍**都**是 90% 命中範圍。
各個不同樣本以**同樣方法**猜出來的各種範圍
其中虛線箭頭那個範圍沒有命中真正的母群體平均值，其他的都命中（圖上各個範圍中的小圓黑點）。
真正的母群體平均值

單元33　猜最小範圍

為了說明如何在固定命中率下猜出最小的範圍，本書設計了一個特殊的例子如右頁圖 A，此例子的情況是：已知數值 X 是來自圖 A 中的那個母群體，也知道母群體的分佈就是如圖 A 中的形狀（這母群體顯然不是常態分佈），且**已知**「此母群體中的所有數值只分佈在左右兩個區塊，而左邊區塊的面積佔了全部的 95%，右邊區塊的面積佔了全部的 5%，此母群體中不存在數值在左右兩區塊以外的個體」；但**不知道**該母群體的平均值，要由觀察到的數值 X 來猜。

①如果數值 X 是來自圖 A 母群體的**左邊**區塊，那麼母群體的平均值就在數值 X 的附近，因此由數值 X 猜母群體平均值就在 X 附近的範圍，也就是右頁圖 B 中**右邊**虛線圖形所對應到的橫線數值範圍。

②如果數值 X 是來自圖 A 母群體的**右邊**區塊，那麼母群體的平均值就在數值 X 的**左邊**，因此由數值 X 猜母群體平均值就在 X **左邊**，如右頁圖 B 中**左邊**虛線圖形所對應到的橫線數值範圍。

我們不知道到底數值 X 是來自圖 A 母群體**左邊**區塊還是**右邊**區塊，所以只能猜法①跟猜法②選一種。而數值 X 是來自圖 A 母群體的左邊區塊的機率是 95%，所以每次都以猜法①來猜平均每 100 次有 95 次所猜的範圍會命中母群體的平均值，所以猜法①所猜的範圍可說是 95% 命中範圍；相對的猜法②所猜的範圍就是 5% 命中範圍（圖 B）。

從右頁圖 A 與圖 B 可以看到，當知道母群體分佈的形狀時，以一個來自該母群體的數值去猜母群體的平均值，母群體的平均值大小相對的可能性，就會是如圖 B 一般，與母群體分佈形狀呈**左右鏡射**的分佈圖形。

上例中是已知母群體的分佈情形，多數情況下我們不知母群體的分佈情形，多是**假定**母群體是常態分佈，再以樣本的資料去不偏地猜出母群體的標準差，如此情況便跟上例中已知圖 A 母群體的分佈形狀但不知平均值的情況一樣了，也就可以如上例般去猜母群體平均值的範圍了。而常態分佈是左右對稱的，所以**左右鏡射**與原來的分佈形狀是一樣的。我們可以用此分佈曲線在**所猜範圍**中的面積所占全部曲線下面積的百分比，來表示**所猜範圍**猜中母群體的平均值的命中率（請對照上述猜法①、②與右頁圖 B）。

右頁圖 D 中是隨意舉例的兩個 95% 命中範圍，兩直實線間的面積與兩虛線間的面積都是曲線下總面積的 95%，我們可以找出無限多個 95% 命中範圍，右圖 D 中兩實線間的範圍比兩虛線間的範圍小。在常態分佈中，以中心點（即樣本平均值）往左右兩邊等長的範圍，是同樣命中率的中最小的範圍。

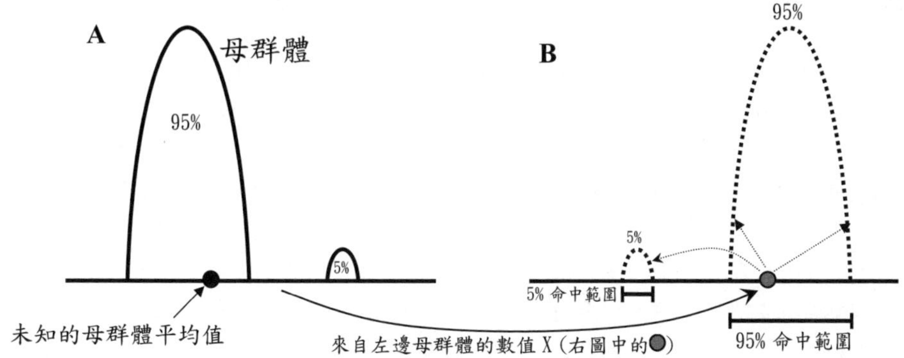

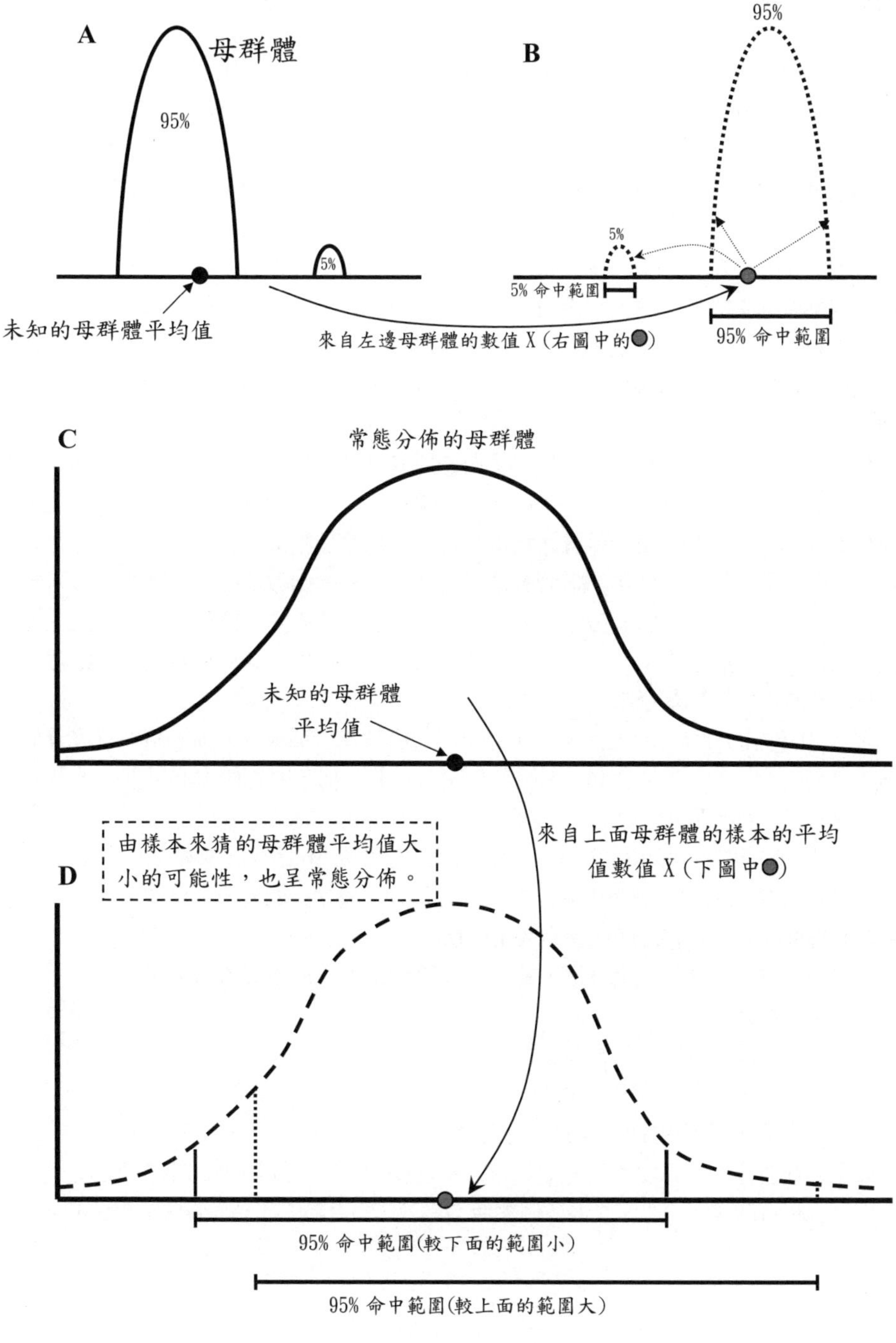

A
母群體
95%
5%
未知的母群體平均值
B
95%
5%
5% 命中範圍
95% 命中範圍
來自左邊母群體的數值 X (右圖中的●)
C
常態分佈的母群體
未知的母群體
平均值
來自上面母群體的樣本的平均
值數值 X (下圖中●)
由樣本來猜的母群體平均值大
小的可能性，也呈常態分佈。
D
95% 命中範圍(較下面的範圍小)
95% 命中範圍(較上面的範圍大)

單元34 處理過的樣本就找處理過的母群體

前面的單元中講了如何由一個數值去猜它是否來自某個母群體，而當在猜母群體的標準差時，需要兩個以上的樣本數值；實際上在進行研究時，大部分也是觀察很多個樣本數，很少只以一個樣本來猜母群體的。現在就來考慮當我們觀察到一組樣本，**確定他們是來自同樣的一個母群體**，但不知是來自哪一個母群體時，要怎麼猜。

猜的基本中心思想其實不變，就是看極端率大小來猜。當只有一個樣本數值時，找出該數值在母群體分佈中的**極端率**，然後猜；當有兩個樣本數值時，找出那兩個數值在母群體分佈中的**極端率**，然後猜。不過……一個樣本數值在一個分佈中當然是有一個**極端率**，那兩個數值，是要找出兩個**極端率**嗎？要是一個**極端率**很大，另一個**極端率**很小，是要以哪個**極端率**來猜呢？如果有三個、四個、很多個樣本數值時，又要怎麼猜呢？

我們考慮一件事，就是「**一組樣本裡面的所有個體，都是來自同一個母群體**」，既然這些樣本的數值都是來自同一個母群體，那可以把所有樣本的原始數值，經過某種運算處理，得出**一個數值**，用**這個數值**來猜。不過**這個數值**已經不是樣本本身原有的數值，所以不可**假定**處理後的**這個數值**的分佈一定跟原始數值的母群體的分佈一樣；但可以**假定**「處理後的**這個數值**的分佈」與「原始母群體經過**同樣**運算處理後，所得到的數值所形成的分佈」一樣，請見右頁圖 A 的舉例說明，圖中以**身高**為**原始數值**，**某種運算處理**以計算**總合**為例。

圖 A 中右方的分佈，是經過與樣本**完全同樣**處理後所形成的分佈，請注意該分佈並非「身高總合」的分佈，而是「5 個身高總合」的分佈，因為樣本的處理是 5 個樣本的身高加總。如果圖例中改成 6 個樣本，而處理運算方法是「6 個身高相乘」，那麼圖 A 中右方的分佈，就是經過與樣本**完全同樣**處理後「6 個身高相乘」的分佈。

那麼圖 A 中右方以虛線表示的分佈到底是長成什麼樣子的分佈？樣本是 5 個，但母群體有無限多個，是要怎麼與樣本**完全同樣**處理，然後去形成那個分佈呢？

很簡單，就是與樣本完全一樣，請見右頁圖 B 以不同的母群體舉例說明：

從原始母群體中：

①也抽取 5 個樣本，算出此 5 個樣本的**總合**；

②再抽取另 5 個樣本，算出此 5 個樣本的**總合**，這樣就有 2 個**總合**的數值；

③接著一直重複不斷的抽取 5 個樣本算出**總合**，於是就會有很多個**總合**的數值。

如果存在有**原始母群體**的真實記錄簿，那就要抽取出任 5 個樣本所有可能的組合，算出每個組合的**總合**，把這些很多個**總合**的數值，集合起來成為 5 個樣本**總合**的分佈。

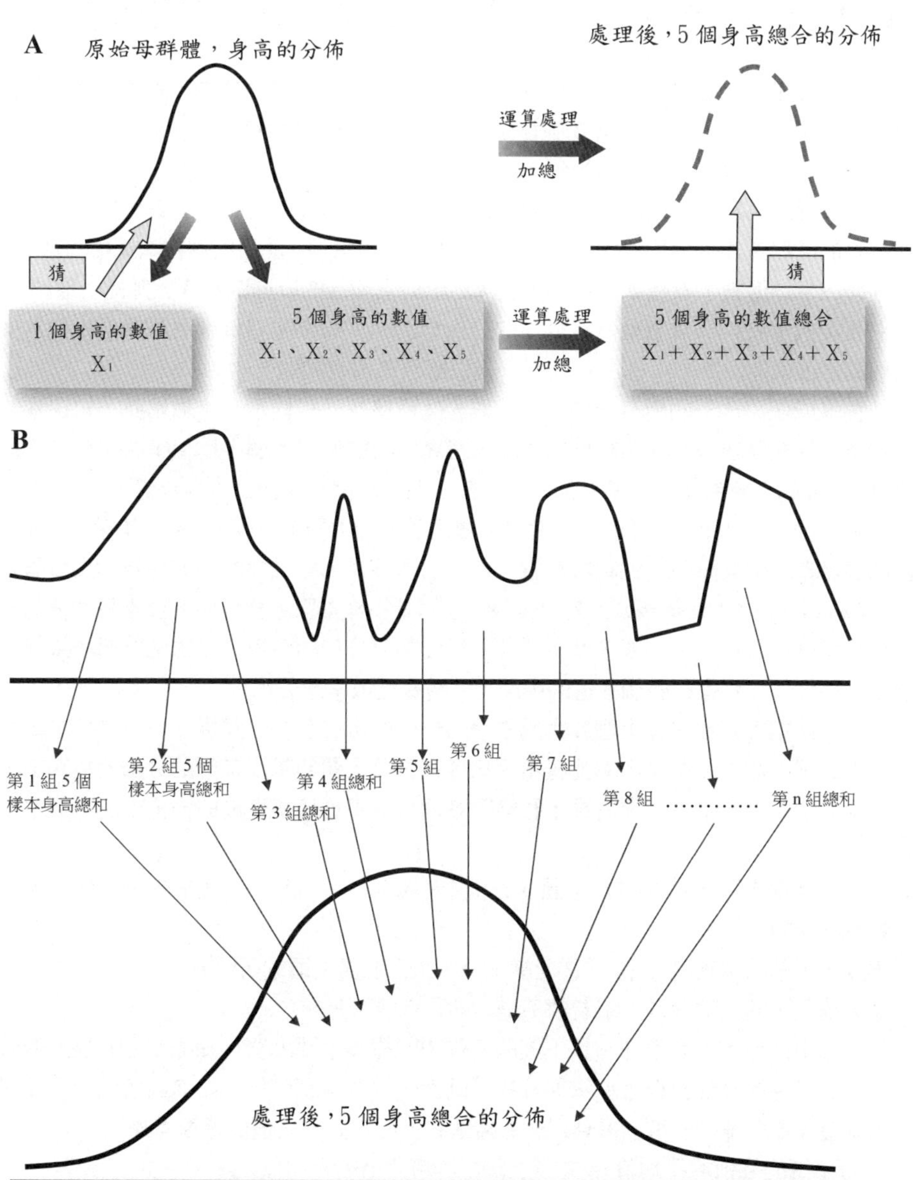

如果不存在有**原始母群體**的真實記錄簿，而是我們**假定**呈常態分佈的，那麼就要抽取無限多次，現實上無法真正抽取無限多次，但可以用數學運算技巧捏造出無限多次抽取後，5 個樣本總合的分佈。

單元35　平均......就是在各個數值的中間

經過上個單元的圖例與說明，相信大家都能很清楚**怎麼處理樣本**，**就怎麼處理母群體**了。不過，上個單元右頁圖 B 中那個歪七扭八分佈的母群體經過一番處理後，怎麼會搞出下面那個很像常態分佈的分佈，這件事要怎麼說明與負責呢？

上個單元中，我們的處理運算都是以**加總**為例，本書真的推薦給大家，**加總**就是個非常好的處理方式了，不過多數人較常用**算平均值**來處理，就是把**總合**除以樣本數目，處理完的**平均值**數字看起來比較小，在應用上與處理後的分佈圖形都與**加總**一樣的。

右頁圖例中就以非常背離常態分佈的分佈來說明，如果連右頁圖中那個超級非常反常態的分佈都能說明了，那其它任何分佈也應該都沒有問題了：

〔從長成任何樣子的所有分佈中，抽取 n 個數值為一組樣本，可算出此一組樣本的**平均值**。抽取無限多組 n 個數值的樣本，將算出的這無限多個**平均值**集合起來的所形成分佈，n 越大會越接近常態分佈。〕（註：把**平均值**換成**總合**也是一樣）

這就是生物統計學上〔**平均 ...... 就是在各個數值的中間**〕的現象：越多數值去平均，就越容易會往中間靠攏，就越像常態分佈。此現象在本書以外的地方稱為**中央極限定理**（Central Limit Theorem），其中極限的意思是指樣本數 n 極大時，樣本**平均值**的分佈以常態分佈為極限……嗯，就是會非常近似常態分佈的意思，以白話的詞語來講，就是說**平均 ...... 就是在各個數值的中間，然後會近似常態分佈**。

因此，研究者若從右頁上圖非常反常態的分佈的母群體中，隨機取得一群樣本，算出樣本的平均值後，**不是**去看**此樣本平均值**在**右頁上圖非常反常態的分佈**的極端率，而是要去看此**樣本平均值**在**右頁下圖無限多個樣本平均值所形成的分佈**中的極端率來猜：

先以「此**樣本平均值**在**右頁下圖的分佈**中的極端率」 猜 「①此**樣本平均值**是否來自**右頁下圖的分佈**」。

再以「①猜的結果來」 猜 「②此**樣本**是否來自**右頁上圖的母群體**」

①若猜是，則②就猜是；①若猜不是，則②就猜不是。

那麼①中此樣本平均值在右頁下圖的分佈中的**極端率**要怎麼得知呢？在 n 很大的時候，右頁下圖的分佈會很近似常態分佈，既然是近似常態分佈，如前面所說，只要它的**平均值**與**標準差**，就可以得到近似的**極端率**。而它們**平均值**與**標準差**是：

右頁下圖的分佈的**平均值** ＝右頁上圖母群體分佈的平均值

$$\text{右頁下圖的分佈的}\textbf{標準差} = \frac{\text{右頁上圖母群體分佈的標準差}}{\sqrt{\text{樣本的個數}}} = \frac{\sigma}{\sqrt{n}}$$

上面的公式由數學上證得，請直接接受它們是正確的。

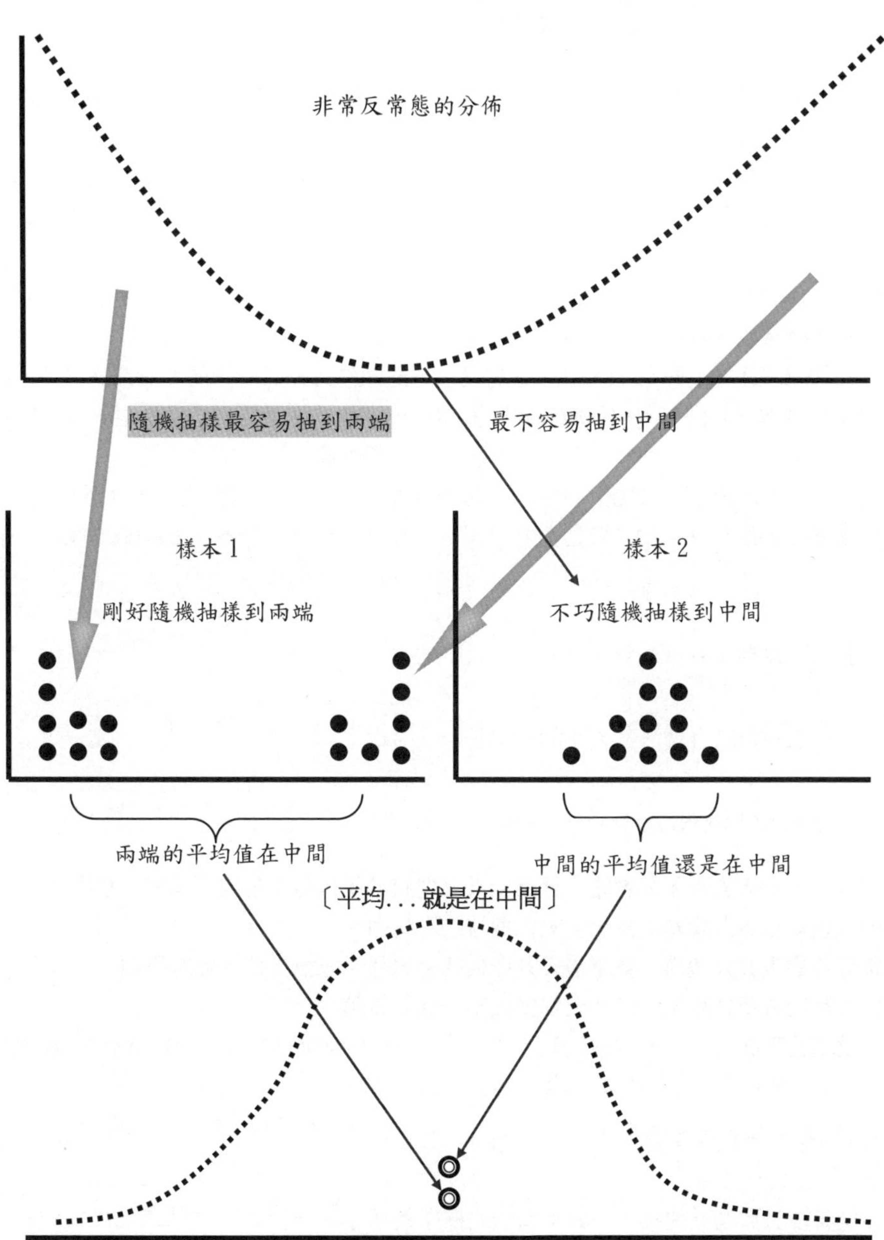

非常反常態的分佈
隨機抽樣最容易抽到兩端
最不容易抽到中間
樣本 1
剛好隨機抽樣到兩端
樣本 2
不巧隨機抽樣到中間
兩端的平均值在中間
中間的平均值還是在中間
〔平均...就是在中間〕
無限多個樣本平均值所形成的分佈

單元36　自母群體來的樣本的平均值的分佈的當場練習

此單元要請大家實際拿起筆來練習計算，跟單元 29 中的當場練習差不多，不過這裡不是要練習計算「母群體的平均值」或是「母群體的標準差」，是要練習計算「來自母群體的樣本的平均值的分佈的平均值」與「來自母群體的樣本的平均值的分佈的標準差」，搞清楚其實就是「右頁下圖的平均值」與「右頁下圖的標準差」後，請逐題練習：

〔**例題**〕你發現每次到亮噹噹炸雞攤買的炸雞塊大小都不一樣，因此決定氣到要看看這家炸雞攤賣的炸雞塊，它們的大小差異到底有多大，它們的平均到底有多大。

註：炸雞塊大小的單位是可以讓你吃幾口，**已知**你每一口吃掉的炸雞都一樣大。**已知**這家炸雞攤一共備有 1000000000000 塊炸雞可以賣，準備賣到天荒地老，你不管何時去買都可以從這 1000000000000 塊炸雞裡面隨意挑選。

於是，你今天去買了九塊雞，得到了 9 個炸雞塊大小的數值，還可以算出 1 個平均值。

「請填答下面（1）~（5）各是多少（請填入 8、9、999999999999、1000000000000）」

你今天去買的這九塊雞的大小的平均值 $=\dfrac{\text{9 塊炸雞口數加總}}{(1)}=$ A

你**猜**那炸雞攤 1000000000000 塊炸雞大小的平均值 $=\dfrac{\text{9 塊炸雞口數加總}}{(2)}=$ B

你今天去買的這九塊雞的大小的標準差 $=\sqrt{\dfrac{\sum(\text{每一塊炸雞口數}-A)^2}{(3)}}=$ C

你**猜**那炸雞攤 1000000000000 塊炸雞大小的標準差 $=\sqrt{\dfrac{\sum(\text{每一塊炸雞口數}-A)^2}{(4)}}=$ D

後來，你今天去買了九塊雞，算出今天九塊雞的平均值；但吃不過癮，想說
明天也要去買九塊雞，算出明天九塊雞的平均值；
後天還要去買九塊雞，算出後天九塊雞的平均值；吃到上癮，乾脆不如
每天都要去買九塊雞，你每天都要算出一個平均值

「請填答下面（5）~（9）各是多少（請填入 8、9、999999999999、1000000000000、A、B、C、D、E、天數、天數 -1、$\sqrt{8}$、$\sqrt{9}$）」

①你每天要去買的九塊雞大小的平均值的平均值 $=\dfrac{\text{每天的炸雞平均口數加總}}{\text{天數}}=$ E

②你每天要去買的九塊雞大小的平均值的標準差 $=\sqrt{\dfrac{\sum(\text{每天炸雞平均口數}-(5))^2}{(6)}}$

③你**猜**你每天要去買的九塊雞大小的平均值的平均值 $=\dfrac{\text{9 塊炸雞口數加總}}{(7)}$

④你**猜**你每天要去買的九塊雞大小的平均值的標準差 $=\dfrac{(8)}{(9)}$

下面是重複上個單元的平均會向中間靠攏的示意圖，不管來自哪種母群體，只要樣本的個數**夠大**，其平均值的分佈就會近似常態分佈。在生物統計學上，樣本數 30 個以上，被公認為就是**夠大**。

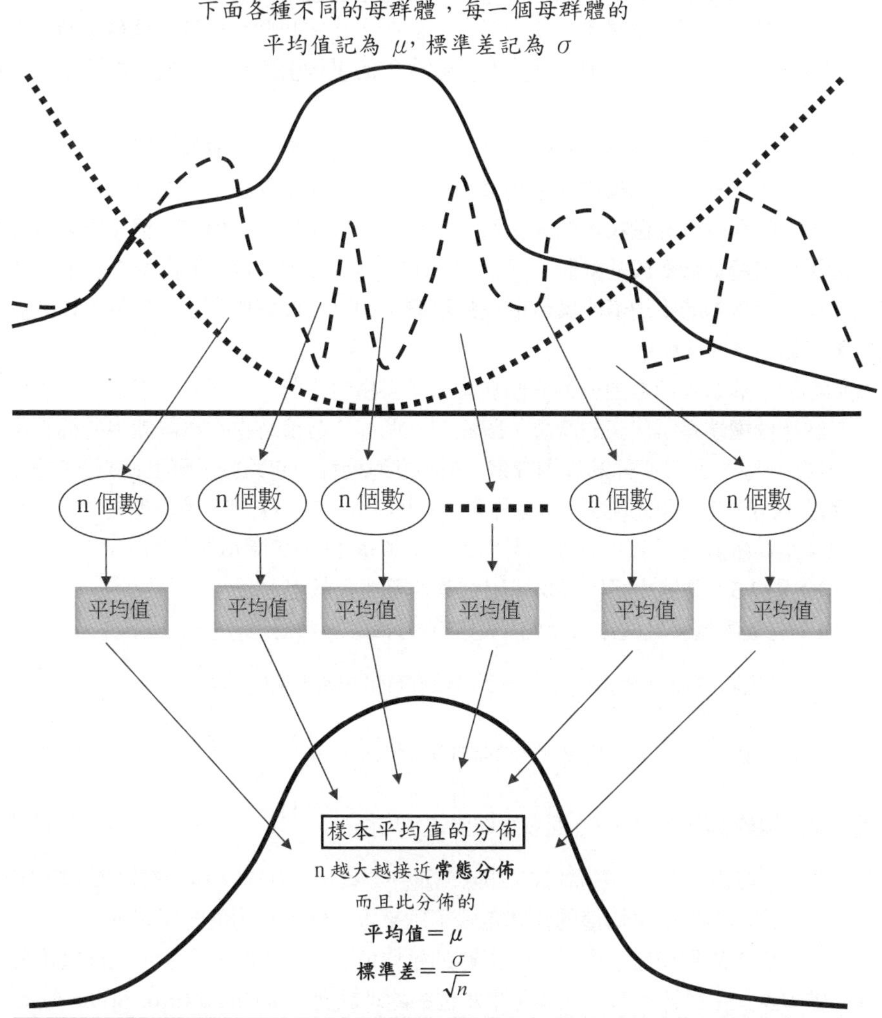

左頁解答

(1) 9　(2) 9　(3) 9　(4) 8　(5) E，不是 A 喔　(6) 天數　(7) 9　(8) D　(9) $\sqrt{9}$

說明：雖然例題中你想說每天要去買九塊雞，但實際上你只有今天買的九塊雞，左頁的①跟②都是要用今天買的九塊雞去猜的；填格 (5) 本身的值是 E，沒有 E 的資料時，才猜它相當於是 A。

單元37　自母群體來的樣本的平均值的標準差的用處

當我們有**一個樣本**數值時，要去找此樣本在「**母群體**」中的極端率，母群體也可以想成就是很多很多個**一個樣本**所集合形成的群體。而當我們有**一群 n 個樣本**時，要去找此 n 個樣本的**平均值**在「**很多很多個 n 個樣本的平均值所集合形成的群體**」中的**極端率**，如右頁圖A所示。

同樣的，如果你有「**很多很多個 n 個樣本的平均值所集合形成的群體**」的記錄簿，直接將你有的那**一群 n 個樣本**的**平均值**去比對查出極端率就好了。如果你沒有那個記錄簿，那你的那**一群 n 個樣本**的 n 必須要足夠大，你才好意思**假定**「**很多很多個 n 個樣本的平均值所集合形成的群體**」是常態分佈，然後依前面單元的計算方法算出「**很多很多個 n 個樣本的平均值所集合形成的群體**」的平均值與標準差，然後去比對查出**極端率**（如右頁圖A所示）。

我們必須了解當我們是由**一群 n 個樣本**去求得**極端率**時，其原理與過程是如上所述的，了解這個**極端率**所代表的意思，跟只有一個樣本數值時它在母群體中的極端率是不太一樣的。手動計算下面的當場練習，經由計算過程中有助於了解上述原理的差別：

〔**例題 1**〕**已知**亮嚐嚐炸雞攤所有炸雞大小的平均值是 11 口，標準差是 3 口，今天有人在某家炸雞攤買了這九塊雞的大小的平均值是 14 口，請填答下面（1）~（6），其中（1）跟（3）請填是猜出或是算出，其他請填入數字：

你（1）亮嚐嚐隨意九塊雞大小的平均值的分佈的平均值是（2）口

你（3）亮嚐嚐隨意九塊雞大小的平均值的分佈的標準差是 $\dfrac{(4)}{(5)}=(6)$ 口

今天這九塊雞平均值離炸雞攤所有炸雞的平均值 $=\dfrac{(7)-(8)}{(9)}=(10)$ 個標準差

今天這九塊雞平均值離所有九塊雞平均值的平均值 $=\dfrac{(11)-(12)}{(13)}=(14)$ 個標準差

◎今天這九塊雞是不是從亮嚐嚐炸雞攤買來的，是要用（10）或（14）來找極端率來猜？

來自母群體的**樣本的平均值的標準差**除了用來求得樣本平均值的極端率以外，它也表示了以「**樣本的平均值**」去猜「**母群體的平均值**」可能的誤差大小，因此**樣本的平均值的標準差**在生物統計學上又叫做**平均值的標準誤差**（Standard Error of the Mean，簡稱 SEM）。請見下例與右頁下方圖示：

承〔**例題 1**〕，有天你卯起來跟亮嚐嚐拼了，買 99999999999 塊炸雞，據前面說的算法，99999999999 塊雞大小的平均值的標準差是：

$$\frac{3}{\sqrt{99999999999}}=0.000009\cdots$$差不多是 0 喔！

樣本的平均值的標準差不是指樣本 99999999999 塊雞之間的差異，是指樣本平均值之間的差異，而其可代表**樣本平均值**與**母群體的平均值**差異的程度。

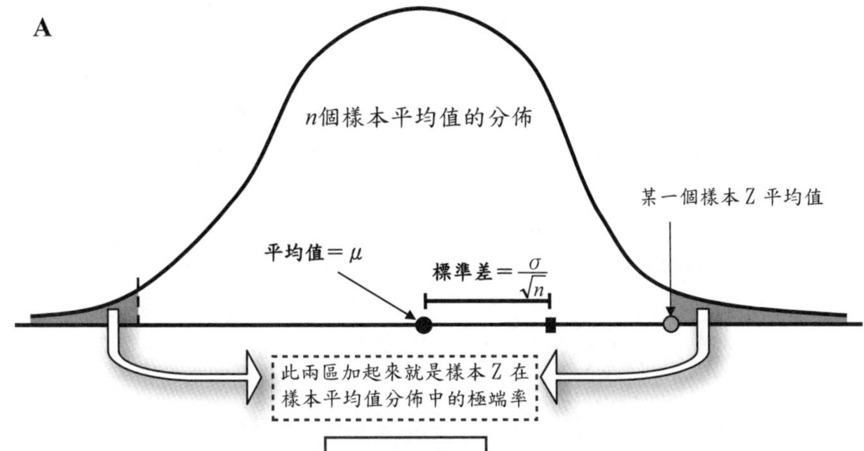

左頁解答

(1) 算出 (2) 14 (3) 算出 (4) 3 (5) $\sqrt{9}$ (6) 1 (7) 14 (8) 11 (9) 3 (10) 1 (11) 14 (12) 11 (13) 1 (14) 3 ◎用 (14) 的答案 3 來找極端率。說明：因為**已知**炸雞攤（母群體）的平均值跟標準差，所以 (1) 跟 (3) 是用算的，不需要猜。

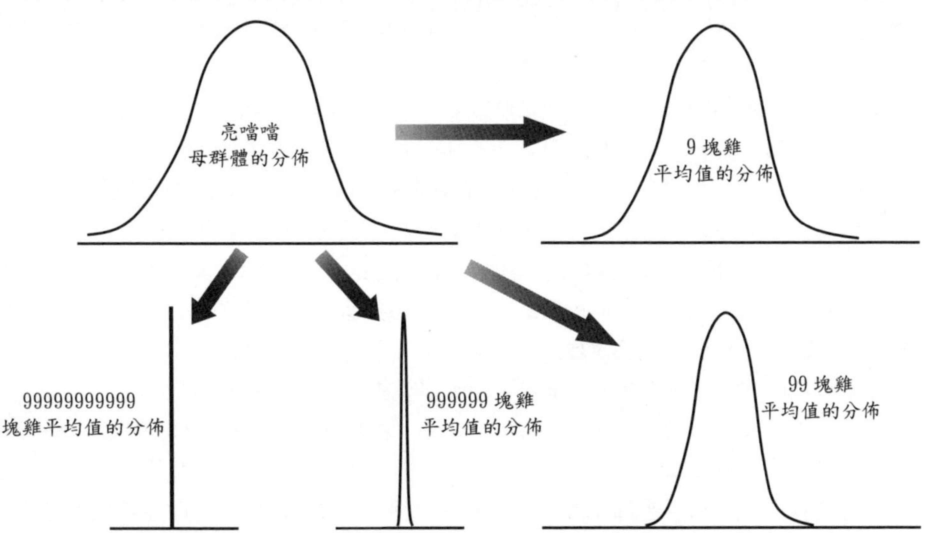

來自同一個母群體，不同樣本數 n 的平均值分佈的標準差，樣本數越大其平均值的分佈的標準差越小，表現在圖形上就是分佈圖形越窄；當 n 值夠大時，平均值的標準差幾乎=0，如上面最左圖一樣，幾乎沒有寬度，也就是每一桶 99999999999 塊雞樣本的平均值幾乎都一樣，幾乎都等於樣本平均值的平均值。而**樣本平均值的平均值**就=**母群體的平均值**，意即任何一桶 99999999999 塊雞樣本的平均值幾乎都=**母群體的平均值**。

單元38 想像各種捏造

前面這幾個單元中，請大家注意分清楚以下四個容易混淆的名詞：

〔一個**樣本的平均值**〕、〔所有可能**樣本的平均值的平均值**〕、

〔一個**樣本的標準差**〕、〔所有可能**樣本的平均值的標準差**〕。

然後再將這幾個單元慢慢重新再看一次，檢視看看每一個地方有沒有會錯意、弄混淆了。請**不要去記憶**每個地方所說到的**平均值**或**標準差**是上面四個的哪一個，請你一步一步隨著文中的引導，思考看看每個地方所說到的**平均值**或**標準差**應該是指哪個。

搞清楚了之後，我們可以想像一下，把捏造樣本平均值的分佈的流程，推廣成捏造樣本各種運算處理之後的值的分佈：

從一個母群體取出 n 個樣本→把這 n 個值做**某種**運算處理→得到一個運算處理後的數值→再從那個母群體取出 n 個樣本→把這 n 個值做**相同的**某種運算處理→又得到一個運算處理後的數值→重複無限多次上面的步驟得到無限多個運算處理後的數值→把這些數值集合起來形成一個分佈。從單元 33 談到現在的就是上面流程中的**某種**運算處理，是運算出樣本的**平均數**，但其實可以推廣到各式各樣的運算處理，只要那個運算處理對於實際上的事物觀察值是有意義的，那麼就可以試著來捏造出**樣本的某種運算值**的分佈圖（請見右頁圖 A），因為流程中的**重複無限多次**現實上是不可能做到的，所以這個圖通常是使用數學技巧來捏造的。

再更發揮想像力想像一下，其實我們可以從不只一個母群體來取出一部分的樣本；請見右頁圖 B，從兩個個母群體中分別各抽取 n 個人得到 n 個身高數值，與 m 個人得到 m 個身高數值，這兩組身高數值經過**某種運算後**得到一個數值，**重複無限多次**相同的抽取樣本數與運算，可得到無限多個數值，並可得到右頁最下圖的分佈。

圖 B 中**某種運算**的舉例為兩組平均值後進行 $\sqrt{2M+5N}$ 運算，實際上要經過何種運算，可依研究需要來決定。但重要的是要有能力**捏造**出無限多次相同運算後的值所形成的分佈圖形的樣子；根據運算法的不同，最後形成的分佈圖形不見得是常態分佈圖形，其分佈的平均值與標準差也都需要數學運算能力來求得。

對於一般不具有足夠數學運算能力的研究者，生物統計學家們已經將大部分研究者常用的取樣方式與運算處理方式最後會形成的分佈圖形捏造出來；我們只須要對應自己研究的**樣取樣方式**與**運算處理方式**，去找出相同或類似**取樣方式**與**運算處理方式**所捏造的分佈，就可以查到自己研究所得到的那**一個**最後**運算**得到的數值在其對應分佈中的**極端率**，然後就可以猜啦。

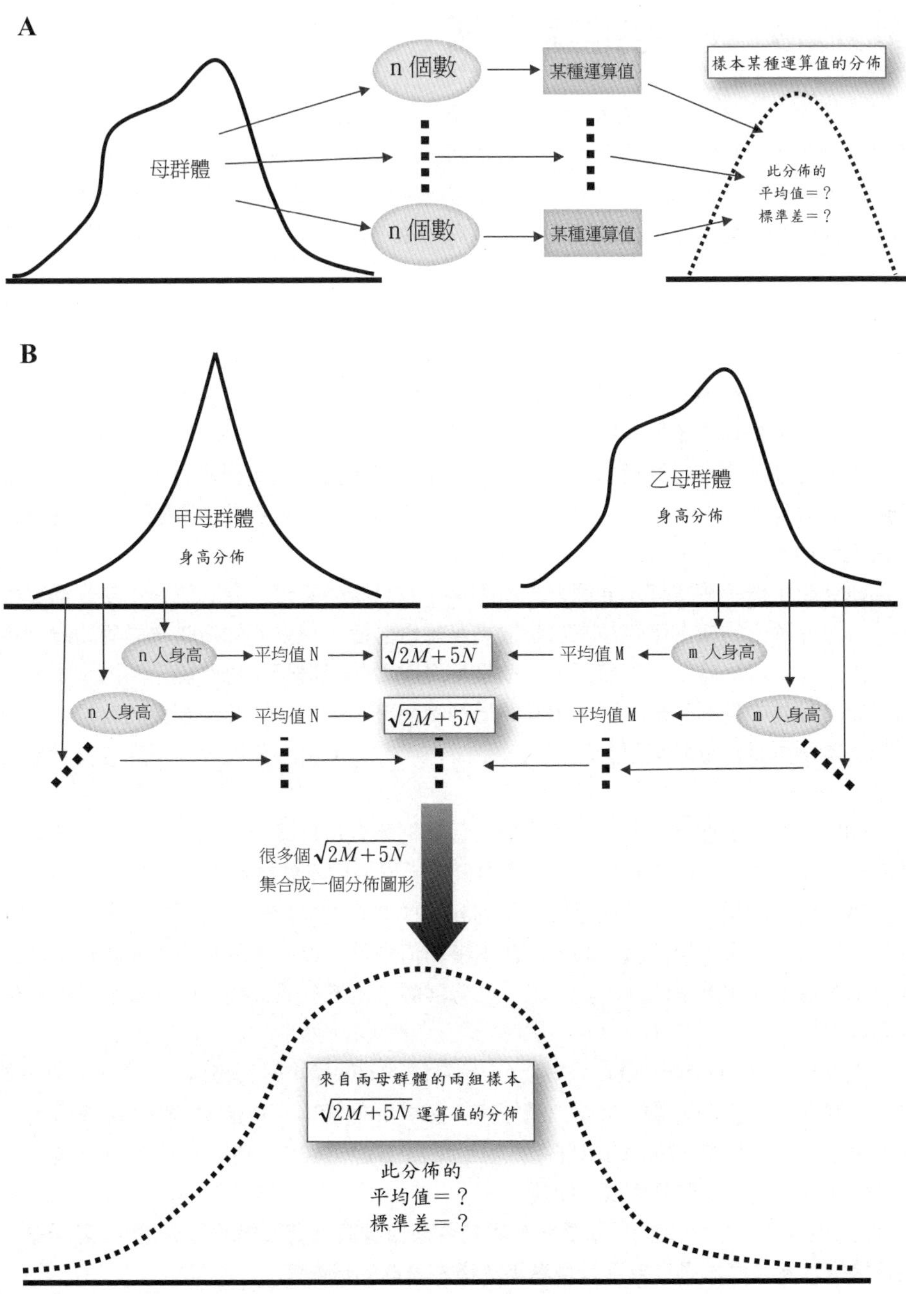
A
n個數
某種運算值
樣本某種運算值的分佈
母群體
n個數
某種運算值
此分佈的
平均值＝？
標準差＝？
B
甲母群體
身高分佈
乙母群體
身高分佈
n人身高
平均值N
$\sqrt{2M+5N}$
平均值M
m人身高
n人身高
平均值N
$\sqrt{2M+5N}$
平均值M
m人身高
很多個$\sqrt{2M+5N}$
集合成一個分佈圖形
來自兩母群體的兩組樣本
$\sqrt{2M+5N}$ 運算值的分佈
此分佈的
平均值＝？
標準差＝？

單元39 研究推論邏輯

樣本獲得與處理運算的過程，除了上個單元所提到的可能取得兩組的身高數值來做處理運算，還有可能是一組樣本身高數值與一組樣本體重數值去做處理運算；端看研究目的及研究設計的需要而處理。例如得到身高跟體重的資料處理出 BMI 資料，得到距離跟時間的資料處理出速度資料，得到發生次數跟總次數的資料處理出發生率的資料。

在談論常見的重要捏造分佈之前，先再一次回顧統整之前說到關於研究的種種流程，請參觀右頁的圖解來看看研究的推論邏輯。

右頁圖以研究一個身高藥物能否讓人身高改變為例，原始母群體就是一般沒有吃增高藥的人，**如果**讓原始母群體所有人都吃增高藥的話，可能身高不變（母群體甲），也有可能身高改變（母群體乙）。因為這是想像**如果**讓原始母群體所有人都吃增高藥的話，實際上並還沒有讓原始母群體所有人都吃增高藥（右頁圖中**實際上沒有**的流程用**白底箭號**表示）。

而研究時實際上只讓樣本 n 個人吃增高藥（右頁圖中**實際上有**的流程用**灰底箭號**表示），這 n 個人的樣本**確定**是來自吃增高藥的母群體，只是不知道吃增高藥的母群體是身高不變的母群體（母群體甲），或是身高改變的母群體（母群體乙、丙、丁⋯⋯母群體乙是其中身高改變為平均 180 的母群體而已），因此研究中要猜的就是這 n 個人的樣本是否來自母群體甲、乙、丙、丁⋯⋯（右頁圖虛線箭號表示研究主要要猜的方向）。

右例中的樣本處理運算是算其平均值，因此把所有母群體甲、乙、丙、丁⋯⋯等同樣處理出 n 個樣本平均值的分佈（右圖中只畫出母群體乙做為代表）。

依實際得到的樣本平均值在母群體甲的 n 個樣本平均值分佈中的極端率，來猜實際樣本平均值是否來自母群體甲的 n 個樣本平均值分佈，以此推論實際的 n 個樣本是否來自母群體甲。如果是的話，就代表原始母群體吃過增高藥後變為母群體甲，也就是身高沒有改變。

如果不是的話，原本應同樣方法逐一去猜實際的 n 個樣本是否來自乙、丙、丁⋯⋯，但①這樣會有無數個要猜，實際上猜不完；②若 n 個樣本平均值是 180，會猜出實際樣本是來自平均值是 179.9 的母群體，也是來自 180、180.1、180.2⋯⋯等母群體（因為實際樣本在這些母群體都很不極端）。

因此在邏輯推論上，**我們只猜實際樣本是否來自身高沒有改變的母群體甲**，若不是，**就直接推論實際樣本是來自平均身高等於樣本身高的母群體。**

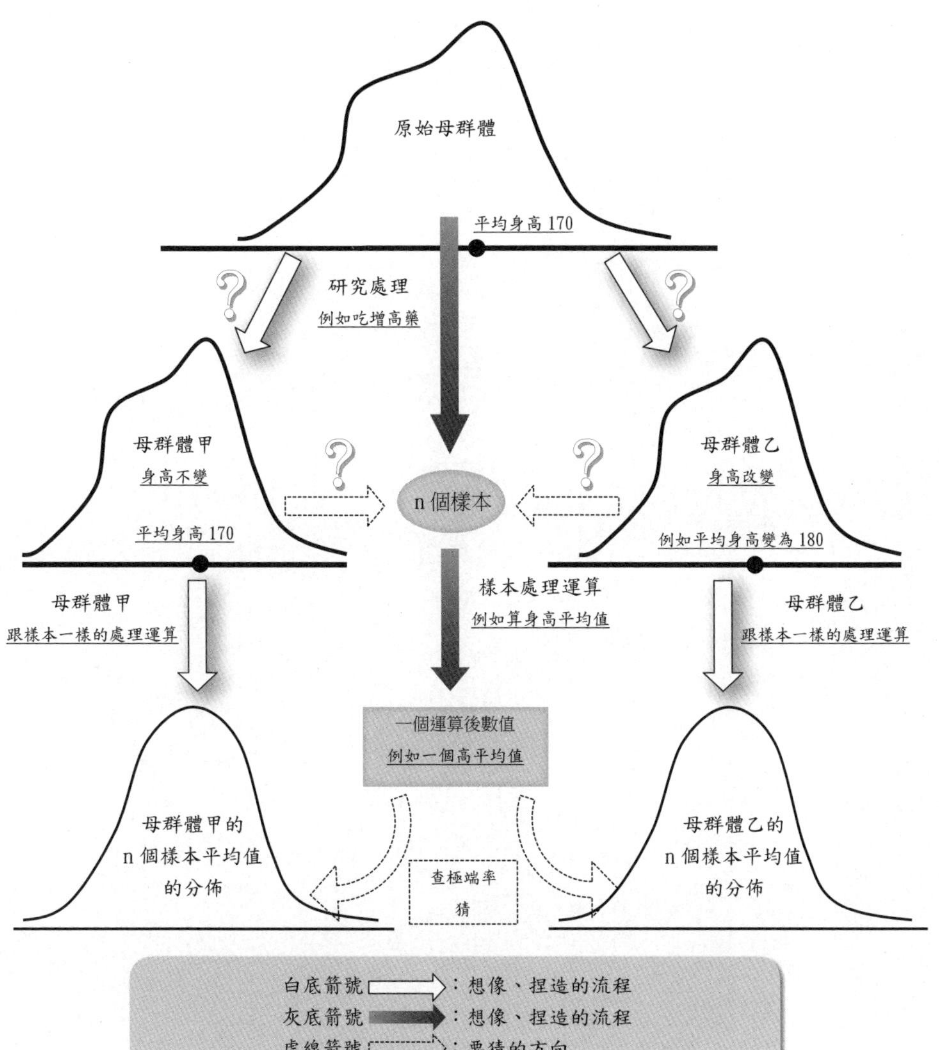

原始母群體
平均身高 170
研究處理
例如吃增高藥
母群體甲
身高不變
平均身高 170
n 個樣本
母群體乙
身高改變
例如平均身高變為 180
母群體甲
跟樣本一樣的處理運算
樣本處理運算
例如算身高平均值
母群體乙
跟樣本一樣的處理運算
一個運算後數值
例如一個高平均值
母群體甲的
n 個樣本平均值
的分佈
查極端率
猜
母群體乙的
n 個樣本平均值
的分佈
白底箭號：想像、捏造的流程
灰底箭號：想像、捏造的流程
虛線箭號：要猜的方向

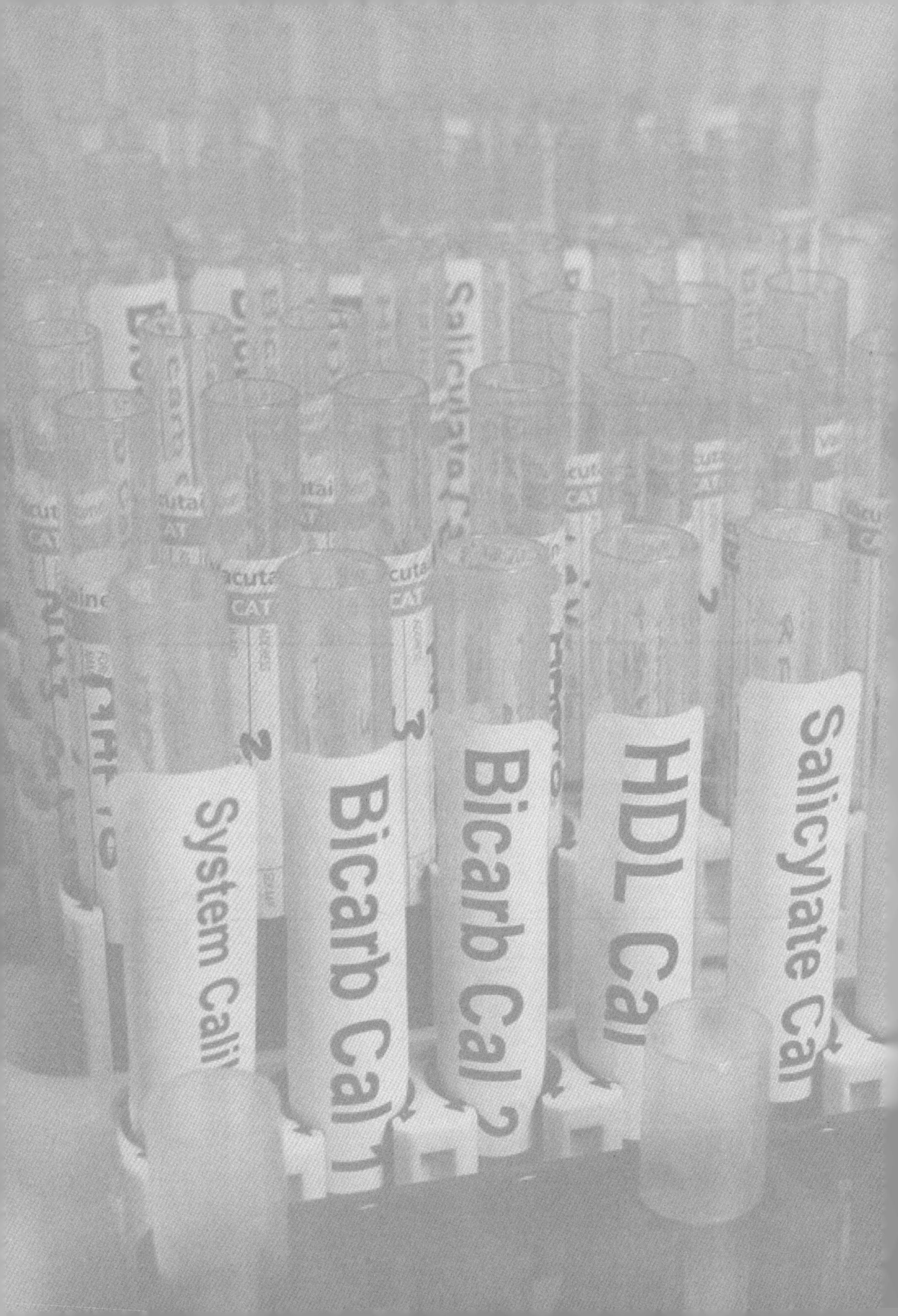

System Cali
Bicarb Cal 1
Bicarb Cal 2
HDL Cal
Salicylate Cal

第 2 章
捏造記錄簿

單元40　還是常態分佈

這個單元起我們開始來一一談論常見的重要捏造分佈，讀者要學習的重點就是搞清楚每一個分佈是怎麼樣的過程捏造出來的。而「**研究中的樣本怎麼來的，樣本數值又經過怎麼樣的處理運算，就找個捏造過程跟你樣本獲得及處理運算過程最接近的分佈**」，來比對查出樣本處理後數值在該分佈的極端率。

首先要談的**還是常態分佈**，一個從**常態分佈**捏造出另一個**常態分佈**的捏造法（參見右頁圖示）：

①從一個**常態分佈**母群體中一次隨機抽取出 n 個數值。

②將這 n 個數值計算出一個平均值。

③重複①②無限多次，得到無限多個平均值。

這無限多個平均值組成的分佈就是……**還是常態分佈**。

這跟前面講的捏造法很像，但有一點不同，這個捏造法的第①步是從**常態分佈**中抽取出 n 個樣本，而到上個單元為止所談的圖例說明，沒有限定是哪一種分佈的母群體。

此常態分佈的特徵：

◈ 可以從**任何一個常態分佈**母群體中隨機抽取出樣本，經由上述捏造法捏出來。

◈ 如果樣本來源的常態分佈的平均值是 μ、標準差是 σ、樣本數是 n，那麼捏造出來的**常態分佈**平均值是 μ，標準差是 $\frac{\sigma}{\sqrt{n}}$。

使用**此常態分佈**的注意事項：

- 如果從**任何一個分佈**母群體中抽取出樣本，經由上述捏造法捏出來，樣本數 n **越大**捏出來的分佈就**越接近常態分佈**，這也就是前面提到過的〔**平均 ...... 就是在各個數值的中間**〕的現象（**中央極限定理**）。
- 上述的捏造法從**任何一個常態分佈**母群體中抽取出樣本，經由上述捏造法捏出來，樣本數 n 是 1 捏出來的也是**常態分佈**，樣本數 n 是 99999 捏出來的也是**常態分佈**。
- 只要你**確定**或**假定**你的**樣本**也是從**常態分佈**母群體隨機抽取來的，樣本的後續運算處理方式也跟上述捏造過程一樣，就可以使用這種捏出來的**常態分佈**來查極端率。
- 在你**不確定**也**不假定**你的**樣本**也是從**常態分佈**隨機抽取來的時候，若你的樣本數 n **夠大**，那麼同樣方法捏造出來的分佈會接近**常態分佈**，而你如果沒有其他更合適的分佈可以用時，可以用這**常態分佈**來查極端率來猜。
- 在你**不確定**也**不假定**你**研究中的樣本**也是從**常態分佈**母群體隨機抽取來的時候，而且你的樣本數 n 又不夠大，那麼最佳的建議是增加你的樣本數；第二建議是用別種方法處理你的樣本，改找別的分佈來查極端率；第三建議是不猜，只跟大家報告你的樣本數值，不去猜它們是不是來自哪個母群體。

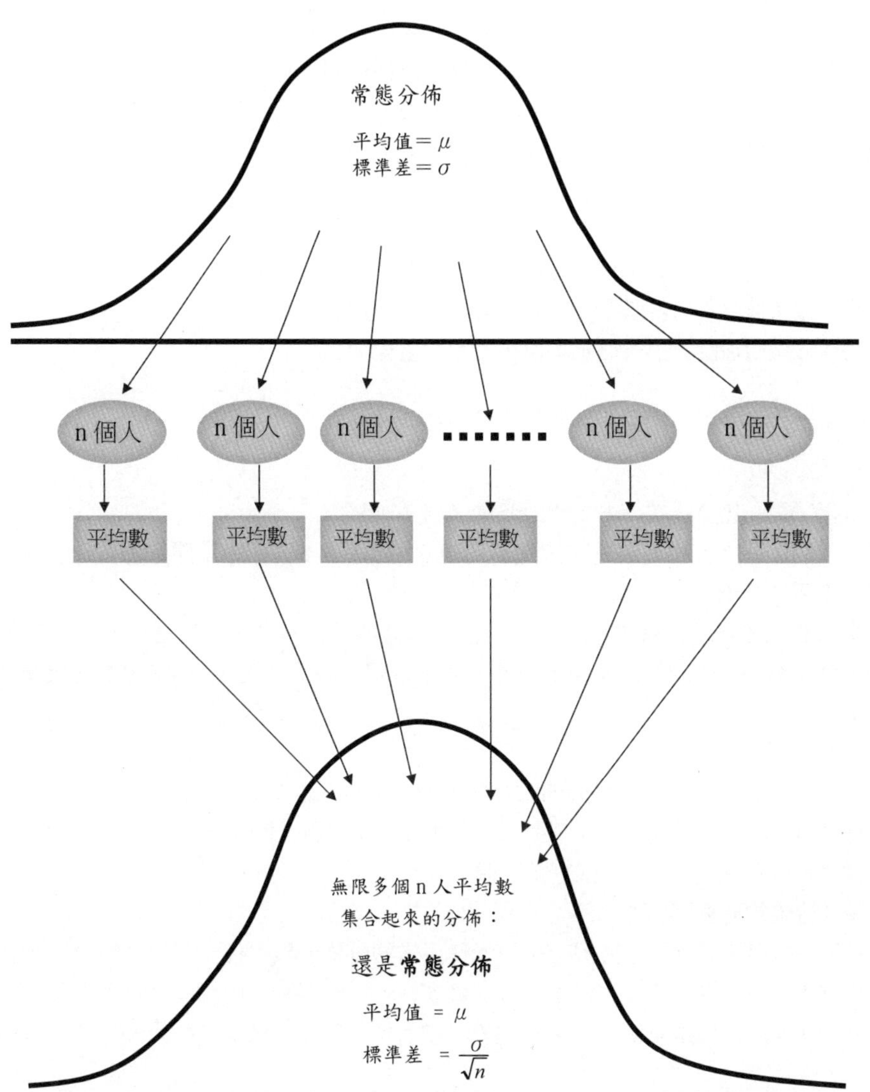

常態分佈
平均值＝μ
標準差＝σ
n 個人
n 個人
n 個人
n 個人
n 個人
平均數
平均數
平均數
平均數
平均數
平均數
無限多個 n 人平均數
集合起來的分佈：
還是**常態分佈**
平均值 = μ
標準差 = $\frac{\sigma}{\sqrt{n}}$

單元41　Z分佈

上個單元捏造出的**常態分佈**平均值是 μ，標準差是 $\frac{\sigma}{\sqrt{n}}$ 。

而單元 29 中談到數學家將無限多種常態分佈裡面，特別製作了**其中一個**稱為**標準常態分佈**之中的**極端率**給我們查詢比對。而讀者你也在該單元中發明了算出**不標準常態分佈**中**任何數值離平均值幾個標準差的距離的公式**：

$$\frac{\text{該數值} - \text{平均值}}{\text{標準差}} = \text{任何數值轉換成在}\textbf{標準常態分佈}\text{中的數值}$$

把你發明的公式納入上個單元捏造法之中的話，就會像下面一樣的過程：

①從一個**常態分佈**母群體中一次隨機抽取出 n 個數值。

②將這 n 個數值計算出一個平均值，此平均值標記為 $\overline{X}$ 。

③計算出 $\frac{\overline{X} - \mu}{\frac{\sigma}{\sqrt{n}}}$ 這個數值，這個數值標記為 Z 。

④重複①②③無限多次，得到無限多個 Z 值。

這無限多個 Z 值組成的分佈就是**平均值** 0、**標準差** 1 的**標準常態分佈**，在生物統計學上簡稱 Z 分佈。

上個單元的捏造法會依樣本來源母群體的**常態分佈**不同，而捏造出不同的**常態分佈**，這個單元上述的捏造法捏出來的通通都是同一個平均值 0、標準差 1 的**標準常態分佈**。

Z 分佈的特徵：

◈ 一樣可以從**任何一個常態分佈**母群體中隨機抽取出樣本經由上述捏造法捏出來。

◈ 不管樣本來源的常態分佈的平均值、標準差、樣本數為何，捏造出來的是平均值 0、標準差 1 的 Z 分佈；Z 分佈只有一個。

使用 Z **分佈**的注意事項：

- 使用時機與要注意的地方跟上個單元使用**常態分佈**一模一樣，只是改變單位，就像把 100 公分換成 1 公尺的意思，方便書本查表找極端率時使用。實際上由電腦運算時，查表跟 Z 值換算都是由電腦完成，讀者們學習的重點是了解此分佈的捏造過程與使用時機。
- 不管是**確定**或是**假定**，必須要有**樣本**來源母群體的**平均值**與**標準差**，才能進行上述捏造步驟的第③步。

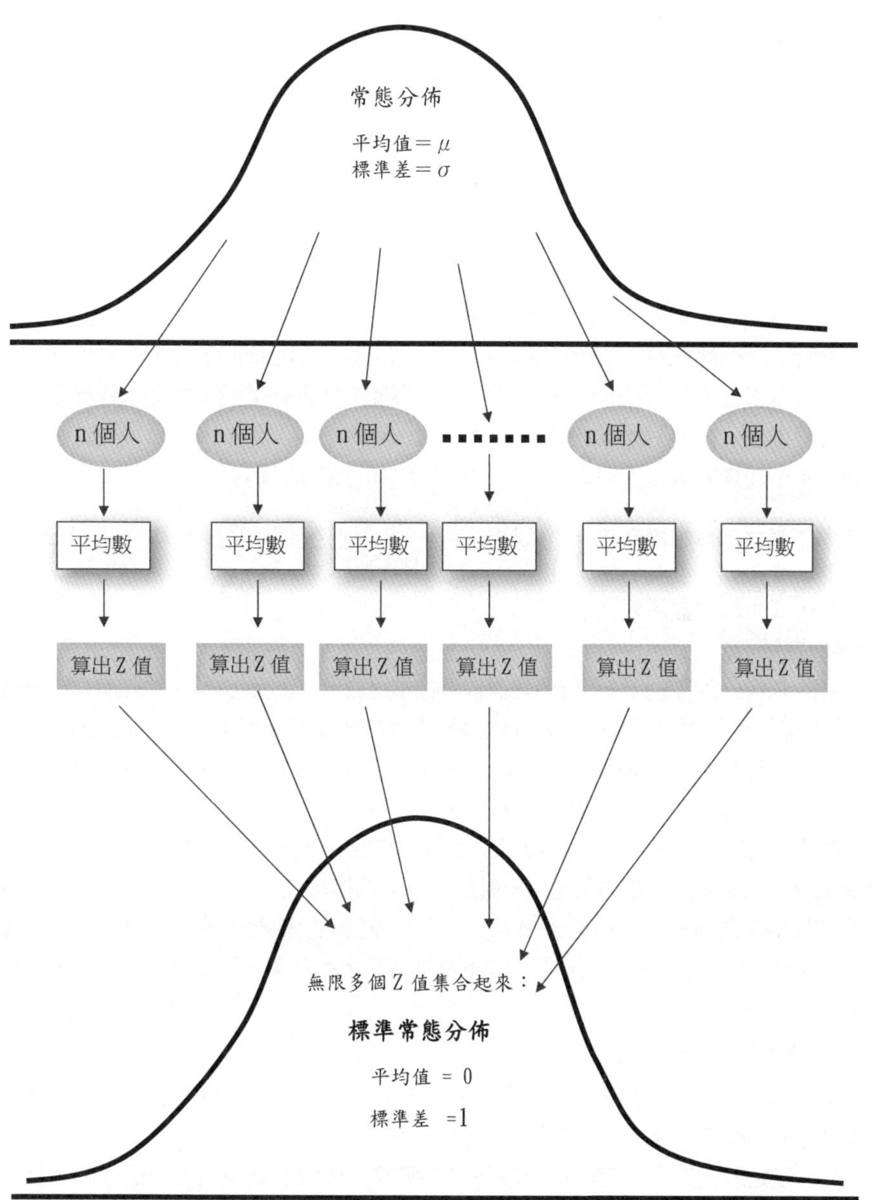
常態分佈
平均值＝μ
標準差＝σ
n 個人
n 個人
n 個人
n 個人
n 個人
平均數
平均數
平均數
平均數
平均數
平均數
算出 Z 值
算出 Z 值
算出 Z 值
算出 Z 值
算出 Z 值
算出 Z 值
無限多個 Z 值集合起來：
標準常態分佈
平均值 = 0
標準差 =1

單元42　t 分佈

這個單元要談的是 t **分佈**，t **分佈**的捏造法跟 Z **分佈**也是非常像（參見右頁圖示）：

①從一個**常態分佈**母群體中一次隨機抽取出 n 個數值。

②將這 n 個數值計算出一個平均值標記為 $\overline{X}$ ，用這 n 個數值猜得**不偏之母群體標準差**，標記為 S。

③計算出 $\dfrac{\overline{X}-\mu}{\dfrac{S}{\sqrt{n}}}$ 這個數值，這個數值標記為 t。

④重複①②③無限多次，得到無限多個 t 值。

這無限多個 t 值組成的分佈就是 t **分佈**。

t **分佈**跟 Z **分佈**所講的捏造法很像，只有一點不同：t **分佈**的第③步中的標準差是第②步用樣本數值去猜出的母群體標準差 S ，因此 t **分佈**是在不知道常態分佈之來源母群體的標準差，必須用樣本數值去猜的時候所使用。

第②步中用樣本數值去猜出 S 的公式在單元 30 已提到過：

$$\textbf{猜得不偏之母群體標準差} = \sqrt{\frac{\sum(\text{每一個樣本的數值} - \text{樣本平均值})^2}{\text{樣本個數} - 1}}$$

（**此公式中樣本數需要** 2 **以上**）

t **分佈**的特徵：

◈ 可以從**任何一個常態分佈**母群體隨機取得樣本捏造出來，因此 t 分佈也是**有無限多個**。

◈t 分佈有無限多個，上述捏造過程中每組不同的樣本數 n 捏出不同的 t **分佈**。若將不同的 t 分佈從 1 開始編號，而 n 最小要 2 所以 n 從 2 開始，n 與各個編號的 t 分佈對應情形就會如右頁下方表格所示（註 13）。

◈ 樣本數 n 越大，所捏出的 t 分佈形狀越接近常態分佈，標準差越接近 1。

◈ 編號 2 以上 t 分佈的**平均值是** 0，編號 3 以上的標準差如右頁下圖中的算式。t 分佈是使用數學運算技巧所捏造出來的，在數學運算上，編號 1 的平均值不存在，編號 1、2 的標準差也不存在，這屬於數學運算層面上的結果，對於使用 t 分佈來查極端率不會有重大影響。

使用 t **分佈**的注意事項：

- **一樣**因為 t **分佈**是從**常態分佈**捏造而來的，所以使用當你的**樣本**也**確定**或**假定**是從**常態分佈**母群體隨機抽取出來的，才使用 t **分佈**。
- 只要你**確定**或**假定**你**研究中的樣本**也是從**常態分佈**母群體隨機抽取出來的，樣本的運算處理方式也跟 t **分佈**捏造過程一樣，就可以使用 t **分佈**，不管樣本數 n 的大小（但要 2 以上）。
- 不管是**確定**或是**假定**，必須要有**樣本**來源母群體的**平均值**，才能進行上述捏造步驟的第③步。

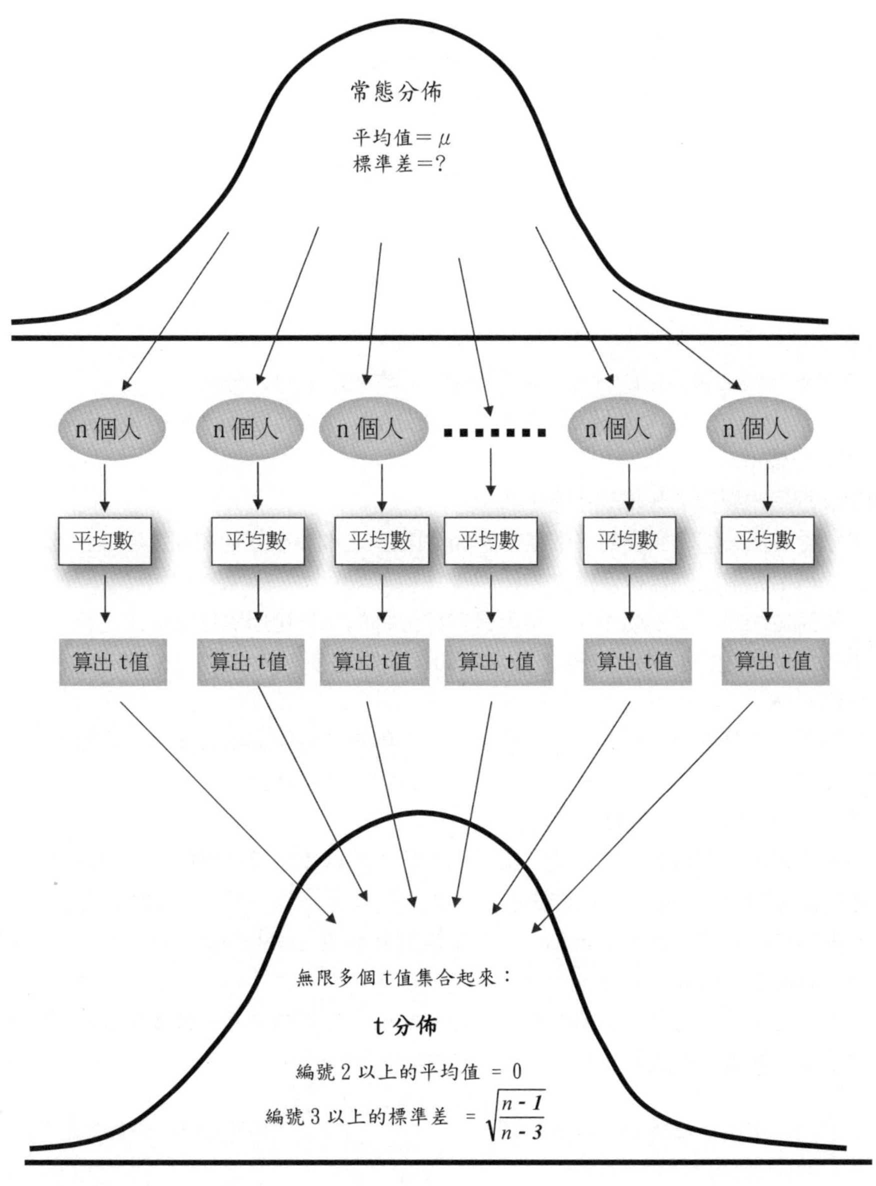

樣本數 n	n = 2	n = 3	n = 4	n = 5	n = 6	......	n
t 分佈編號	編號 1	編號 2	編號 3	編號 4	編號 5	......	編號 n−1

單元43　還是Z分佈

這個單元要談的是另一種根據研究數據處理過程，使用類似過程捏造出來的分佈，而這個捏造出來的分佈也還是 Z **分佈**，請參見右頁圖示：

①從一個**常態分佈**母群體中一次隨機抽取出 n 個數值。

②從另一個**常態分佈**母群體中一次隨機抽取出 m 個數值。

③計算出①的 n 個數值的平均值（標記為$\overline{X1}$）與②的 m 個數值的平均值（標記為$\overline{X2}$）。

④計算出$\dfrac{(\overline{X1}-\overline{X2})-(\mu 1-\mu 2)}{\sqrt{\dfrac{\alpha^2}{n}+\dfrac{\beta^2}{m}}}$這個數值，這個數值標記為 Z。

⑤重複①②③④無限多次，得到無限多個 Z 值。

這無限多個 Z 值組成的分佈就是**平均值** 0、**標準差** 1 的 Z **分佈**。

只要是從①②的樣本來源母群體都是**常態分佈**，上述的捏造法捏出來的通通都是同一個 Z **分佈**。

使用此捏造法捏出 Z **分佈**的注意事項：

- 上述捏造法第①②步驟的 n 個樣本與 m 個樣本之間沒有任何相互影響，生物統計學上的專用名稱他們是相互**獨立**的。
- 上述捏造法第①②步驟中如果從**不是常態分佈**的母群體所隨機抽取出的樣本，經過上述捏造法捏出來的不會是 Z **分佈**，如果 n 跟 m 都夠大，捏出來的分佈會近似 Z **分佈**。
- 跟前面已強調過要注意的地方一樣：只要你**確定**或**假定**你的**樣本**也是從**常態分佈**隨機抽取出來的，樣本的後續運算處理方式也跟上述捏造過程一樣，就可以使用這種捏出來的**常態分佈**來查極端率。
- 在你**不確定**也**不假定**上述捏造法第①②步驟中**的樣本**都是從**常態分佈**母群體隨機抽取出來的時候，經過上述捏造法捏出來的不會是 Z **分佈**；但如果 n 跟 m 都夠大，如此捏出來的分佈會**近似** Z **分佈**。你如果沒有其他更合適的分佈可以用時，可以用這**常態分佈**來查極端率來猜。
- 不管是**確定**或是**假定**，必須要有上述捏造法第①②步驟中兩個**樣本**來源母群體的**平均值**與**標準差**，才能進行上述捏造步驟的第④步。
- 上述捏造法第④步驟如果改成計算$\dfrac{(\overline{X1}-\overline{X2})-(\mu 1+\mu 2)}{\sqrt{\dfrac{\alpha^2}{n}+\dfrac{\beta^2}{m}}}$這個數值，最後捏造出來

的也會是 Z **分佈**。如果你的研究設計之中，你的樣本就是需要這樣子處理（把兩組樣本平均值相加），那麼你也可以使用如此捏造出來的 Z **分佈**，雖然目前較少有研究設計的樣本是需要這樣處理的。

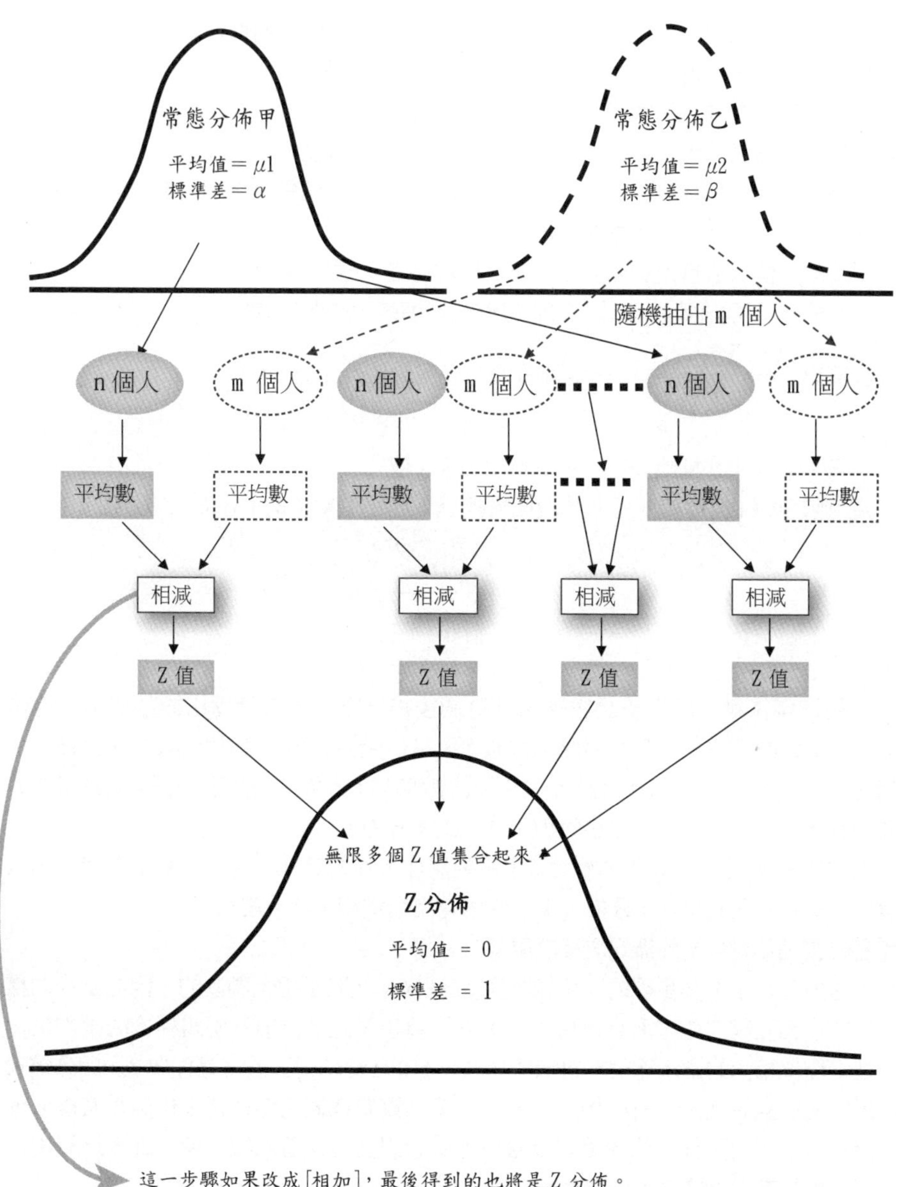
常態分佈甲
平均值＝$\mu1$
標準差＝α
常態分佈乙
平均值＝$\mu2$
標準差＝β
隨機抽出m 個人
n個人
m 個人
n個人
m 個人
n個人
m 個人
平均數
平均數
平均數
平均數
平均數
平均數
相減
相減
相減
相減
Z值
Z值
Z值
Z值
無限多個Z值集合起來
Z分佈
平均值 = 0
標準差 = 1
這一步驟如果改成[相加]，最後得到的也將是Z分佈。

單元44　還似 t 分佈

跟上個單元幾乎一樣的捏造法，但在樣本來源之母群體的標準差**未知**的時候，下面的捏造法將會捏出近似 t **分佈**（參見右頁圖示）的分佈：

①從一個**常態分佈**母群體中一次隨機抽取出 n 個數值。

②從另一個**常態分佈**母群體中一次隨機抽取出 m 個數值。

③計算出①的 n 個數值的平均值（標記為 $\overline{X1}$）與②的 m 個數值的平均值（標記為 $\overline{X2}$）。

④當①②兩個母群體的**標準差不同**時，

用①的 n 個數值猜得不偏之①的**母群體標準差**，標記為 S1；

用②的 m 個數值猜得不偏之②的**母群體標準差**，標記為 S2。

⑤計算出 $\dfrac{(\overline{X1}-\overline{X2})-(\mu 1-\mu 2)}{\sqrt{\dfrac{S1^2}{n}+\dfrac{S2^2}{m}}}$ 這個數值，這個數值標記為 t。

⑥重複①②③④⑤無限多次，得到無限多個 t 值。

這無限多個 t 值會組成近似「編號最接近下面這個數值的 t **分佈**」的分佈：

$$\frac{\left(\dfrac{S1^2}{n}+\dfrac{S2^2}{m}\right)^2}{\dfrac{\left(\dfrac{S1^2}{n}\right)^2}{n-1}+\dfrac{\left(\dfrac{S2^2}{m}\right)^2}{m-1}}$$

上面這個複雜的計算法是數學家計算過後得出來的，它計算出的數值不一定是整數，而 t **分佈**編號是整數，因此不像是單元 41 中直接對應到編號 n-1 的 t **分佈**，而是對應到編號最接近上面那個計算法所算出數值的 t **分佈**。此無限多個 t 值會組成的精確分佈難以求出，但是就是會近似上述中的 t **分佈**。

對於實際使用上，本書建議大家**不需要**記住上面的算式，它只是數學上運算出的結論，用以找出最近似的 t **分佈**，真正使用時交給電腦去計算就可以了。

使用此捏造法捏出 t 分佈的注意事項：

- 上述捏造法第①②步驟的 n 個樣本與 m 個樣本之間是相互**獨立**的。因此當你的樣本之間是相互**獨立**的，而且你樣本的處理運算也是先各自算好兩組樣本的平均值，再把平均值相減的話，那麼本單元所捏造出來的 t **分佈**很可能就是你要找的 t **分佈**囉！
- 跟前面已強調過要注意的地方一樣：只要你**確定**或**假定**你的**樣本**也是從**常態分佈**隨機抽取出來的，樣本的後續運算處理方式也跟上述捏造過程一樣，就可以使用這種捏出來的**常態分佈**來查極端率。
- 不管是**確定**或是**假定**，必須要有上述捏造法第①②步驟中兩個**樣本**來源母群體的**平均值**或是兩個母群體**平均值**的差值（$\mu 1-\mu 2$），才能進行上述捏造步驟的第⑤步。

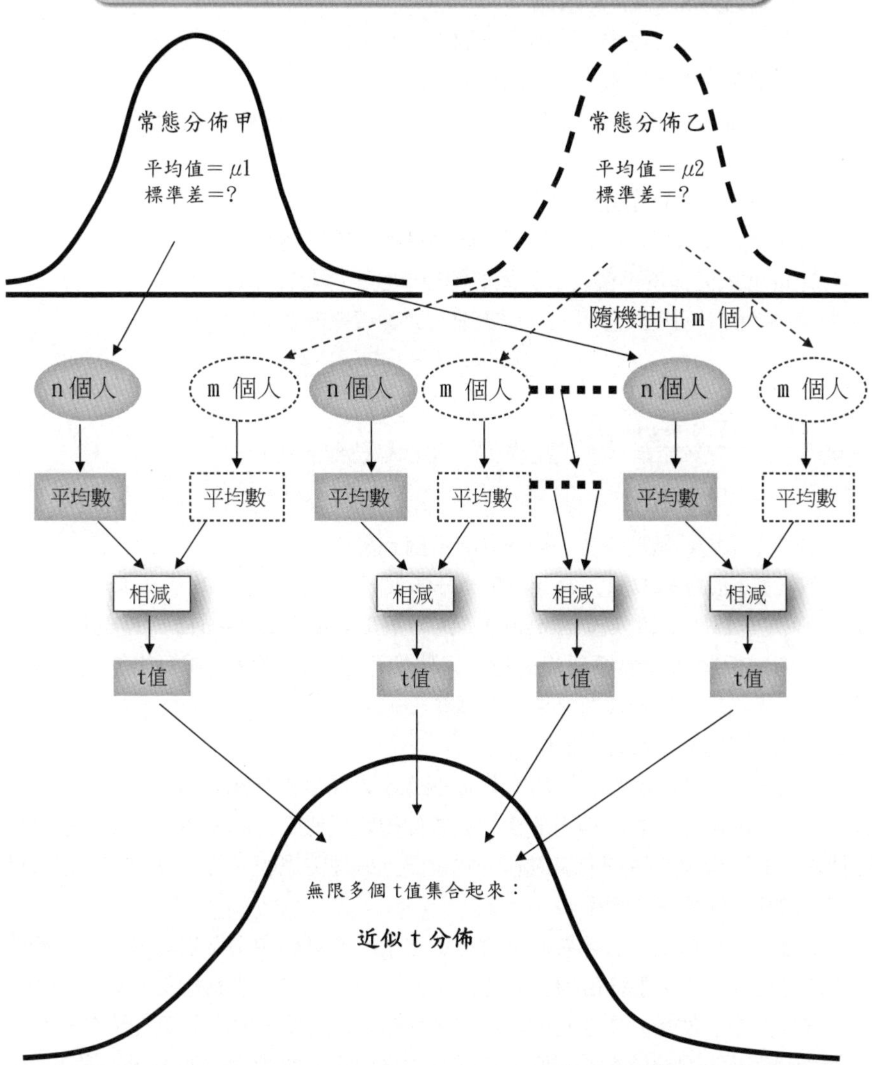
甲與乙兩母群體的標準差不知道是多少，但是兩個標準差**不同**
常態分佈甲
平均值＝μ1
標準差＝?
常態分佈乙
平均值＝μ2
標準差＝?
隨機抽出m 個人
n 個人
m 個人
n 個人
m 個人
n 個人
m 個人
平均數
平均數
平均數
平均數
平均數
平均數
相減
相減
相減
相減
t值
t值
t值
t值
無限多個 t值集合起來：
近似 t 分佈

單元45　還是 t 分佈

上個單元中的捏造法，在①②兩個樣本來源母群體的標準差相同時，經過下面的捏造法將會捏出 t **分佈**（參見右頁圖示）：

①從一個**常態分佈**母群體中一次隨機抽取出 n 個數值。

②從另一個**常態分佈**母群體中一次隨機抽取出 m 個數值。

③計算出①的 n 個數值的平均值（標記為 $\overline{X1}$）與②的 m 個數值的平均值（標記為 $\overline{X2}$）。

④當①②兩個母群體的標準差相同時，

　用①的 n 個數值猜得不偏之①的**母群體標準差**，標記為 S1；

　用②的 m 個數值猜得不偏之②的**母群體標準差**，標記為 S2。

⑤用 S1 與 S2 依下列算式計算出一個數值，此數值標記為 S2：

$$\mathrm{S2} = \frac{(n-1)S1^2 + (m-1)S2^2}{n+m-2}$$

⑥計算出 $\dfrac{(\overline{X1}-\overline{X2})-(\mu 1-\mu 2)}{\sqrt{\dfrac{S^2}{n}+\dfrac{S^2}{m}}}$ 這個數值，這個數值標記為 t。

⑦重複①②③④⑤⑥無限多次，得到無限多個 t 值。

　這無限多個 t 值會組成編號 n+m-2 的 t **分佈**。

S2 的算式與為何是組成編號 n+m-2（為何不是 n+m-1 或 n+m+2）的 t **分佈**，如果你是初學者或對數學運算原理沒興趣，只要知道它就是數學上運算出的結論就可以了，本書一樣建議大家並沒有必要記憶這些公式。

使用此捏造法捏出 t 分佈的注意事項：

- 上述捏造法第①②步驟的 n 個樣本與 m 個樣本之間是相互**獨立**的。
- 跟前面已強調過要注意的地方一樣：只要你**確定**或**假定**你的**樣本**也是從**常態分佈**隨機抽取來的，樣本的後續運算處理方式也跟上述捏造過程一樣，就可以使用這種捏出來的**常態分佈**來查極端率。
- 不管是**確定**或是**假定**，必須要有上述捏造法第①②步驟中兩個**樣本**來源母群體的**平均值**或是兩個母群體**平均值**的差值（μ1-μ2），才能進行上述捏造步驟的第⑥步。（上述幾點跟前個單元要注意的一樣，這幾點都很重要，大家就多看幾次吧！）
- 當①②兩個母群體的標準差相同與不同分別是使用此單元與上個單元的捏造法，捏出來的雖然都是 t 分佈，但可能是編號不同的 t 分佈，而且你的真實樣本數值經過此單元的第⑥步與上個單元的第⑤步處理運算得到的 t 值也可能是會不一樣的，查得的極端率也會不同，因此在選擇這兩種不同捏造法之前，需先確定兩組樣本來源母群體的標準差相不相同。

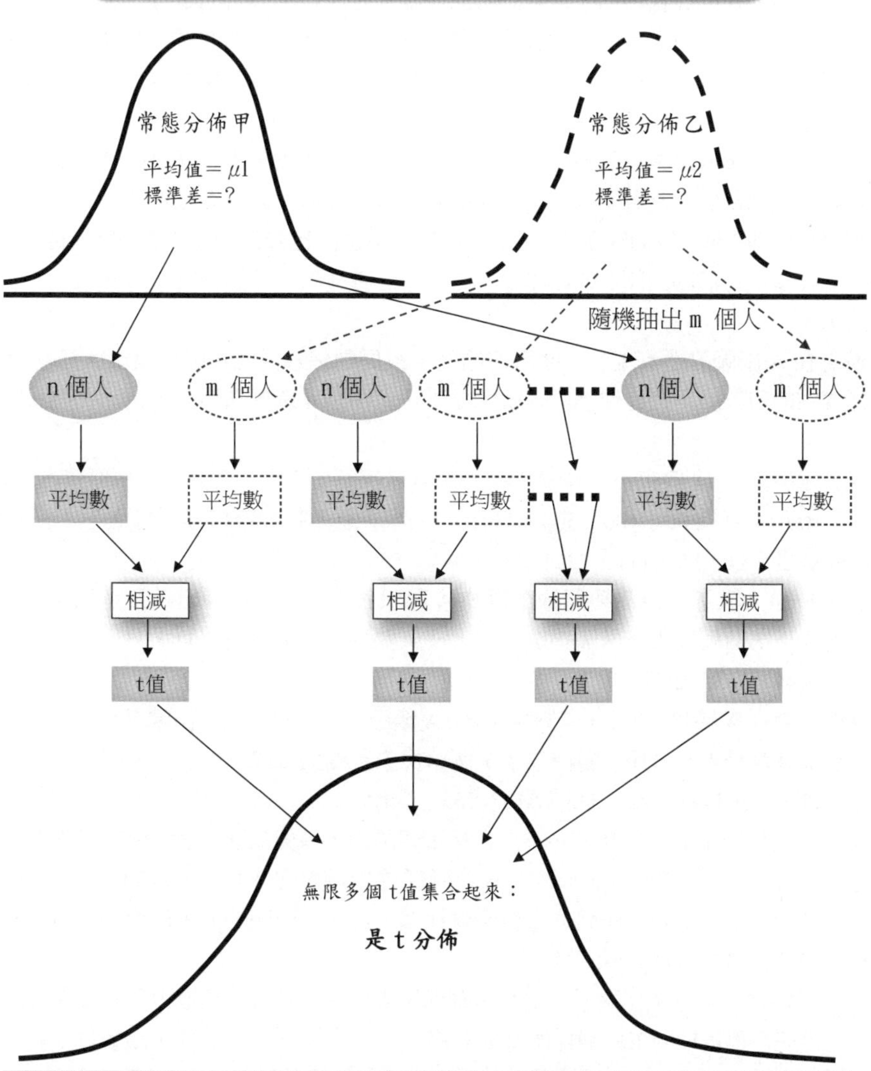

甲與乙兩母群體的標準差不知道是多少，但是兩個標準差**相等**
常態分佈甲
平均值＝μ1
標準差＝？
常態分佈乙
平均值＝μ2
標準差＝？
隨機抽出m 個人
n 個人
m 個人
n 個人
m 個人
n 個人
m 個人
平均數
平均數
平均數
平均數
平均數
平均數
相減
相減
相減
相減
t值
t值
t值
t值
無限多個t值集合起來：
是t 分佈

單元46　當場練習 t 分佈與Z分佈

在開始練習之前，我們先來想想數據的**處理**與**分析**，實質上是怎麼一回事：如果不是要建立、創造一個新的處理方式或分析方法，只要使用前人已建立好的方法時，其實**分析**差不多就是**選擇**的意思，尤其已經進入電腦運算的現代，在使用 SPSS 或 Excel 這種類型的生物統計軟體時，資料分析的過程只是點選要分析的項目，便等著電腦運算完看結果了。下面當場練習的解答請參見本單元與下單元的右頁，右頁中有列出部分計算過程以供參考，但請各位練習重點著重於**判斷**如何處理樣本與**選擇**適合分佈的原因。

〔**例題**〕　有個城鎮具有⊕礦礦脈，鎮民以開採⊕礦為生，人人都會採礦。⊕礦的開採量與各人採礦能力及各個礦脈含⊕礦的豐富程度有關。該鎮礦脈特色是不同礦脈含⊕礦豐富度都不同，每個礦脈有各自的固定含⊕礦度。已知鎮民採礦能力是常態分佈，所有人在鎮上每個礦脈開採的礦量也都是常態分佈（每個礦脈都有一個採礦量的常態分佈）。

最近在 A 礦脈附近發現了一個新的礦脈，鎮民們想知道此礦脈是屬於 A 礦脈還是一個獨立的新礦脈，因此他們做了研究如下（下面是 4 個獨立的例題狀況，彼此間不相關）：

①鎮長隨機找了 14 個鎮民，其中 7 個去 A 礦脈採礦，每人一天開採的⊕礦量是「1、50、100、200、300、400、500」公斤；另外 7 個去新礦脈採礦，每人一天開採的⊕礦量是「11、55、111、222、333、444、555」公斤。

②副鎮長從 A 礦脈採礦簡要記錄中得知 A 礦脈每人每日平均採出礦量是 220 公斤。隨機找了 7 個鎮民去新礦脈採礦，每人一天開採的⊕礦量是「11、55、111、222、333、444、555」公斤。

③採礦工會從 A 礦脈採礦詳細記錄中得知 A 礦脈每人每日平均採出礦量是 220 公斤，而且標準差是 170 公斤。隨機找了 7 個鎮民去新礦脈採礦，每人一天開採的⊕礦量是「11、55、111、222、333、444、555」公斤。

④鎮上小明相約桌上遊戲團員共 7 人去採⊕礦賺錢，準備為社團購置新的紙牌遊戲。他們 7 個先去 A 礦脈採礦，每人一天開採的⊕礦量是「1、50、100、200、300、400、500」公斤；隔天他們改去新礦脈採礦，每人一天開採的⊕礦量是「11、55、111、222、333、444、555」公斤。

⑤採礦工會會長有挖礦狂熱，一知有新礦即單鍬匹馬上陣，一天挖得⊕礦產量 399 公斤，挖完後興奮地回工會翻採礦詳細記錄，想要比較一番，得知 A 礦脈每人每日平均採出礦量是 220 公斤，標準差 170 公斤及其他詳細記錄。

請問上面五例中，資料最適合的處理是什麼？哪個捏造的分佈最合用？

〔解答〕

①②③④⑤的目的都是：求知新礦脈是不是 A 礦脈。

用來判斷目的是：各個礦脈的不同點只差別在含⊕礦量的不同，而依題意能測量含⊕礦量多寡的數據是各個礦脈的平均⊕礦產量。

邏輯是：新礦脈的平均⊕礦產量如果跟 A 礦脈的平均⊕礦產量相等，新礦脈就是 A 礦脈；如果不相等，新礦脈就不是 A 礦脈。

第⑤題

擁有的資料：來自新礦脈的 1 個樣本數值，A 礦脈的詳細資料。

要猜的是：此樣本數值是不是來自 A 礦脈。

要查得極端率的分佈是：有 A 礦脈的採礦記錄簿哦，記得在單元 8 中因很重要，所以講三次的注意事項嗎？有真的記錄簿就直接用，不用捏造啦。所以直接翻記錄簿查得 399 公斤在 A 礦脈的採礦記錄的極端率，然後跟你心中選邊的 α 值比大小來猜。

[延伸狀況] 若記錄簿中只記錄平均 220 公斤、標準差 170 公斤：

因為已知是常態分佈，依**單元 29** 你發明的公式算出 399 離平均 220 幾個標準差：

$$\frac{399 - 220}{170} = 1.05$$ 查得 1.05在 Z 分佈之**極端率**約為 **0.29**

比較此極端率與你心中選邊猜的界限值 α，若你猜此樣本是來自 A，而此 7 個樣本又是來自新礦脈，所以新礦脈就是 A 礦脈；反之則否。

第③題

擁有的資料：來自新礦脈的 7 個樣本數值，A 礦脈的平均值與標準差。

要猜的是：此樣本數值是不是來自 A 礦脈。

樣本的處理：算出 7 個樣本的平均值，$\frac{11 + 55 + 111 + 222 + 333 + 444 + 555}{7} = 247.3$

要查得極端率的分佈是：A 礦脈無限多組 7 個樣本平均值形成的分佈，那會是個常態分佈，再經由**單元 41** 中捏造處理過所捏出的就會是 Z 分佈。

將此樣本平均值 247.3 計算出 Z 值 $= \frac{247.3 - 220}{\frac{170}{\sqrt{7}}} = 0.425$

此樣本 Z 值 0.425在 Z 分佈的**極端率**查得約為 **0.67**

比較此極端率與你心中的 α 值，若你猜此 Z 值是來自 A 礦脈所捏造出的 Z 分佈，則你也猜此 7 個樣本就是來自於 A 礦脈，而此 7 個樣本又是來自新礦脈，所以新礦脈就是 A 礦脈；反之則否。

單元47　當場練習中的當場疑問

比較上個單元例題中的①跟④兩個狀況中，都有來自新礦脈的 7 個樣本數值，與來自 A 礦脈的 7 個樣本數值，題目中的 14 個數據在兩狀況中甚至一模一樣；唯一不同的是①中這 14 個樣本數值是來自隨機找的獨立的 14 個人，而④中是 7 個人，每個人在新礦脈與 A 礦脈各有一個開採量的數值，共 14 個數值。

①的狀況中，右頁提供了一個樣本的處理法與參考解答，但④的狀況如果以右頁中處理①的方法進行處理，會違反單元 45 捏造注意事項中的「第①②步驟的 n 個樣本與 m 個樣本之間是相互**獨立**的」。狀況④中的 7 個人對於開採 A 礦脈尚可視為隨機的 7 個人，而對於隔天再去的新礦脈，已經被限定就是此 7 個人不是隨機的了，因此單元 45 捏造出的分佈明顯不適用於這個狀況。

狀況④中 7 個人 14 筆數值先算兩組樣本的平均值再相減，得到的是 **1 筆**處理後的資料；而如果每個人在兩個礦脈開採量的數值相減，可以得到 **7 筆**處理後的資料。那 **1 筆**處理後的資料提供的資訊是「兩個礦脈開採⊕礦產量的平均差值」，而 **7 筆**處理後的資料提供的資訊是「每個人在兩個礦脈開採⊕礦產量的個人差值」；如果再將這 **7 筆**處理後的資料計算它們的平均值，一樣可以得到 **1 筆**處理後的資料，其數值大小跟先算兩組樣本的平均值在相減所得到的 **1 筆**處理後資料**一樣**，也**一樣**能提供「兩個礦脈開採⊕礦產量的平均差值」此一資訊。因此對研究目的來講，先計算每個人在兩個礦脈開採量的數值相減是有意義，而且多提供了一樣資訊。

那麼「**每一個人在兩個礦脈的數值**先**相減**，再算出 7 個相減差值的平均值」，無限多個這樣的平均值會形成什麼分佈呢？

「**每一個人在兩個礦脈的數值相減**」其實就是單元 43 的 Z 分佈捏造法第①②步中的 n = 1 且 m = 1 的意思，因此無限多個「**每一個人在兩個礦脈的數值相減**」會形成**常態分佈**（如果有兩個礦脈的標準差資料，那就能進行捏造法中的第④步，轉換成**常態分佈**中的 Z 分佈）。

而「再算出 7 個相減差值的平均值」也就是從上述的**常態分佈**隨機取出 7 個數值計算出平均值的意思：如果**有**上述**常態分佈**的標準差，那就是進行單元 41 的捏造法，捏造出的是 Z 分佈；如果**沒有**上述**常態分佈**的標準差，那就是進行單元 42 的捏造法，捏造出的是 t 分佈。

上面的做法運用了前述中的兩個捏造法，連貫捏造出了 Z 分佈或是 t 分佈，於是我們又有了適合查極端率的分佈了……但是，對於這個解法，你的當場疑問是：

第②題

擁有的資料：來自新礦脈的 7 個樣本數值，A 礦脈的平均值。

要猜的是：此樣本數值是不是來自 A 礦脈。

樣本的處理：算出 7 個樣本的平均值 = 247.3

要查得極端率的分佈是：A 礦脈無限多組 7 個樣本平均值形成的分佈，那會是個常態分佈，但是沒有 A 礦脈的標準差，因此需要由樣本的數值來猜得 A 礦脈的不偏 S，而 A 礦脈也如此處理的話，也就是**單元 42** 中捏造法所捏出的編號 6 號的 t 分佈(編號為樣本數 7-1=6 號)。

此樣本猜的 A 礦脈的不偏 S = $\sqrt{\dfrac{(11-247.3)^2+(55-247.3)^2+\ldots\ldots+(555-247.3)^2}{7-1}}$ = 205.2

將此樣本平均值 247.3 計算出 t 值 = $\dfrac{247.3-220}{\dfrac{205.2}{\sqrt{7}}}$ = 0.352

此樣本 t 值 0.352 在編號 6 號的 t 分佈的極端率查得約為 0.74。

比較此極端率與你心中的 α 值，若猜此 t 值是來自 A 礦脈所捏造出的 t 分佈，則你也猜此 7 個樣本就是來自於 A 礦脈，而此 7 個樣本又是來自新礦脈，所以新礦脈就是 A 礦脈。

第①題

擁有的資料：來自新礦脈的 7 個樣本數值，與來自 A 礦脈的 7 個樣本數值。

要猜的是：來自新礦脈的 7 個樣本數值是不是來自 A 礦脈。

樣本的處理：算出兩組 7 個樣本的平均值：A 礦脈 221.6，新礦脈 247.3。

要查得極端率的分佈是：A 礦脈與新礦脈各取 7 個樣本後經由**單元 45** 中捏造法所捏出的編號 12 號的 t 分佈(編號為樣本數 7+7-2=12 號)。

而擁有樣本猜的新礦脈的不偏 $S_{新}$ = 205.2(數值計算同第②題)

猜的 A 礦脈的不偏 S_A = $\sqrt{\dfrac{(1-221.6)^2+(50-221.6)^2+\ldots\ldots+(500-221.6)^2}{7-1}}$ = 186.6

如果新礦脈就是 A 礦脈，則兩礦脈的平均值與標準差是一樣的，由 S_A 與 $S_{新}$ 猜的 S^2 為

$$\frac{(7-1)*186.6^2+(7-1)186.6^2}{7+7-2} = 38446.1$$

相減 = 0

將此樣本平均值 247.3 計算出 t 值 = $\dfrac{(247.3-221.6)-(\text{新礦平均值}-\text{A 礦平均值})}{\sqrt{\dfrac{38446.1}{7}+\dfrac{38446.1}{7}}}$ = 0.245

此樣本 t 值 0.245 在編號 12 號的 t 分佈的**極端率**查得約為 **0.81**

比較此極端率與你心中的 α 值，若猜此 t 值是來自 A 礦脈所捏造出的 t 分佈，則你也猜此 7 個樣本就是來自於 A 礦脈，而此 7 個樣本又是來自新礦脈，所以新礦脈就是 A 礦脈。

單元48　揑對處理的考量

單元 45 例題中①跟④中 14 個數據完全一樣，但經由前面的不同處理後，得到的極端率是① 0.81 與④ 0.01，這是相差很大的極端率，在①中顯得很不極端而在④中顯得很極端；如果你心中選邊猜的界限值 α 是0.05，那在①中你猜的是新礦脈就是A新礦，而在④中你則是猜新礦脈不是 A 新礦。那麼到底①跟④這兩個題目中的做法哪一個比較好呢？

首先我們來討論上個單元中你大概會有的下面這個當場疑問：

當場疑問

若是要說〔狀況④中開採新礦脈的人已被限定就是開採 A 礦脈 7 個人，因此不是隨機選出的 7 個人，不符合單元 45 揑造法〕，所以改為在此樣本中〔先把每一個人在兩個礦脈的數值相減，然後進行單元 43 的揑造法〕，問題是單元 43 的 Z 分佈揑造法還不是一樣要第①②步的兩組樣本之間相互**獨立**的，也就是開採新礦脈的人要隨機的 7 個人，不能限定是開採 A 礦脈 7 個人。前面單元提的解法不是自打嘴巴嗎！

確實對於開採新礦脈的 7 個人不能算是隨機的，不是與開採 A 礦脈的 7 個人相互獨立，不符合單元 43 的揑造法，揑出來的不一定會是**常態分佈**，並且在此例中 7 個差值不算夠大的樣本數，會讓接著使用單元 41、42 揑造法所揑出的也不一定會是 Z 分佈、t 分佈。

也確實揑對處理並沒有真正解決「兩個礦脈所獲得的資料是否隨機且獨立」這個問題，然而卻會比不揑對處理有更好的分析效果，以下便逐步討論進行揑對處理的考量，請見右頁圖示。我們將開採⊕礦的題目中加入下面事物與條件來看看：

❶ **假定**有一設計專為採⊕礦的機器，其運作穩定，不管是哪一個礦脈，所有此採礦機在同一礦脈中每天採出的⊕礦量都一樣，也就是標準差是 0。那麼使用此機器採礦時，每台機器每天⊕礦產出量**只**與各個礦脈中的⊕礦豐富度有關，與其他任何因素無關，如右頁圖⑴所示。

❷ **假定**所有鎮民受過嚴格訓練，同一個人在同一礦脈中每天採出的⊕礦量**都一樣**，在某一個礦脈開採量高（低）的人在其他礦脈開採量也高（低）。每人每天⊕礦產出量**只**與各人採礦能力及各個礦脈含⊕礦的豐富程度有關，與其他任何因素無關，如右頁圖⑵所示。圖中○◇△標出分佈中隨意三個人的⊕礦產量，如上所述，在甲礦脈開採量高的人在乙礦脈開採量也高，因此○◇△三人在乙礦脈的⊕礦產量大小會是圖中●◆▲所標出的相對狀況，而不會是灰色標示或其他的相對狀況。

❸ 將 ❷ 的每個人在兩礦脈的⊕礦產量揑對相減，則差值都一樣，差值的分佈就會如右頁圖⑶所示。而如此揑對相減後，可以消去各人之間採礦能力不同所造成的⊕礦產量差異。

(1)機器採礦，⊕礦產量的分佈

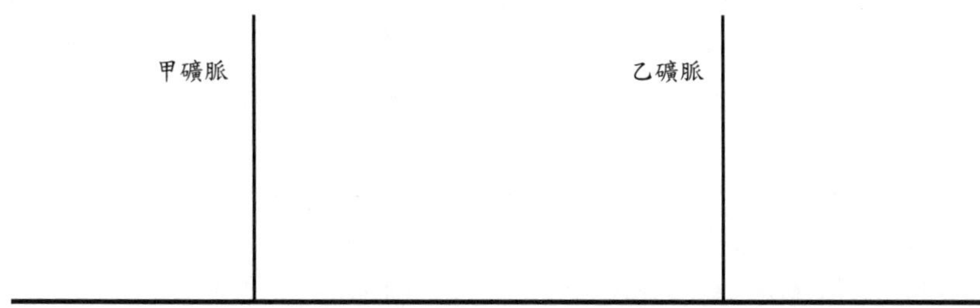

橫軸是⊕礦產量大小，縱軸是機器數量

(2)嚴格訓練過的人採礦，⊕礦產量的分佈

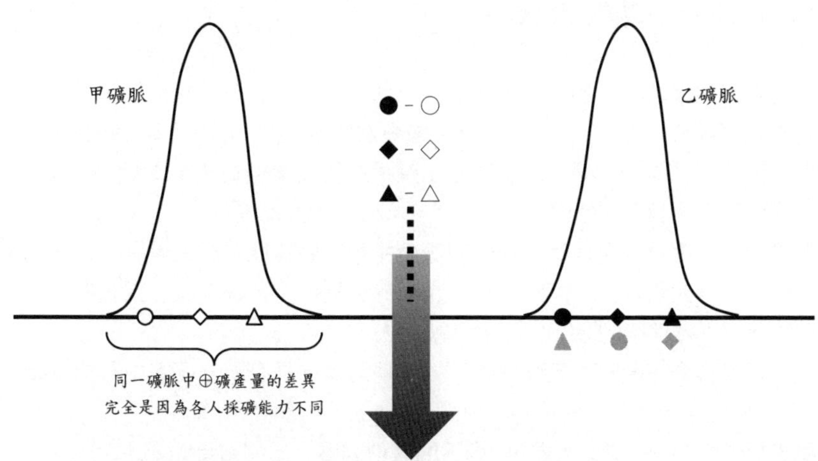

(3)每個人在兩礦脈⊕礦產量差異的分佈

橫軸是每個人在甲、乙兩礦脈⊕礦產量的差異大小

單元49　捉對處理的效用

延續上個單元的在採⊕礦的題目中加入新的事物與條件狀況：

❹ **假定**所有鎮民受過普通訓練，同一個人在同一礦脈中每天採出的⊕礦量**可能不一樣**。每人每天⊕礦產出量**不只**與各人採礦能力及各個礦脈含⊕礦的豐富程度有關，還與其他因素可能有關，如右頁圖(4)所示，圖中將採礦者個人能力影響⊕礦產出量不同的部分用虛線畫出，剩下的部分（圖(4)中灰色區域）是其他因素影響⊕礦產出量不同的部分。簡要整理如下：

影響⊕礦產出量不同的因素：

礦脈含⊕礦的豐富程度 ＋ 採礦者採礦能力 ＋ 其他因素（例如晴雨天候、氣溫等等）
（甲乙兩分佈一左一右的差異）（虛線內的區域）（灰色的區域）

而在同一礦脈中，影響⊕礦產出量不同的因素：

採礦者採礦能力 ＋ 其他因素
（虛線內的區域）（灰色的區域）

因為還有**其他因素**的影響，所以即使有三個人在甲礦脈有同樣⊕礦產量○◇△，在乙礦脈的⊕礦產量也有可能不同，如圖中●◆▲所示；這與上單元❷中的狀況不一樣。

當我們把兩礦脈同一人開採的⊕礦產出量相減後，會得到像右頁圖(5)的分佈，圖(5)分佈內的差異，只剩下其他因素（灰色的區域）引起的差異。

捉對處理的效用就是可以消去**那一對數值中相同特質所引起的差異**，上面例子中捉對的對象是同一人的數值，而同一人中相同的特質就是採礦能力，因此採礦能力所引起的差異在捉對處理後的圖(5)分佈中已被消去。

若把**其他因素**細分出晴雨天候與剩下的其他因素，那麼同一礦脈中影響⊕礦產出量的是：

採礦者採礦能力 ＋ 晴雨天候 ＋ 剩下的其他因素　（如右頁圖(6)所示）

如果上面例子中的採礦者都在晴天去兩個不同礦脈採礦的話，那麼這捉對處理的數值中相同的特質就是採礦能力與晴雨天候，捉對處理後的分佈就會消去採礦能力不同與晴雨天候不同所造成⊕礦產量的差異部分。

了解了捉對處理的意義與效用之後，回歸討論單元 46 第④題的解法中，到底無限多個「**每一個人在兩個礦脈的數值相減**」的差值會形成什麼樣的分佈呢？雖然它不符合前述中任何一個常態分佈的捏造法，那我們就不捏造了，直接**假定**它就是呈常態分佈。如果所有的因素總合影響後的各礦脈⊕礦產量是常態分佈，鎮民的採礦能力也是常態分佈（題目中已知的條件），那麼**假定**去掉採礦能力因素之後剩下的其他因素影響的⊕礦產量是常態分佈，也算是合理的。

(4)普通訓練過的人採礦，⊕礦產量的分佈

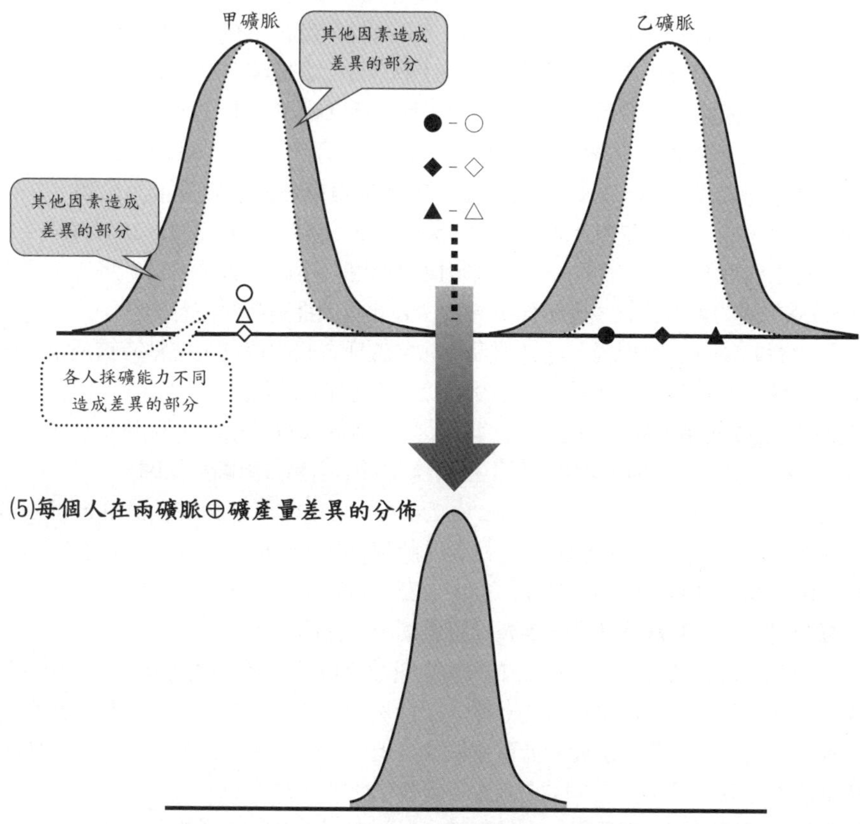

(5)每個人在兩礦脈⊕礦產量差異的分佈

橫軸是每個人在甲、乙兩礦脈⊕礦產量的差異大小

(6)捉對處理後的分佈與原始分佈間的差異比較

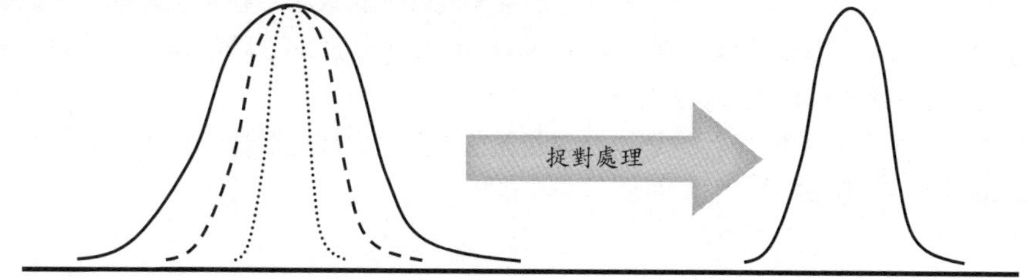

單元50　注意捉對

如果有適當的研究設計與適當的數據資料，捉對處理後求得的極端率是比較準確的；尤其在母群體分佈的標準差很大的時候。單元 45 例題中①的 14 個數據分別是「1、50、100、200、300、400、500」與「11、55、111、222、333、444、555」，可看到每個礦才各 7 筆的資料當中，數值大小從 1 到 555，可見礦脈之內的差異大而礦脈之間的差異小，因此不容易猜出兩者之間的差別（請回顧單元 14）。

而例題④捉對處理後 7 個數值的差值大小從 10 到 55，這之間的差異顯然已經小很多。然而，**並不是同一人的數值就是一定要捉對處理的**，如果單元例題④中兩組數據是「1、50、100、200、300、400、500」與「555、444、333、222、111、55、11」，捉對處理後面減前面的話，7 個數值的差值大小從 -489 到 554，將比例題①中 14 個數據之間的差異更大，會讓你更難猜。因此我們**捉對**時要注意的有：

☆要**捉對**的資料必須相關，且必須具有你要**處理**方式的特質，這點特質通常在研究設計之前就要先弄清楚，否則在研究設時就不該有**捉對**的設計。

例如單元 45 例題中如果⊕礦產量與各人的任何個人特質無關，那麼就應該如題①中找 14 個人分別去兩礦脈採礦，而不是例題④中 7 個都去兩礦脈採礦。

◎**捉對**後的**處理**方式不一定是相減，如果同一人在兩個事物的數值分佈是倍數關係，那相除才是比較好的**處理**方式，這種狀況你得到的樣本數據會像是「1、50、100、200、300、400、500」與「2、111、222、444、666、888、1111」。

◎**並不是同一人的數值就是一定要捉對處理**，舉反例如下：

「有學者要研究某個全國大考試中的國文與數學科目出題難度是否不同，是否考生國文科目的分數會高於數學科目的分數。」此例中找 7 個人捉對計算兩科目分數之間的差就不適當了，除非在研究前能確定國文好的人數學必定也比較好，而現實中多的是國文能力好但數學能力差、國文能力差但數學能力好的人。

◎**要捉對處理並不一定是同一人的數值**，舉例如下（參見右頁圖示）：

〔鎮上有兩個公認採礦能力最強的人小甲與小乙，大家想知道他們兩人採礦能力是伯仲之間，還是有所差距，因平常兩人所採的礦脈不同，難以用⊕礦產量來比較，因此鎮上特別選了 7 個不同的礦脈請他們都去開採。結果小甲在 7 個礦脈一天的⊕礦產量是「1、50、100、200、300、400、500」公斤，小乙的⊕礦產量則是「11、55、111、222、333、444、555」公斤。〕

很顯然這個例題中要捉對的是同一個礦脈在不同人之間的數據，而不是同一個人在不同礦脈之間的數據。

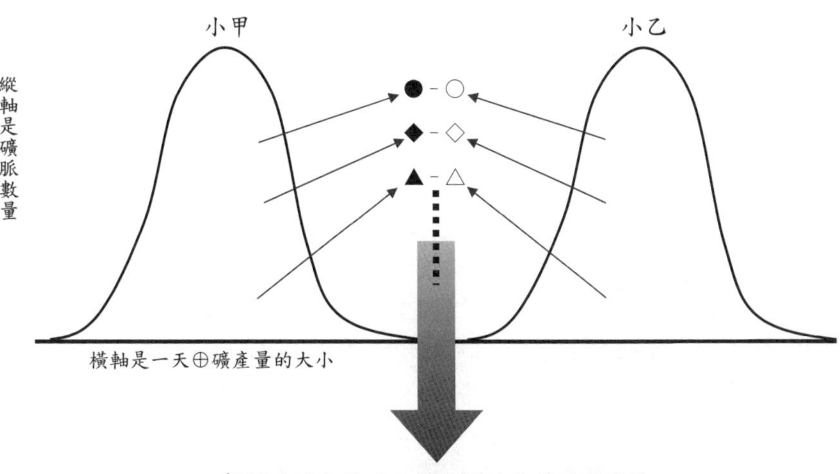

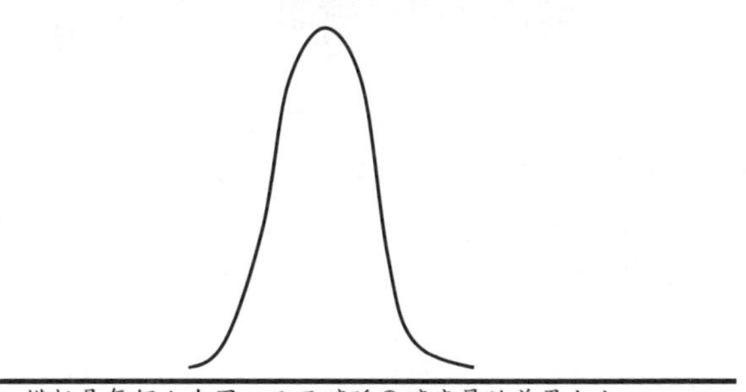

左頁與前面單元中雖然提示各種捏造、捉對要注意的事項，但並不是符合那些條件的樣本就一定要那樣處理。研究設計中對於樣本資料的處理，目的是要解決研究的問題，**不是**完全為了能夠進行生物統計學的分析而進行處理的，雖然有時候受限於既有的生物統計分析法，會將樣本的處理稍微計算處理成適合進行生物統計分析的樣子(例如前述的算出 t 值、Z 值)，但最主要的還是樣本資料對研究目的的意義，切勿將樣本處理成難以解釋其意義的數值。

單元51　卡方分佈與F分佈

前面單元中提到樣本處理與捏造法，主要是算平均值與其之間的差異（平均值相減），接下來我們來看看其他處理方的式，比如說相乘或相除，請看下面例題：

〔**例題**〕　有個城鎮具有珍貴的⊕礦脈與其他多種礦脈，同種礦脈的分佈面積大小差異不大，而不同礦脈之間的面積差距較大；此外經調查⊕礦脈的面積大小並非常態分佈，但發現其中多個近似正方形的⊕礦脈的邊長大小卻是呈現常態分佈，並測得鎮上這些方形⊕礦脈邊長的平均值與標準差。

最近在該鎮郊區發現兩個了形狀不規則的新礦脈 A 與 B，經由地質等特徵得知此兩個礦脈是同一種礦脈，但不知是否為⊕礦脈；而初步鑑定與開發需投資不少的經費，因此在那之前，鎮民想猜這兩個新發現的礦脈到底是不是⊕礦脈。

〔**解法**〕　題目中可用來捏造面積分佈的線索就只有近似正方形的⊕礦脈的邊長大小是常態分佈，我們可以**假定**所有⊕礦脈面積大小的分佈與所有似正方形的⊕礦脈面積大小的分佈一樣。正方形的面積是邊長乘邊長，那麼所有方形⊕礦脈面積會是什麼分佈呢？

邊長是常態分佈，且知邊長的平均值與標準差，將所有邊長如下式計算轉換成 Z 值

$$\frac{\text{邊長}-\text{邊長的平均值}}{\text{邊長的標準差}}=\text{邊長的 Z 值}$$

如此所有轉換後邊長的分佈就是 Z 分佈，而 Z 分佈中所有 Z 值的平方會形成**編號 1 號的卡方分佈**。依題意，以「邊長的標準差」為長度單位來計算面積時，⊕礦脈面積便會近似**編號 1 號的卡方分佈**。

而若是從 Z 分佈隨機抽取 2 個 Z 值（Z_1、Z_2），把它們的平方加總得到一個數值，標記為 χ^2（$Z_1^2+Z_2^2=\chi^2$），那麼重複無限多次得到無限多個 χ^2 形成的分佈就是**編號 2 號的卡方分佈**。

而若是從 Z 分佈隨機抽取 n 個 Z 值（Z_1、Z_2、……Zn），把它們的平方加總得到一個數值，標記為 χ_n^2（$Z_1^2+Z_2^2+\cdots\cdots+Z_n^2=\chi_n^2$），那麼重複無限多次得到無限多個 χ_n^2 會形成**編號 n 號的卡方分佈**（請見右頁圖示）。

也就是以「邊長的標準差」為長度單位來計算面積時，任兩個⊕礦脈面積和（標記為 χ_2^2）會近似**編號 2 號的卡方分佈**。因此可將計算新發現的兩個礦脈的面積和，標記為 χ_2^2，然後查詢該 χ_2^2 值在**編號 2 號的卡方分佈**中的極端率來猜測。

此外，從卡方分佈中可以捏造出另一個常用的分佈：從兩個卡方分佈中各隨機抽出一個 χ^2 數值，兩個數值各除以各自的卡方編號，然後兩數相除得到一個數值，標記為 F 值；重複無限多次得到無限多個 F 值所形成分佈就是**編號（n, m）的 F 分佈**（參見下式與右頁圖示）。

$$F\text{ 值}=\frac{\dfrac{\chi_n^2}{n}}{\dfrac{\chi_m^2}{m}}$$

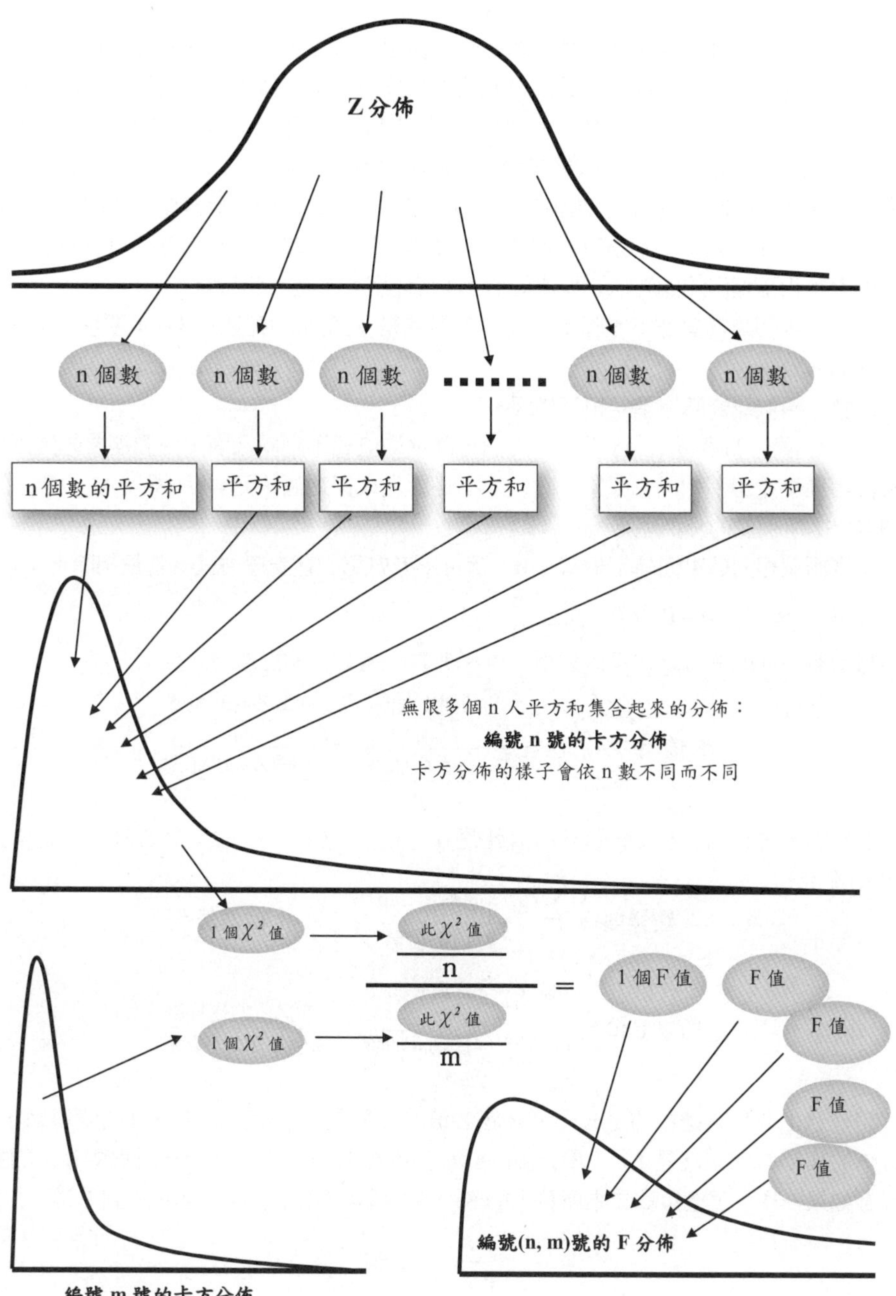
Z分佈
n個數
n個數
n個數
n個數
n個數
n個數的平方和
平方和
平方和
平方和
平方和
平方和
無限多個n人平方和集合起來的分佈：
編號n號的卡方分佈
卡方分佈的樣子會依n數不同而不同
1個χ^2值
此χ^2值
n
=
1個F值
F值
1個χ^2值
此χ^2值
m
F值
F值
F值
編號(n, m)號的F分佈
編號m號的卡方分佈

單元52　F分佈與 t 分佈的共同點

實際研究中，像上個單元所舉例題的研究情況其實並不多，還有其他多種研究設計與資料處理的情況所處理出的數據會形成卡方分佈，這些待後面單元再談；會先提到卡方分佈的原因是因為它是捏造 F 分佈的前置步驟，而 F 分佈才是現在要討論的重點。

在單元 42 中提到當不知道母群體標準差時，會用 S 捏造出 t 分佈，而之後單元 44 與單元 45 中兩種不同的 t 分佈捏造法中的差異，就是在於兩個母群體的標準差是否相同。這……我們就是不知道母群體標準差才捏 t 分佈來使用，但又必須知道兩個母群體標準差相不相同才能知道要捏哪個 t 分佈來使用，於是我們只有

①______兩個母群體標準差相不相同，不然就是（請讀者填空，提示：要填入的是 2 個字），

②__猜__兩個母群體標準差相不相同。

也就是單元 44 與單元 45 中在猜兩個母群平均值相不相同之前，我們需要先猜兩個母群體標準差相不相同。那麼，我們是不是要先來捏造個單元 44 與單元 45 中無限多個 S2-S2 所形成的分佈呢？

其實兩個相同的東西除了相減＝ 0，還可以考慮另一種處理方式，就是相除＝ 1：

當 A ＝ B 時：A - B ＝ 0，而且$\frac{A}{B}$＝ 1

目前有現成的 F 分佈法可以利用，再仔細看一遍 F 值的捏造公式是：

$$F值=\frac{\frac{\chi_n^2}{n}}{\frac{\chi_m^2}{m}}\ 也就=\frac{\frac{n個\mathbf{Z}^2加總}{n}}{\frac{m個\mathbf{Z}^2加總}{m}}=\frac{\frac{n個(\mathbf{Z}-0)^2加總}{n}}{\frac{m個(\mathbf{Z}-0)^2加總}{m}}$$

Z 當然＝ Z-0，但 Z 分佈的平均值就是 0，所以「Z-0」＝「Z - 平均值」。而單元 29 中提到

$$\textbf{變異數}=\frac{\sum(每一個數值-平均值)^2}{數值的個數}=\textbf{標準差}^2$$

$$所以\ F\ 值=\frac{\frac{n個(\mathbf{Z}-平均值)^2加總}{n}}{\frac{m個(\mathbf{Z}-平均值)^2加總}{m}}=\frac{n個\mathbf{Z}值的變異數}{m個\mathbf{Z}值的變異數}$$

請注意上式最右邊中的是 n 個、m 個 Z 值的變異數，不是整個 Z 分佈的變異數（Z 分佈的變異數已知就是 1）。單元 44 與單元 45 捏造法中第①②步兩個常態分佈的變異數**如果一樣**，那麼第②步中所算出的 S1、S2 可以經由下面處理運算得到 F 值：

$$\frac{S1^2}{S2^2}=F\ 值$$

如此重複無限多次得到無限多個 F 值所形成的是編號（n-1, m-1）的 F 分佈。

兩個常態分佈的群體，如果兩個常態分佈**變異數相等**時，從中隨機抽取出幾個數值處理後：

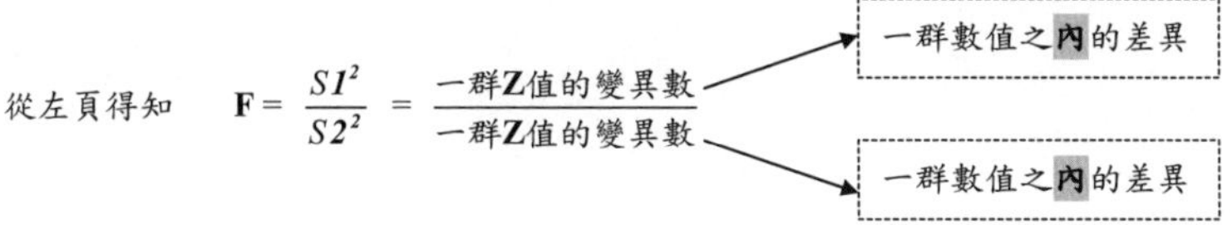

兩個常態分佈的群體，如果兩個常態分佈**平均值相等**時，從中隨機抽取出幾個數值處理後：

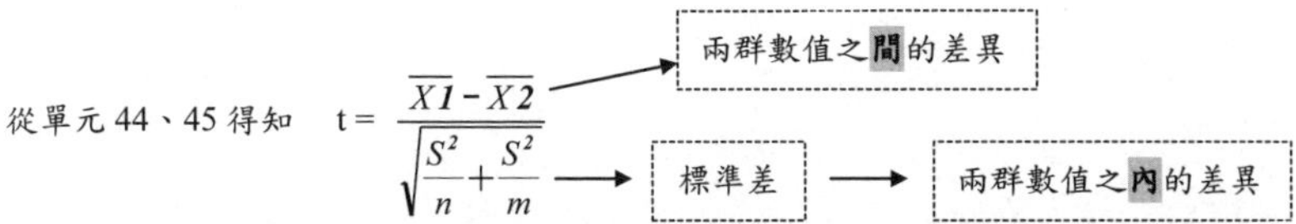

F 分佈與 t 分佈的共同點：都是用差異的大小在比較
而要注意的是群體內或是群體間的差異
請回顧單元 14 其中 t 分佈如何利用群體**內**與群體**間**的差異大小在比較

若把單元 44、45 中從**兩個**常態分佈母群體抽取樣本擴大到從**多個**常態分佈母群體抽取樣本，進行類似的處理：

某處理值 = $\frac{\overline{X1}、\overline{X2}、\ldots\ldots、\overline{Xn}\text{之間互相減}}{S1、S2、\ldots\ldots、Sn\text{的運算處理}}$

→ **多群**數值之間的差異（分子）
→ **多群**數值之內的差異（分母）

上面處理過程的式子中：

多群數值得到**多個**平均值，而這**多個**平均值可當成是**一群**平均值

多群數值得到**多個**變異數，而這**多個**變異數可當成是**一群**變異數，那麼：

某處理值 = $\frac{\overline{X1}、\overline{X2}、\ldots\ldots、\overline{Xn}\text{之間互相減}}{S1、S2、\ldots\ldots、Sn\text{的運算處理}}$

→ **一群**平均值之內的差異（分子）
→ **一群**變異數之內的差異（分母）

經由上述可以看到分子、分母都是要處理一群數之間的差異，而一群數之間的差異我們慣常的處理法就是計算他們的變異數，而兩群變異數相除會是：

此處理後數值 = F 值 = $\frac{\overline{X1}、\overline{X2}、\ldots\ldots、\overline{Xn}\text{之間互相減}}{S1、S2、\ldots\ldots、Sn\text{的運算處理}}$

→ **一群**平均值的變異數（分子）
→ **一群**變異數的變異數（分母）

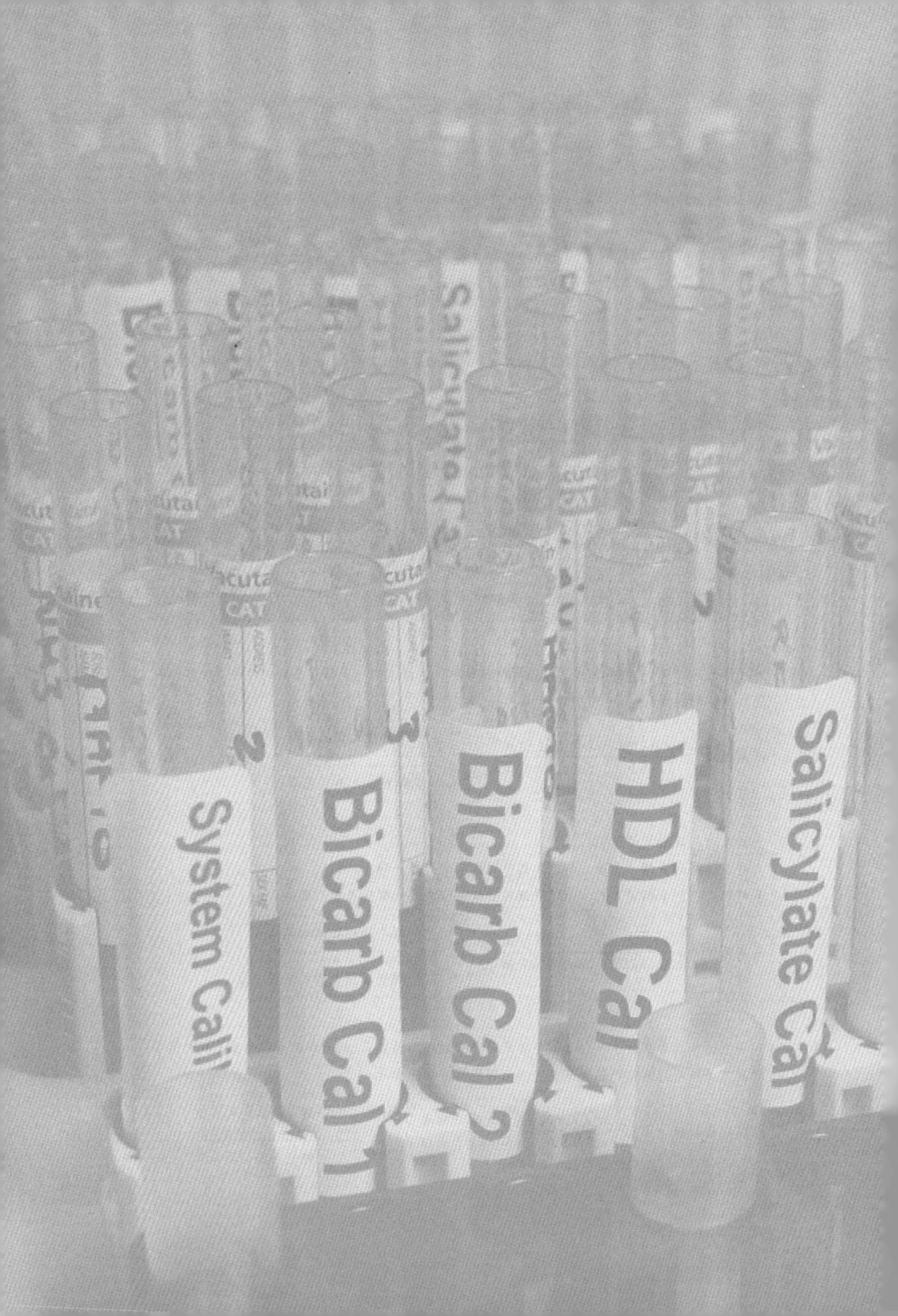
System Cal
Bicarb Cal 1
Bicarb Cal 2
HDL Cal
Salicylate Cal

第 3 章
比較的方式

單元53　都是在比較組間與組內的差異

之前，請大家注意分清楚：

〔一個**樣本的平均值**〕、〔一個**樣本的標準差**〕、

〔多個**樣本的平均值的平均值**〕、〔多個**樣本的平均值的標準差**〕

經過上個單元右頁的比較之後，現在請大家還需要注意：

〔多個**群體的平均值的變異數（或是標準差）**〕

經過上個單元右頁的比較之後，我們也知道要比較兩組、三組、多組之間平均值的差異，對於數值處理的中心思想都是一樣的：

- 兩組比較 → 比較組間與組內差異 → 組間：兩平均值相減；組內：數值的變異數。
- 多組比較 → 比較組間與組內差異 → 組間：平均值們的變異數；組內：數值的變異數

只是因為多組時有多個平均值，沒能像只有兩組時兩個平均值直接相減就好了，因此稍微複雜一點算出平均值**們**之間的變異數，來表示平均值**們**之間的差異大小。

其實比較變異數、平均值、比較兩組、比較多組，其比較的中心思想都是在比較組間與組內的**差異**，只是用**變異數**來表示差異時，那就是利用**變異數進行分析**。

關於多群母群體之間平均值有無差異的比較，列舉 5 個母群體為例，參見右頁圖示。每個母群體中的數值應該都很多個，但為方便說明，暫先想像成每個母群體只有 5 個數值，也就是右圖中的 ●；而每個母群體有一個平均值，也就是右圖中的◎。

可以將差異分成三種，以右圖為例：

① 全部 25 個 ● 數值的**總差異**。

② 各群體**之內** 5 個 ● 數值的差異，可以用各群體**之內**的變異數來表示。

③ 5 個群體平均值◎**之間**的差異 = 可以用平均值◎形成的分佈的變異數來表示之。

並且：①全部的**總差異** = ②的群體**之內差異** + ③群體**之間差異**

如果各個母群體的平均值之間真的有差異，③越大、②越小時，我們越容易從樣本資料猜對各個母群體的平均值之間有差異。因此把③除以②，用這個比值的極端率來猜。

不過上述的是以**母群體**為例來說明的差異，實際研究上需要先由**樣本**資料來猜上述**母群體**②與③的差異，而這些差異的表示方法類似之前所說的變異數，假定共有 k 組來自 k 個母群體的樣本，計算公式如下所示：

②**組內變異數** =

$$\frac{\sum(\text{每個第 1 組數值 - 第 1 組平均值})^2+......+\sum(\text{每個第 k 組數值 - 第 k 組平均值})^2}{(\text{第 1 組樣本數 -1})+......+(\text{第 k 組樣本數 -1})}$$

③**組間變異數** =

$$\frac{\sum(\text{每一組樣本的平均值 -k 組樣本的平均值的平均值})^2}{\text{組數 -1}}$$

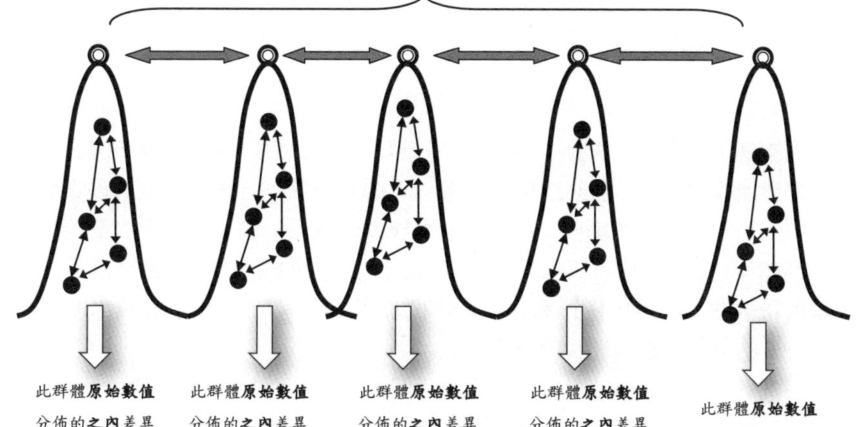
各群體**原始數值**的分佈
●：原始數值
◎：平均值
灰色箭號 ⟺ ：各群體平均值**之間**的差異
此群體**原始數值**分佈的**之內**差異
此群體**原始數值**分佈的**之內**差異
此群體**原始數值**分佈的**之內**差異
此群體**原始數值**分佈的**之內**差異
此群體**原始數值**分佈的**之內**差異

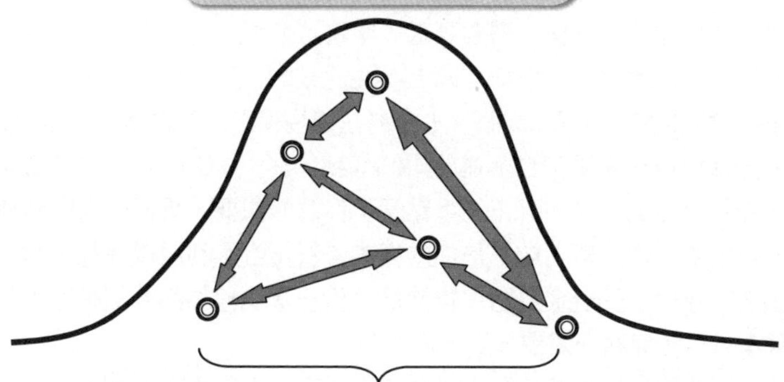
平均值集合成的分佈
多個平均值**之間**的差異 = 平均值的平均值所集合形成的一個分佈之**內**的差異

單元54　利用變異數分析一次比較多組樣本資料的時機

如果各個母群體的平均值都一樣，從k個母群體隨機抽出k組樣本，而且如下述的話：

⑴ 每組樣本的母群體均為常態分佈。

⑵ 每個母群體變異數均相同。

⑶ 每個樣本為隨機抽取出並相互獨立。

那麼將每組樣本的資料如上單元中處理計算出②與③，再把③除以②，標記為F值：

$$F值=\frac{③}{②}$$

如此重複無限多次抽樣與樣本數值處理計算的步驟，可以得到無限多個 F 值，集合起來將會形成**編號（k-1, 全部總樣本個數 -k）的 F 分佈**；之後便可以查實際取得的樣本所計算出的一個 F 值在**編號（k-1, 全部總樣本個數 -k）的 F 分佈**中的極端率了。如果此極端率比你心中的界限值 α 還小，那麼你猜你的 k 組樣本**不是**來自 k 個平均值**都一樣**的母群體；如果此極端率比你心中的界限值 α 還大，那麼你猜你的 k 組樣本**就是**來自 k 個平均值**都一樣**的母群體。

特別強調一下，如果極端率比你心中的界限值 α 還小：

- 那麼你是猜「你的 k 組樣本**不是**來自 k 個平均值**都一樣**的母群體」，
- **並不是**要猜「你的 k 組樣本**是**來自 k 個平均值**都不一樣**的母群體」，請大家唸三次以區別清楚。

在這種情況時，因為**並不是**「你的 k 組樣本**是**來自 k 個平均值**都不一樣**的母群體」，所以到底你的 k 組樣本來源的母群體之間是有幾個平均值不一樣，是哪個母群體與哪個母群體之間的平均值不一樣，需要再進一步進行分析，這在變異數分析這件事之後的比較，簡稱為事後比較。有多種不同之事後比較的方法，各有其優缺點，研究者可根據研究設計、樣本特質等等來選擇。本書將在稍後列出幾種較常用的事後比較方法。

上述的 F 分佈捏造法需要符合上述的⑴⑵⑶點，其中⑴⑵你可以**已知**或是**假定**，而⑶可以用研究設計盡量達成。真正的重點是：你真的**想要、需要一次同時比較多組樣本資料**，才利用變異數分析，**<u>並不是你的樣本資料符合了利用變異數分析一次比較多組樣本的⑴⑵⑶條件，就一定要利用變異數分析一次比較你的多組樣本資料</u>！並不是你有多組樣本資料，你就一定要一次一起比較！**

你會想要**一次比較多組樣本**資料的時機，舉例如下（請參見右頁圖示）：

〔**例題 1**〕一餐廳主廚開發了 4 道新餐點，想知道是否 4 道新餐點的受歡迎程度都是一樣的；若都相同，將可推出最省工本的新餐點就好。

〔**例題 2**〕針對⊕病，醫藥研究團隊開發了 4 種新藥，想知道是否 4 種新藥的療效都是一樣的；若都相同，將可生產其中成本最低的藥就好。

〔**例題 1**〕

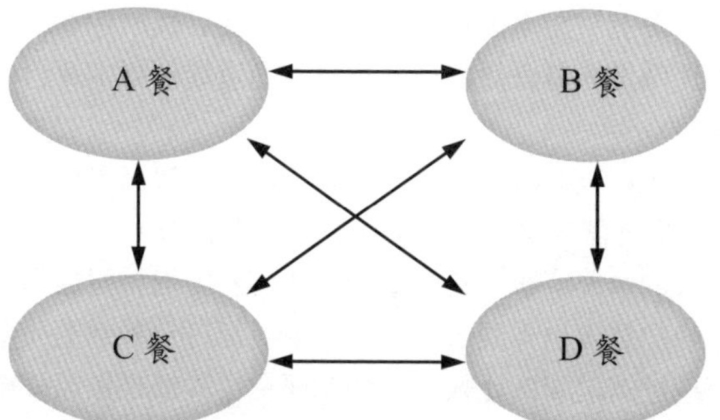

4 個餐點並列，任 2 個都是要比較的，這種情形，適合利用變異數分析來一次比較多個組別間有無差異。若都無差異，主廚可自行選擇推出成本較低或是料理較省工夫的餐點。若並非都無差異，主廚可自行評量後依目的看是否要找出是哪個餐點較受歡迎或是較不受歡迎，此時需要做事後比較；也可考量是否直接選用最受歡迎的餐點或直接剔除最不受歡迎的的餐點，或全部重新開發……等等，並非變異數分析後一定要接事後比較。

〔**例題 2**〕

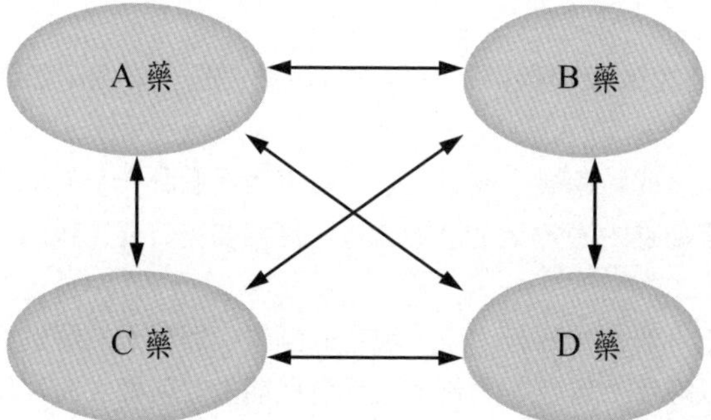

4 個新藥並列，任 2 個都是要比較的，這種情形，適合利用變異數分析來一次比較多個組別間有無差異。如果比較後 4 個新藥效果都一樣，即不需要進一步分析；如果並非 4 個新藥效果都一樣，醫療研究團隊可視其目的，進一步用事後比較找出哪些藥跟其他藥的效果有差別。

單元55　不像是要一次比較多組樣本資料的時機

很多生物統計學的相關書籍或資訊，會強調**能夠**使用變異數分析一次比較多組樣本的條件（上單元的⑴⑵⑶點）；而本書要強調的是，研究者真的想要一次比較其多組樣本資料的研究設計：**那就是你有好幾群樣本資料，而這幾群樣本資料中都具有想要比較的相同意義之特質**。

簡單的例子就像想要比 100 人的速度快慢，就讓 100 人一次一起跑步，一次比較到終點的時間，這會比一次抓 2 個人來跑，然後比上上千次省事。

而不適合一次一起比較的情況：雖然有多組樣本的資料，但各群樣本是針對不同目的設計，各樣本之間比較的意義也不同，即使所有資料都符合數學上或生物統計學上變異數分析的條件，有些樣本之間的比較卻是無關研究目的或是難以解釋其意義，請見下面舉例與右頁圖示：

〔**例題 1**〕　☆病目前只有舊藥可以治療，醫藥研究團隊開發了 1 個新藥 X，並以老鼠來進行研究，想要了解新藥 X 在生物體內實際作用的情況，研究設計中將老鼠分成 5 組分別進行處理，如右頁上圖所示。

此種研究設計，①、③、⑤是對於②的 3 種不同對照組，不同組間比較的各有不同意義：

- ② vs ①：看新藥是否比現有藥好。
- ② vs ⑤：看新藥的總藥效有多大。
- ② vs ③：看是否真的是新藥本身的效用，而不是「藥殼」或是「吃一粒東西這個動作」的效果。
- ② vs ④：在證實新藥 X 的藥理機轉（看藥理作用途徑是否經由阻斷劑所阻斷的那個途徑）。
- ③ vs ⑤：想看「飼料」或「藥殼」或是「吃一粒東西這個動作」的療效？
- ① vs ⑤：看舊藥比沒藥吃的療效？（這應該是在舊藥開發時要比較的，而不是此研究要比的）。
- ① vs ③：難以解釋！「新藥的藥殼」或「現在的飼料」與舊藥的療效大車拼？
- ① vs ④：難上加難以解釋！看壞掉的新藥 X 或是過期失效新藥 X 有沒比吃舊藥好？
- ④ vs ③ 或 ④ vs ⑤：不易解釋，從藥理機轉上看阻斷劑是否完全斷絕新藥 X 的效用？

以上條列出 5 組所有任兩組的比較，此 5 組樣本資料所具有的特質、意義都不一樣，其中② vs ①是此研究設計的主要目的，其他各個比較有些是次要目的、有些並非這個研究想要比較的，更有些比較難以解釋。總之，如此的研設計，其目的不會是要各組同時一次一起比且具有同質的比較意義，若只是因為資料形式符合變異數分析所需要的形式就使用變異數分析，那就本末倒置了。

〔**例題 2**〕一餐廳主廚開發了數道蝦類餐點如右頁下圖，請嘗試解釋任兩組之間比較的意義，並評量是否適合一次多組一起比較。

〔例題1〕

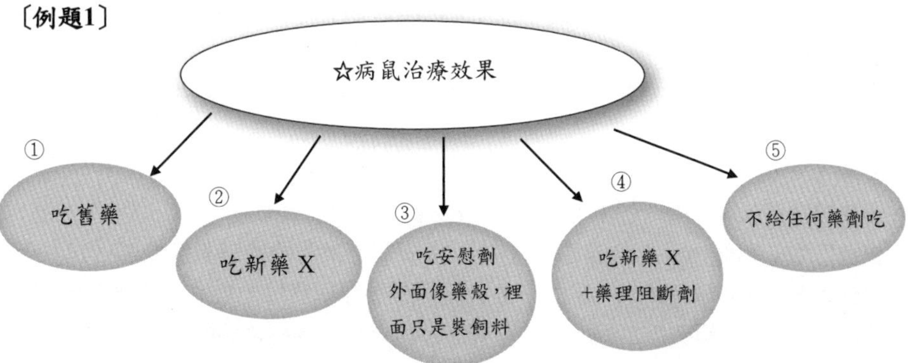

〔例題2〕

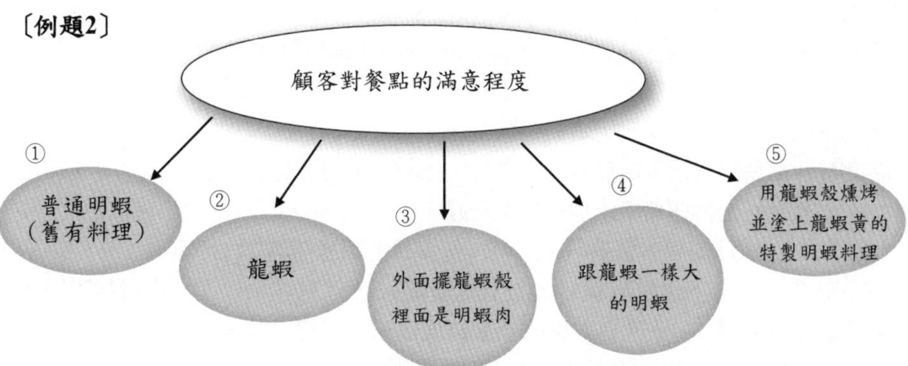

〔**例題 2**〕是不是該一次多組一起比較並無標準答案，哪兩組之間的比較是有意義的，就看大廚你對各道料理的解釋、看法與目的而定了。

如果你就是要看顧客是否對所有料理滿意度都相同，以便推出最省工本的餐點，就適合一次一起比較的。如果你的目的在於料理的技術與美味，各道料裡之間的比較在你的料理境域之中各有不同重要意義，或有些毫無意義，那麼……

單元56　當場練習變異數分析

〔**例題** 1〕☆病目前只有舊藥可以治療，醫藥研究團隊開發了 3 個新藥 B、C、D，並以老鼠來進行研究，目的在找出療效最好的藥物，以進一步試驗應用在人體身上。研究者將 20 隻患有☆病的老鼠分成 4 組，每組 5 隻，其中一組用舊藥 A、其他三組各用一種新藥治療，治療結果以某種醫學測量值來評估，得到數值如下（數值越大表示治療效果越好）：

舊藥 A「1、3、5、7、9」；新藥 B「1、2、4、6、8」

新藥 C「3、4、5、6、7」；新藥 D「6、8、10、12、14」

根據已知的相關知識，研究者**假定**「此 20 ☆病老鼠治療前身體機能都一樣，所有此種☆病老鼠在 4 個藥物 A、B、C、D 治療後的該醫學測量的數值是常態分佈，而且 4 個常態分佈的變異數都相等」。該研究者評估新藥與☆病之間的利弊風險後，決定其選邊猜的界限值 α 為 0.05（也就是 5%），請你幫他分析上面數值並解答下列問題：

⑴上述 4 組老鼠在 4 個藥物治療後，效果是否有差別？（解答請見右頁）

⑵如果有差別，是哪組新藥治療後效果最好？

以上⑴⑵題請先當場練習並對照右頁解答後，再繼續練習下面問題。

還記得已知的事物是不用猜的嗎，已獲得的樣本資料，想要知道什麼就直接看直接算，是不用猜的喔。接著請幫研究者答下列問題：

⑶若用此 4 個藥物去治療**所有**☆病的老鼠，治療效果是否有差別？

⑷如果有差別，是哪個新藥治療後效果最好？

〔**例題** 2〕☆病目前只有舊藥可以治療，醫藥研究團隊開發了 1 個新藥 D，並以老鼠來進行研究，目的在比較新藥 D 是否有比舊藥 A 療效更好，以進一步試驗應用在人體身上。研究者將 10 隻患有☆病的老鼠分成 2 組，每組 5 隻，其中一組用舊藥 A、另一組各用新藥 D 治療，治療結果以某種醫學測量值來評估，得到數值如下（數值越大表示治療效果越好）：

舊藥 A「1、3、5、7、9」；新藥 D「6、8、10、12、14」

⑸對於**所有**☆病的老鼠，新藥 D 的治療效果是否比舊藥 A 的治療效果好？

〔**例題** 1〕⑷的解答過程屬於⑶變異數分析之後的事後比較。各種事後比較的優缺點與適用時機將在後面單元列述。而此例題經過設計，依題意可用前面單元提到過的 t 分佈來進行比較分析，如右頁下圖所示。此解答過程同時也是〔**例題** 2〕⑸的解答過程，唯下面推論順序有點差別：

- 〔**例題** 1〕⑶→四組不全一樣→應是 D 療效最高→比較 A 與 D → A 與 D 不同→是 D 療效較高。
- 〔**例題** 2〕比較 A 與 D →確認 A 與 D 不同→ D 療效比 A 高。

〔例題1〕解答

⑴分析方法：目測。打開我們的眼睛可看到四組數據明明就長得不一樣，即使算平均值也都不一樣，所以有差別。

⑵新藥 D [6、8、10、12、14]這組平均值最大，而且 4 組之間任 2 組都有差別。

⑶此狀況可一次比較 4 組平均值：

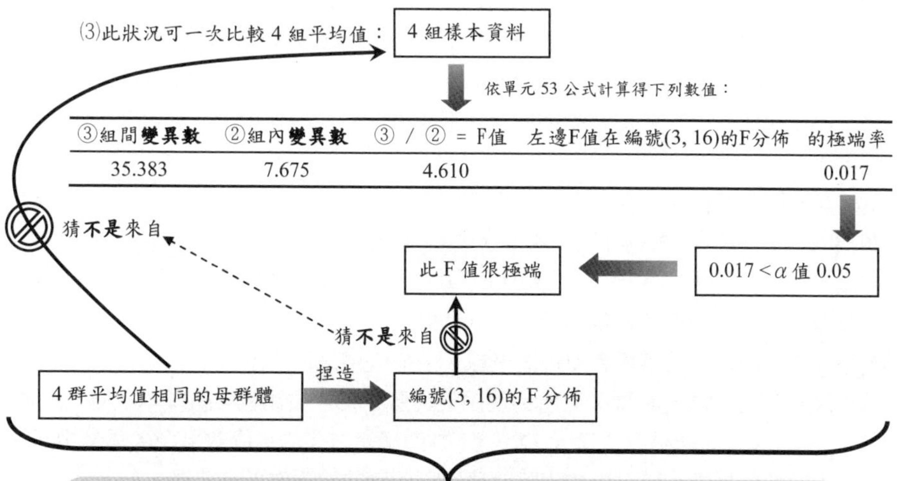

所以猜**若**用此 4 個藥物去治療**所有**☆病的老鼠，治療效果不全都一樣，是有差別的

⑷目的是找出最有效的新藥，因此抓平均值最大的新藥 D 與舊藥 A 兩組相比。適合使用單元 45 的捏造 t 分佈來猜：

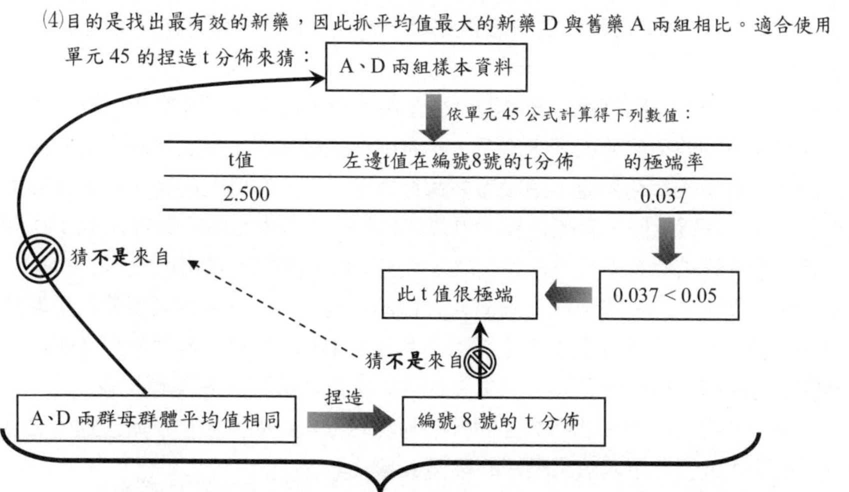

新藥 D 與舊藥 A 治療效果不同，所以新藥 D 的療效真的舊藥 A 的療效好。

單元57　當場練習思考一次比較多組樣本

讓我們進一步練習一次比較多組樣本的思考，延續上個單元的例題，數值特性、相關**假定**、研究者的界限值 α 等等都跟上單元〔**例題** 1〕一樣，不同處敘述如下：

〔**例題** 3〕☆病目前只有舊藥 A 可以治療，醫藥研究團隊開發了 3 個新藥 X、Y、D；其中在藥物之分子結構上，新藥 X 由 A 延伸變化而來，Y 又是由 X 延伸變化而來，D 再由 Y 延伸變化而來。在藥學領域上，治療效果預期應該會 D>Y>X>A，但副作用也可能是 D>Y>X>A，因此研究者希望知道 A、X、Y、D 之間治療效果是否有差異，有差異的話想要進一步知道是哪個藥比哪個藥好，以便於找出具有較好療效但副作用較低的藥。

4 組各 5 隻☆病老鼠，治療結果的數值如下：

舊藥 A「1、3、5、7、9」　　新藥 X「3、5、7、9、11」

新藥 Y「4、6、8、10、12」　新藥 D「6、8、10、12、14」

請你幫它分析上面數值並幫他解答下列問題：

(6)**若**用此 4 個藥物去治療**所有**☆病的老鼠，治療效果是否有差別？

此例題解答過程請見右頁，可看到使用變異數分析一次比較 4 組樣本之後，以界限值 α ＝ 0.05 來猜的結果將是猜 A、X、Y、D 四個藥之間的治療效果全部都是相同的，當然也不會進行事後比較，去找出哪個藥與哪個藥的治療效果有差異。

若〔**例題** 3〕中研究者一開始就不考慮 X、Y 兩藥，直接只對效果可能最好的 D 藥與舊藥 A 進行研究，那麼〔**例題** 3〕的情況將變為上個單元〔**例題** 2〕的情況；兩個例題研究 A 藥與 D 藥得到的資料數值完全一樣（參見右頁圖示），但分析後得到的結論卻相反。

那麼，到底是不是應該使用變異數分析一次比較多組樣本資料呢？有幾個考量點：

◎如果新藥的效果比舊藥好上很多，不會出現這種狀況；上面例題中的數據是經過設計的，刻意造成這種矛盾，讓讀者多練習思考一下。而例題中新、舊藥在數值上的差異並不大。實質上除了有無差異，重要的是差異量多少（請回顧單元 14）；即使分析、猜、推論的結果有差，但差異不大，研究者仍可選擇放棄此新藥。

△如果這微小的差異在臨床上對病人有相當意義，不能輕易放棄新藥的可能性；在有已知理論或資料顯示 3 個新藥之間效果可能是 D>Y>X 時，雖然進行多組研究，但在研究進行之前，可在研究設計中便決定將直接取 D 藥與 A 藥進行比較。

◇如果事前完全不知 3 個新藥之間效果強弱的可能關係，不宜在研究進行之後未經深思便依研究數據直接取效果最好的藥與 A 藥比較。

請見下個單元對於這前與後的進一步討論。

〔例題3〕解答

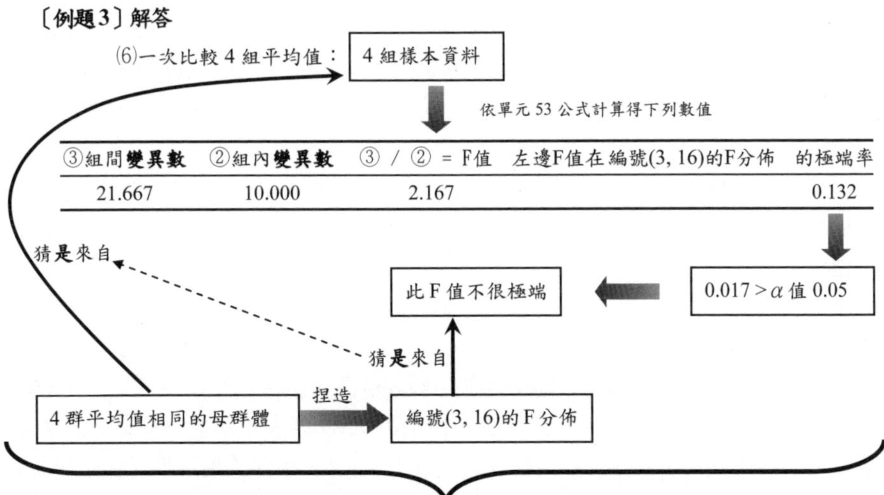

所以猜若用此4個藥物去治療所有☆病的老鼠，治療效果全都一樣，沒有差別。

〔例題 3〕各藥治療數值圖示

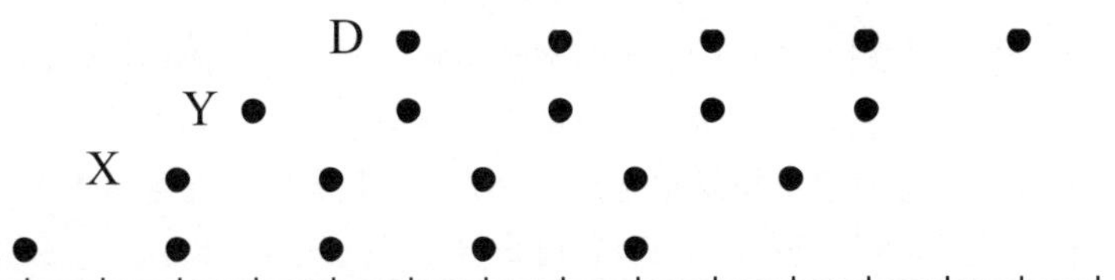

〔例題 2〕各藥治療數值圖示

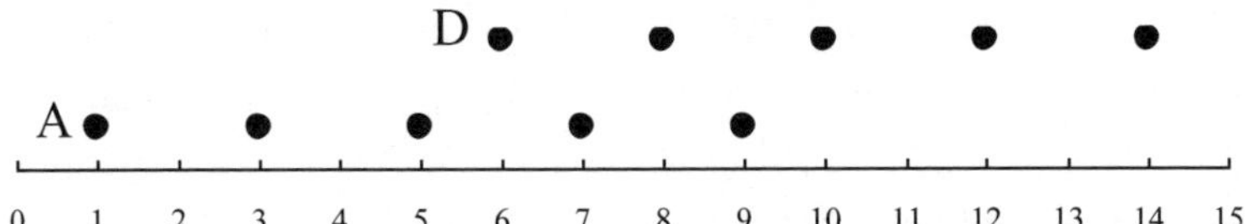

單元58　事前與事後

這裡所講的**事**，指的就是進行研究這件**事**。請注意上個單元中我們的考量點△是：在**研究進行之前**決定將直接取 D 藥與 A 藥進行比較；而不是取治療效果最好的藥與 A 藥比較。而◇情況中是在**研究進行之後**，依研究數據取治療效果最好的藥，只是在此例中治療效果最好的藥剛好是 D 藥。

而這**事前**與**事後**的處理，將影響樣本資料分析到最後要比較的**極端率**；如之前所說，端看手上獲得的樣本資料極不極端，來猜此樣本是不是來自於某個母群體。請看下面三個情況（同時也參見右頁的例子）：

①如果我們從一群正常人隨機選一個人，其身高超過 200 公分，那麼他身高的**極端率**很低，他是很極端的。

②如果我們決定將從一群正常人隨機選取 10000 個人，但在真正隨機選取這 10000 個人之前，我們指定其中任何一人，例如指定第 7569 個人；那麼「在真正隨機選取 10000 個人後的第 7569 個人身高超過 200 公分」，這一事件的**極端率**一樣是很低的，這是很極端的事件。在開始隨機選取 10000 個人，並測量其身高**之前**就指定其中一人，此情形跟①情況可視為一樣的。

③如果我們從一群正常人隨機選 10000 個人，測得這 10000 個人的身高**之後**，「這 10000 個人裡面身高最高的人超過 200 公分」，這一事件的**極端率**就不低了，從常識就可判斷「10000 個人裡面身高最高的人超過 200 公分」，這種狀況就不是那麼極端了。

在研究進行之前的研究設計中，大概就會決定研究進行之後樣本資料的分析處理方式，以及如何計算查詢其在所適合的分佈中的**極端率**。如上面①②③的例子中，我們知道**事前指定**與**事後挑選**的**極端率**是不一樣的（並且其比較的意義也是不一樣的），但若在**事前**的研究設計中就設計成在獲得資料以後挑選其中最大（或最小、最中間）的來進行分析比較呢？這種設計並無不可，而且確實也是在某些研究上常見的設計。記得我們一直強調的**樣本資料怎麼處理，就找個一樣處理過程捏造出來的分佈來查極端率**嗎？一個合理的作法是：把前面單元 41~45 中，從 n 或 m 個樣本數值計算出 Z 值、t 值的步驟，改成找出 n 或 m 個樣本數值中最大（或最小、最中間）的數值，然後重複無限多次，捏造出無限多個樣本數值中最大（或最小、最中間）的數值所形成的分佈，然後比較樣本中最大（或最小、最中間）數值在該分佈中的**極端率**。

另一個作法就是把它視為是事後挑選（請參考右頁下圖），進行事後比較，而這種作法是目前生物統計學分析中較常用的作法。

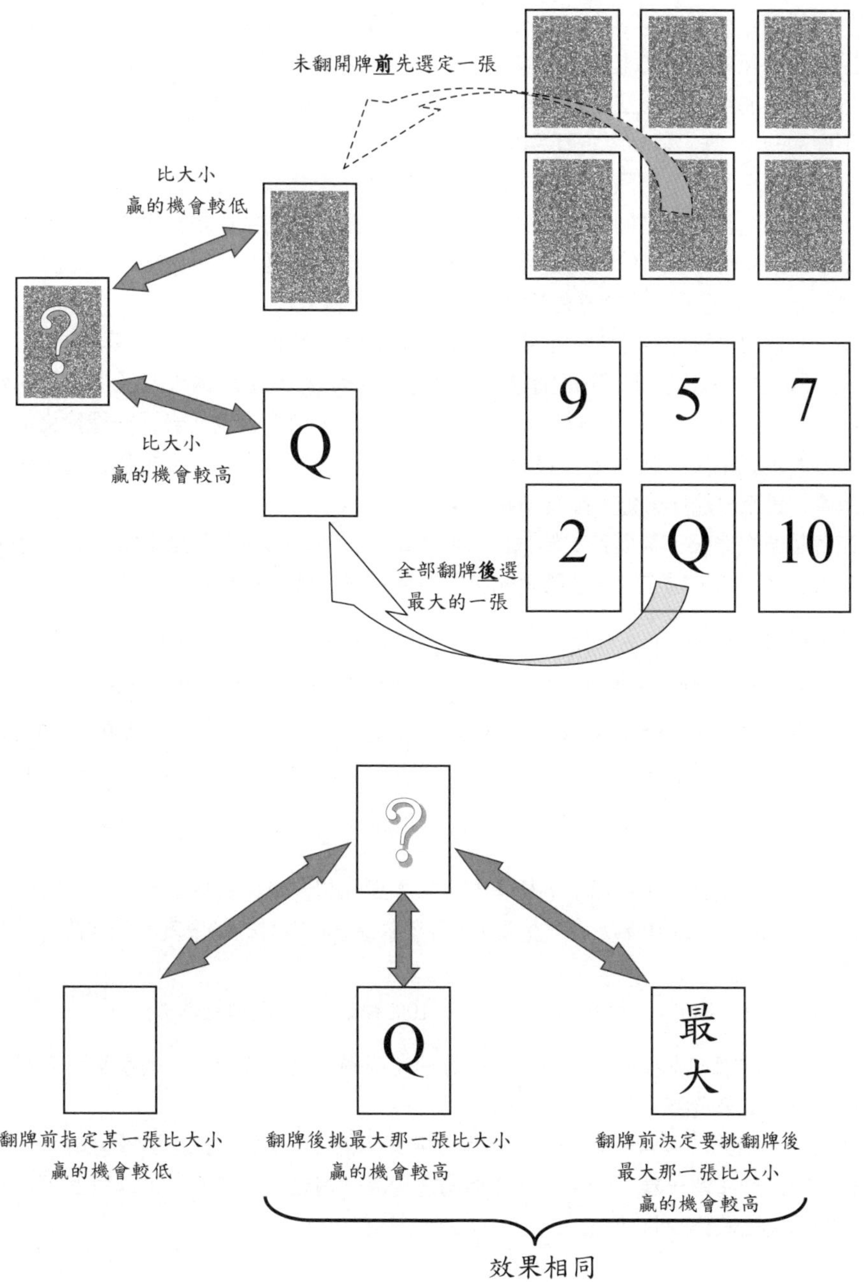
未翻開牌**前**先選定一張
比大小
贏的機會較低
?
9
5
7
比大小
贏的機會較高
Q
2
Q
10
全部翻牌**後**選
最大的一張
?
Q
最大
翻牌前指定某一張比大小
贏的機會較低
翻牌後挑最大那一張比大小
贏的機會較高
翻牌前決定要挑翻牌後
最大那一張比大小
贏的機會較高
效果相同

單元59　調整心中對極端的認定

關於變異數分析之後的事後比較，有很多學者提出各式各樣的事後比較方法，各有優缺點。本單元先探討如上個單元身高例子中，研究者心中對於極端之感覺的改變；這在分析猜測過程中的說法，就是調整研究者心中選邊猜的界限值，也就是調整你覺得極不極端的 α 值（請參考右頁說明）。

如上個單元例子中，若隨意選取一個人，身高 200 公分以上時你會覺得極端的話，那麼 10000 個人當中最高的那人身高，可能要 220 公分以上才會讓你覺得極端，此時 200 公分你已不覺得極端；也就是極端率要更低的數值才讓你覺得極端，相當於你心中選邊的 α 值降低了（請參考右頁圖）。

而 α 值要如何調整，調整幅度又要多少才適當呢？有不同學者提出不同的調整方法，在討論這些方法之前，先從猜錯率來思考起。因為 α 值是讓研究者選邊猜的界限值，它關係到猜對或猜錯的機率，換個角度來看，α 值其實也代表了**一種**猜錯率；而以右頁的定義來說的話，α 值會等於是〔當那個數值**事實上是**來自**那個分佈**，卻**猜**那個數值**不是**來自**那個分佈**〕這種猜錯的機率（註 14）。

現在考慮**多次**比較、猜很**多次**的狀況：如果每一次猜錯的機率**都是** 10%，而且每一次猜對猜錯之間都是**獨立**的，那麼猜測次數與猜對率、猜錯率會是：

猜 1 次：猜對＝ 90%	猜錯＝ 100% － 90% ＝ 10%
猜 2 次：都猜對＝ 90%*90% ＝ 81%	其中猜錯 1 次以上＝ 100% － 81% ＝ 19%
猜 3 次：都猜對＝ 90%*90%*90% ＝ 72.9%	其中猜錯 1 次以上＝ 100% － 72.9% ＝ 27.1%
猜 n 次：都猜對＝（90%）^{n}	其中猜錯 1 次以上＝ 100% －（90%）^{n} ＝ 100% －（100% －每次猜錯率）^{n}

猜越多次，猜錯其中 1 次以上的機會越大。如果你想要求一共猜了 n 次時，猜錯其中 1 次以上的機率只有 10%（下列左式），那麼你每一次猜錯的機率就必須要降低（下列右式）：

要求 100% －（100% －每次猜錯率）^{n} ＝ 10% ➡ 則 每次猜錯率 約＝$\frac{10\%}{n}$

上式中的每次猜錯率精確值可以由數學算出，不過在生物統計上，大家常用上列右式的簡易近似法來調整。

上面談到的猜錯率包含各種猜錯的情況，若只考慮 α 值所代表的那種猜錯率，在那種猜錯率每一次**都一樣**，而且每一次猜測之間都是**獨立**的情況下，可以用上式的方法來調整單次比較猜測的 α 值。

本書中 α 值的定義

本書從單元 4 開始，便已提到當你必須要二選一選邊猜時，你心中的界限值、冒險率、區隔值、A 率、甲率、α 值。現在本書就**假定**你選用 **α 值**，並且定義用 **α 值**來選邊猜的方式為：

◎**α 值**是你決定**極不極端**的一個率

◎當一個數值在**某個分佈**中的**極端率**

小於你心中的 **α 值**	**大於**你心中的 **α 值**
↓	↓
那個數值在**那個分佈**中**是極端**的	那個數值在**那個分佈**中**是不極端**的
↓	↓
你就猜那個數值**不是**來自**那個分佈**	你就猜那個數值**是**來自**那個分佈**

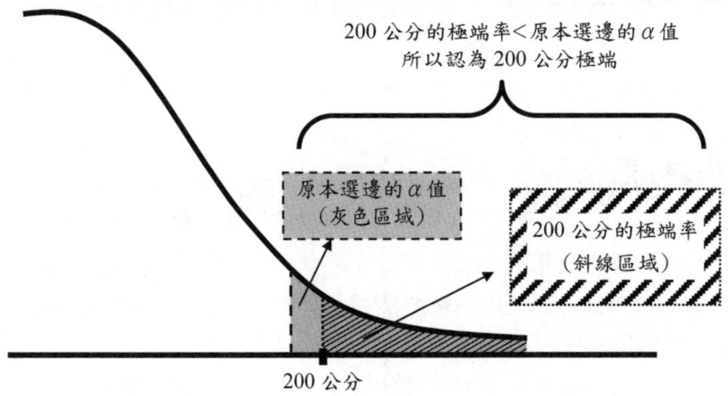

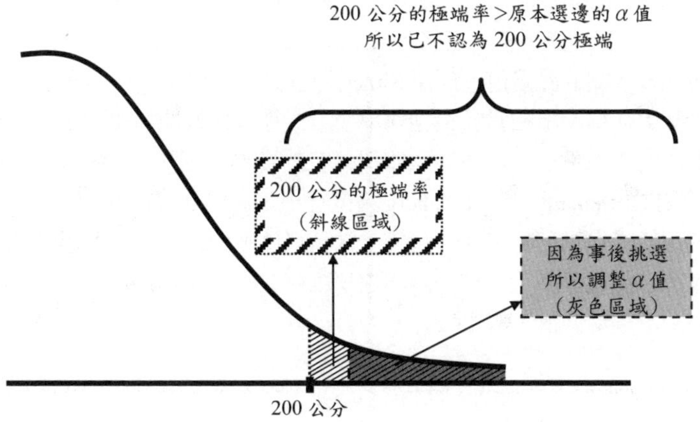

單元60　常用的事後比較方式（一）

本單元列出幾個較常用的事後比較方法（請參見右頁），這些方法由不同學者所提出，各有其優劣，研究者可視需求使用；甚至若你有自己的一套方式，亦可提出你自己的事後比較方式，若能受大家認同也能為大家所用。

Bonferroni：研究者決定好哪幾組之間要進行事後比較，依上個單元所述調整 α 值的方式。若研究者總共要進行 n 次比較，要求猜錯其中 1 次以上的機率要小於 α，那麼每一個單次比較的界限值應該調整為 α / n。

Holm：研究者決定好哪幾組之間要進行事後比較，將所想要比較的組別都進行比較並查得極端率，但先不依這些極端率與 α 值來猜。把各個比較的**極端率**依大小排序後，從**極端率**最小的那個比較開始來猜。若猜有差異，則再猜**極端率**第二小的那個比較，若第二次仍然是猜有差異，則再猜**極端率**第三小的那個比較……一直猜到猜出無差異的那個比較，因為是從**極端率**最小的那個比較開始來猜，所以剩餘的都是**極端率**較大的，一律都猜無差異。此外，這個事後比較法每次猜測的**該次界限值**都不同（請參見右頁）。

Hochberg：跟 Holm 法類似，研究者決定好哪幾組之間要進行事後比較，將所想要比較的組別都進行比較並查得極端率，不同的是把各個比較的**極端率**依大小排序後，從**極端率**最大的那個比較開始來猜（請參見右頁）。若猜無差異，則再猜**極端率**第二大的那個比較……一直猜到猜出有差異的那個比較。因為是從**極端率**最大的那個比較開始來猜，所以剩餘的都是**極端率**較小的，所以當出現猜有差異的比較，剩餘的不用一一比較，一律都猜有差異。這個事後比較法每次猜測的**該次界限值**都不同，調整的方式跟 Holm 法一樣。

Simes：跟 Hochberg 法類似，將所想要比較的組別都進行比較並查得極端率，但先不依這些極端率與 α 值來猜。把各個比較的**極端率**依大小排序後，依右頁圖示中調整每個事後比較猜測的**界限值**。此法 Simes 初發表時（1986 年）是對於每個比較都要猜測，不過實際運用時上相當於從**極端率**最大的那個比較開始來猜，當出現猜有差異的比較，剩餘的不用再一一比較，一律都猜有差異（見右頁）；而這種依序比較的方式在 1995 年亦由 Benjamin 和 Hochberg 再度提出（通稱 Benjamin-Hochbergr 法），並且說明了如此比較與猜測的模式，可讓〔當**猜**那個數值**不是**來自**那個分佈**，但那個數值**事實上是**來自**那個分佈**〕這種錯誤的機率維持在 α（註 15，這與前述中 α 值所代表的錯誤形式不一樣，請仔細比較）。

事後要比較的次數總共有 n 次，每次比較的計算處理數值都能查得該數值的極端率，共有 n 個極端率，依極端率大小順序排列：

Holm：

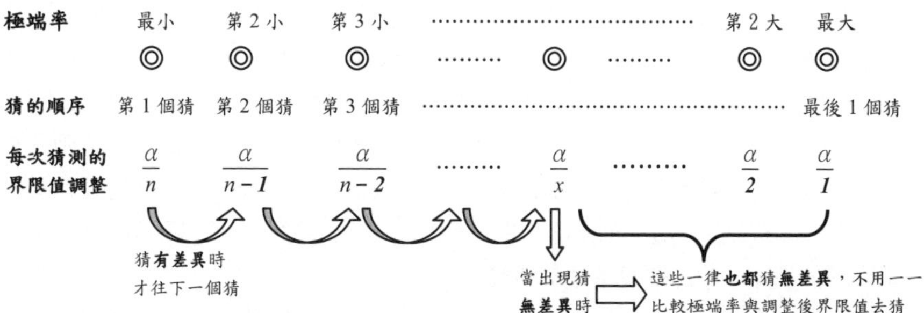

Hochberg：

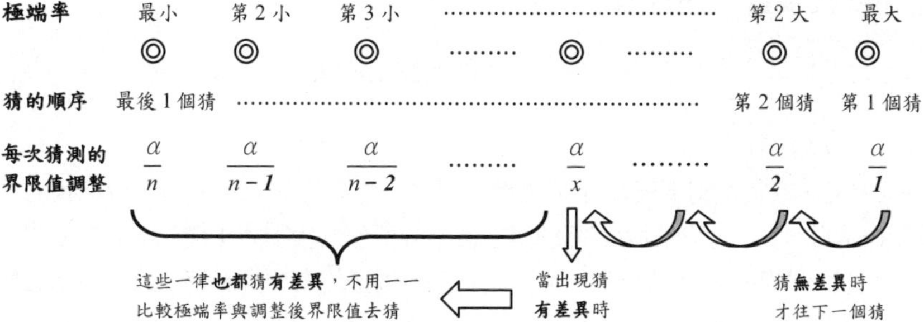

Siems：

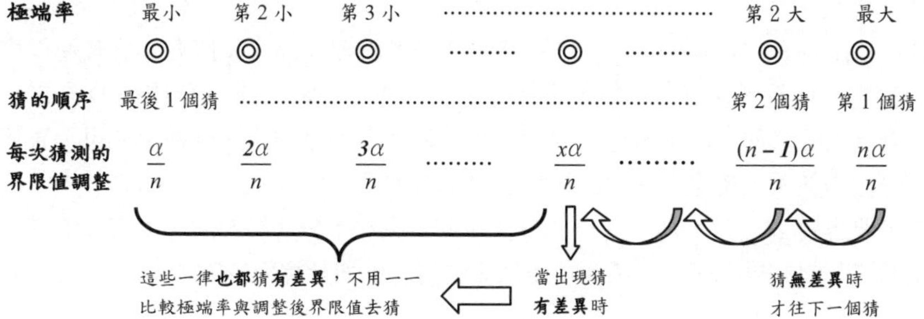

單元61　常用的事後比較方式（二）

Least significant difference （LSD）：與前述中 t 分佈的捏造法類似，差別在於用來查極端率的分佈的變異數是由所有組樣本資料估計而來，不是只有進行比較的那兩組樣本；也就是將單元 45 第⑥步中的 S2 用單元 53 中所說的「②**組內變異數**」取代，如此處理運算出來的 t 值，重複無限多次後所形成的是編號「變異數分析時所有樣本的總數 - 所有的組數」的 t 分佈。而這個比較法並沒有要研究者調整心中的 α 值。

Tukey-Kramer：從平均值差異最大的兩組樣本開始比較，若比較結果是猜兩組母群體平均值有差異，便接著抓平均值差異第二大的兩組樣本比較，一直到比較結果是猜測兩組平均值沒有差別為止；剩餘的組別平均值差異因為更小，所以不用再一一比較，一律都猜沒有差異。此法運算處理的步驟如下：

①從一個**常態分佈**母群體中一次隨機抽取出 k 組數值，每組個數可不一樣，總數為 n。

②計算各組平均值，選出最大平均值（標記為 $\overline{X\max}$ ）的組別與最小平均值（標記為 $\overline{X\min}$ ）的組別，此兩組樣本數分別記為 n1 與 n2。

③計算出**組內變異數**，此數值標記為 S^2 。

④計算出 $\dfrac{(\overline{X\max}-\overline{X\min})}{\sqrt{\dfrac{S^2}{n1}+\dfrac{S^2}{n2}}}$ 這個數值，這個數值標記為 q。

Dunnett：某一特定組別要與其他 k 個組比較（一共要比較 k 次）的事後比較方式，這常適用研究設計中一個控制對照組別與多個不同處理的組別時；例如前面單元中一組舊藥（控制組）要與三組新藥比較，而三組新藥之間並沒有要比較時。此比較法對數值運算處理的方式與 t 分佈的捏造類似，不同的是 Dunnett 法是經由下列運算得 d 值：

$$d=\frac{(\overline{X_{特定組}}-\overline{X_{其他組}})}{\sqrt{\dfrac{S^2}{n_{特定組}}+\dfrac{S^2}{n_{其他組}}}}$$ （式中 S^2 一樣是**組內變異數**）

Tukey-Kramer 與 Dunnett 法除了分別將資料數據處理運算得 q 值與 d 值來進行事後比較的猜測，在數學捏造上，無限多個 q 值與 d 值各自會行成 Q 分佈與 D 分佈，不過為了查詢上的方便，此兩數值的捏造記錄簿通常以列表方式提供查詢資訊，直接提供「當總樣本數 N，總組別 K，且研究者要進行的多次比較中，要求猜錯其中 1 次以上的機率要小於 α 」時，那麼每一個單次比較，由樣本數據算出的 q 值或 d 值要猜平均值相同或不同的界限值；不過現在多是經由電腦軟體計算與比對了。

Tukey-Kramer

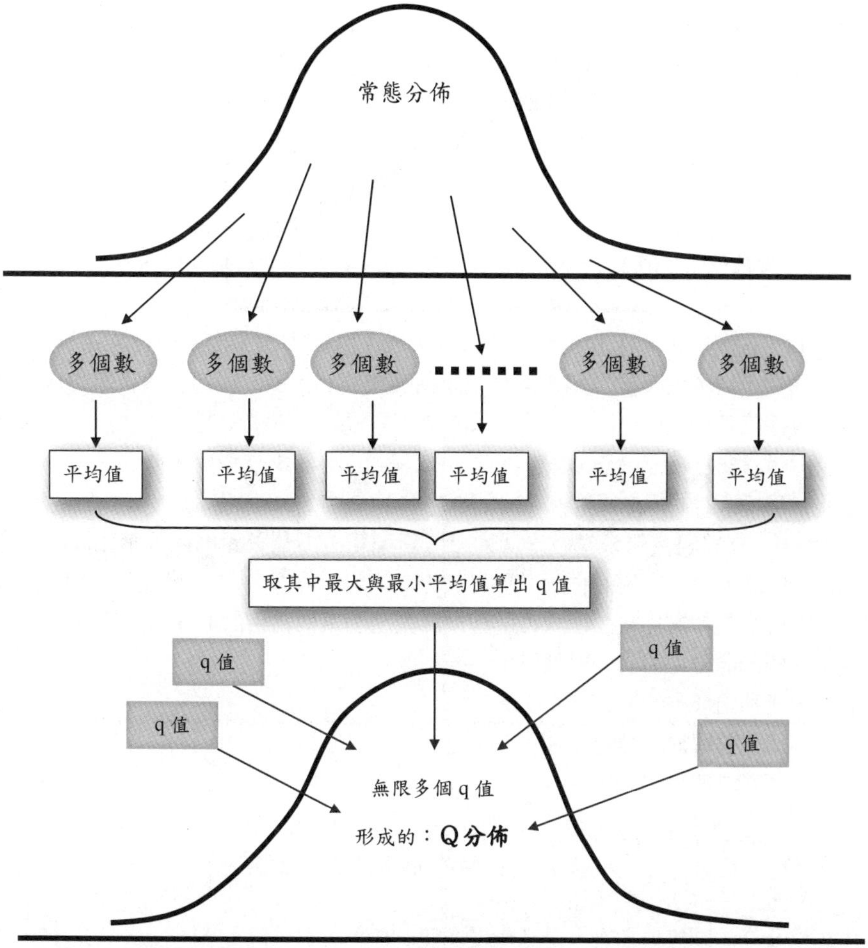

常態分佈
多個數
多個數
多個數
多個數
多個數
平均值
平均值
平均值
平均值
平均值
平均值
取其中最大與最小平均值算出 q 值
q 值
q 值
q 值
q 值
無限多個 q 值
形成的：Q分佈

Dunnett

特定一組
甲組
乙組
丙組
丁組
戊組
己組

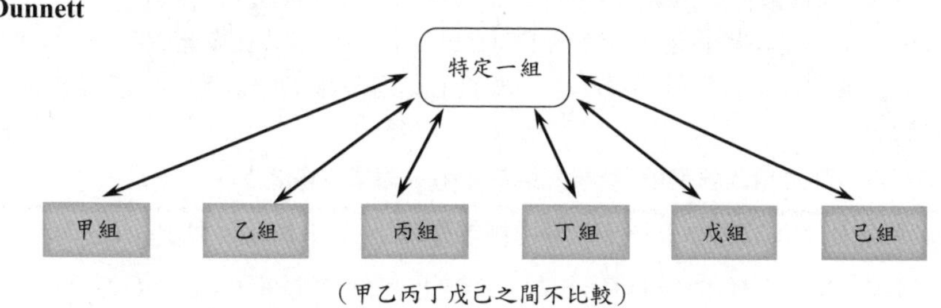

（甲乙丙丁戊己之間不比較）

單元62 常用的事後比較方式（三）

Linear Contrasts（L）：如果在前面單元 56〔**例題 1**〕1 個舊藥與 3 個新藥 B、C、D 的研究中，3 個新藥 B、C、D 是由一共同新開發的主要治病成分加上不同的副成分（為了因應病人不同的體質、病歷或其他併發症、病程等狀況），在變異數分析猜測四種藥效不全一樣之後，想將 B、C、D 三組合起來當做一個大組（新藥組）與舊藥組進行事後比較此兩組藥效是否不同；那麼，這是個組合式的比較。對於組合式的比較，目前數值運算處理的方式如下：

規定 **組合後數值**（L 值）＝ c1* 第 1 組平均值 + c2* 第 2 組平均值 + …… + ck* 第 k 組平均值＝ Σ（ci* 各組平均值）

其中 c1、c2、……、ck 可由研究者自行決定，但必須 c1 + c2 + …… + ck ＝ 0。

像上例中，研究者可依三個新藥含主要治病成分的比例、使用三個新藥的病患人數比例、直接三等份、……、或其他考量來決定各組的 c 值：

L ＝ 1* 舊藥組 – 1 ／ 3*B 藥組 – 1 ／ 3*C 藥組 – 1 ／ 3*D 藥組，或

L ＝ 1* 舊藥組 – 1 ／ 5*B 藥組 – 2 ／ 5*C 藥組 – 2 ／ 5*D 藥組，或其它 L 值計算方式

若 B、C、D 三組合起來當做一個大組（新藥組）與舊藥組的藥效是相同的，那麼上面例舉的計算方式中的 L 值應該要等於零。而

①有一群母群體其變異數都相同，這些母群體之間某個組合的 **L 值**等於零。

②隨機從個母群體各抽取一組數值。

③計算出所抽出樣本的 L 值。

④計算出**組內變異數**，標記為 S^2。

⑤如下面運算處理算出 t 值：

$$t = \frac{\mathbf{L}}{\sqrt{\frac{S^2}{n1} + \frac{S^2}{n2} + \ldots\ldots + \frac{S^2}{k}}}$$ （n1、n2、…、nk 是各組樣本數）

⑥重複①②③④⑤無限多次，得到無限多個 t 值。

這無限多個 t 值會形成編號 N-k 的 t 分佈（N 為總樣本數）。

Scheffe：上例中可以將手上樣本資料算出的 t 值，查出其在編號 N-k 的 t 分佈的極端率，來猜手上樣本資料是不是來自一群該 L 值等於零的母群體。但學者 Scheffe 提供下面的猜法：

①研究者心中選邊猜的界限值為 α，共有 k 組，總樣本數為 N。

②從編號（k-1, N-k）的 F 分佈中，查出極端率為 α 的 F 值，計算出 $\sqrt{(k-1)F}$ 。

③如上例中，將手上樣本資料算出 t 值，比較此 t 值的絕對值與 $\sqrt{(k-1)F}$ 。

④當 $|t| > \sqrt{(k-1)F}$ ，就猜 手上樣本資料**不是**來自一群該 L 值等於零的母群體。

當 $|t| \le \sqrt{(k-1)F}$ ，就猜 手上樣本資料**是**來自一群該 L 值等於零的母群體。

關於 Linear Contrasts 與 Scheffe 猜法

- 組合後數值L可以經由設定各種c係數來組合各種組別的平均值，當然也能設定成如同其他事後比較兩組平均值的差異；在符合下面條件情況下：
  L ＝ c1*第1組平均值 ＋c2*第2組平均值＋……＋ ck*第k組平均值
  0 ＝ c1＋c2＋……＋ck
  若設定[c1 ＝ 1]、[c2 ＝－1]、[其他所有c係數都等於0]，則
  L ＝ c1*第1組平均值 － c2*第2組平均值

- 在數學運算上，可以證明：|編號(x)的t分佈| ＝ $\sqrt{\text{編號}(1,x)\text{號的F分佈}}$
  可簡記為 $t_x^2 = F_{1,x}$ 或 $|t_x| = \sqrt{F_{1,x}}$
  因此Scheffe的比較法相當於把樣本的 $\sqrt{F_{1,N-k}}$ 運算處理值在 $\sqrt{(k-1)^* F_{k-1,N-k}}$ 這個運算處理值所形成的分佈中查詢極端率來進行猜測。
  比較這兩個運算處理值不同的部分：

$$\textbf{F值} = \frac{\frac{\chi_n^2}{n}}{\frac{\chi_m^2}{m}} \Rightarrow F_{1,x} = \frac{\frac{1\text{個}Z^2\text{加總}}{1}}{\frac{x\text{個}Z^2\text{加總}}{x}} \qquad (k-1)F_{k-1,N-1} = \frac{(k-1)^*\frac{k-1\text{個}Z^2\text{加總}}{k-1}}{\frac{x\text{個}Z^2\text{加總}}{x}}$$

不同的部分在於分子部分，我們可以視為Scheffe的比較法在比較**1個Z^2**與**k-1個Z^2加總**，等同的比**1個$(Z\text{-}0)^2$**與**k-1個$(Z\text{-}0)^2$加總**，也就是說，當母群體的L值不是0時，我們**認為**從一個平均值不是0的常態分佈隨機抽取1個數值，其平方應該比從平均值是0的常態分佈隨機抽取k個數值的平方和還要來得大；當你這麼**認為**的時候，使用Scheffe的比較法來猜。

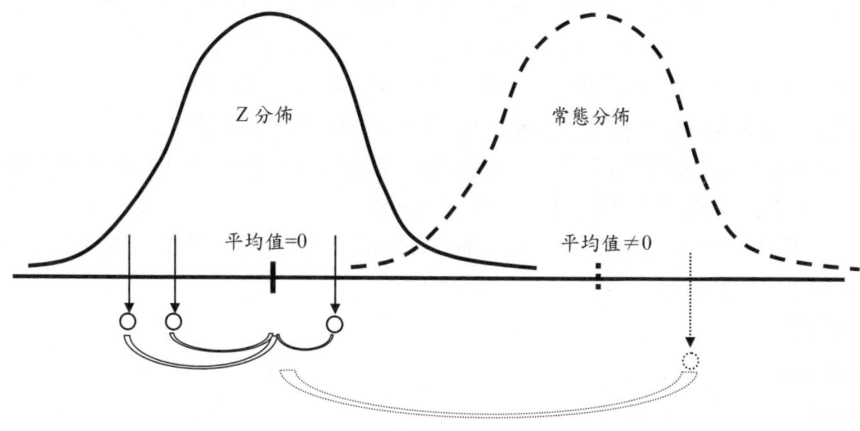

你是否認為1個 $(\;)^2$ 應該要 ＞ k-1個 $(\;)^2$ 相加？

單元63　當場練習思考事後比較方式

事後比較的方法很多，除了前幾個單元所提到的（整理列表於右頁）之外，還有其他的事後比較方式，並且隨時都可能有學者提出新的事後比較方式或是修善既有的事後比較方式。而選擇事後比較方式的重點，還是在於一開始的研究目的與研究設計，看研究者想從研究中得知怎麼樣的資訊，再去選個事後比較的運算處理原理正是自己想要比較的（請參見右頁）。

因此，我們必須瞭解各種事後比較的中心思想與其比較的原理，才能確實知道哪個事後比較方法適合你的研究使用；如果只是知道各種事後比較的特色（註 16），容易被誘導為了那個特色而決定去使用某個事後比較方法，但卻不一定是適合研究目的的方法。

〔**例題**〕　三國即將爆發大戰，各國的武將從沒當面對戰過，但各國的細作已經蒐集了各武將過去數十場戰役中擊殺敵兵的人數，並以此來評估各武將的**戰力**，也經過變異數分析後得知各武將的戰力**不是都相等的**。雖然如此，但是大家了解到擊殺敵兵的人數所代表的**戰力**不代表可以決定兩武將對戰時的勝負，必須武將之間的**戰力**有**明顯**的差距，武將對戰時的勝負預測才較為準確，以利戰略帷幄。然而，拿到這份資料的各國軍師、將領所想的並不一樣，請問他們將要使用何事後比較方法來預測武將對戰的勝負：

①丫亮：任兩個武將之間的對戰情勢我都要掌握，以利排佈各種可能的戰略。

②小呂：我是最強的，每個比我弱的武將我都要解決掉 ~~~~~。

③飛哥：只有呂布是我的目標，其他都是不值一哂的小醬菜一碟。

④瑜瑜：最有利的就是讓最強的武將先去解決最弱的，接著再解決第二弱的，一直到敵軍只剩戰力大的武將時，我軍仍保有最多的武將，最有優勢………。

⑤孫子：知道什麼叫不戰而屈人之兵嗎！挑戰不容易打贏的武將雖然風險很大，但只要打倒了他，靠這威勢就足以震懾其他比他更容易打贏的傢伙們了。

⑥關爺：關鍵也許就在最有可能分得出勝負的這幾個武將的對戰上，如果他們之間還打不出輸贏，其他武將更難在伯仲之間分出勝負了。

⑦曹公：現在不是單打獨鬥的時代啦，要組隊出戰！我看看……依這份戰力報告，我方武將應該如此組隊……

〔**參考答案**〕

① Bonferroni

② Dunnett

③ LSD 或 Linear Contrasts-t **處理值**或**一般** t **分佈**（無需經過變異數分析）

④ Tukey-Kramer（從戰力差最大的開始）

⑤ Hochberg 或 Simes（從最不可能分出勝負的開始）

⑥ Holm（從最有可能分出勝負的開始）

⑦ Linear Contrasts-Scheffe（看過戰力報告才決定組隊方式）

要看哪個事後比較適合你的研究，而非看你的研究適合哪個事後比較。
請勿因為你的研究資料符合哪個事後比較的要求條件，就使用該事後比較。
○ 研究者決定好要比較什麼→尋找選擇適合研究目的的事後比較
╳ 發現某事後比較的特色佳、效果好→看看研究資料合不合其要求→決定那樣比較

事後比較名稱	注意事項	研究者容許猜錯的 α 率
LSD	使用 t 分佈，沒有調整猜測用的極端率、α 值。	①
Bonferroni	提供多次比較時，調整對極端率、α 值判斷的方式，而非一種比較或運算處理樣本數據的方式。此調整的 α 值的中心思想基本上可以套用在任何多次獨立的猜測上，可讓研究者宣稱在那麼多次的猜測中，任何一次猜錯的機率小於 α。	④
Holm	從極端率小的開始比較，有調整 α 值。	②
Hochberg	從極端率大的開始比較，有調整 α 值。	②
Simes	從極端率大的開始比較，有調整 α 值。	③
Tukey-Kramer	從平均值差異最大的開始比較，有調整 α 值。 提供一種運算處理樣本數值的方式。	②
Dunnett	某一特定組別與其他組別比較，有調整 α 值。提供一種運算處理樣本數值的方式。	②
Linear Contrasts		
使用 t 處理值比較	使用 t 分佈，沒有調整猜測用的極端率、α 值。	①
使用 Scheffe 法比較	提供一種運算處理樣本數值與比較的方式，有調整 α 值。在研究設計有多種可探討的方向，但可能性太多，等到有初步研究結果時才決定主要目標，此情形使用 Scheffe 法比使用 t 處理值來猜更好。	②

①一共猜了多次，**每 1 次**〔當那個數值**事實上是**來自**<u>那個分佈</u>**，卻**猜**那個數值**不是**來自**<u>那個分佈</u>**〕這種猜錯率要小於 α；也就是並沒有調整 α 值或對極端率的認定。

②一共猜了多次時，〔當那個數值**事實上是**來自**<u>那個分佈</u>**，卻**猜**那個數值**不是**來自**<u>那個分佈</u>**〕這種猜錯**其中 1 次以上**的機率要小於 α。

③一共猜了多次時，〔當**猜**那個數值**不是**來自**<u>那個分佈</u>**，但那個數值**事實上是**來自**<u>那個分佈</u>**〕這種猜錯**其中 1 次以上**的機率要小於 α。

④一共猜了多次時，猜錯**其中 1 次以上**的機率要小於 α; 只要每次猜測的對錯之間是彼此獨立的，α可以指的是任何種類的猜錯形式(在生物統計學上通常是指①②所指的那種猜錯形式)。

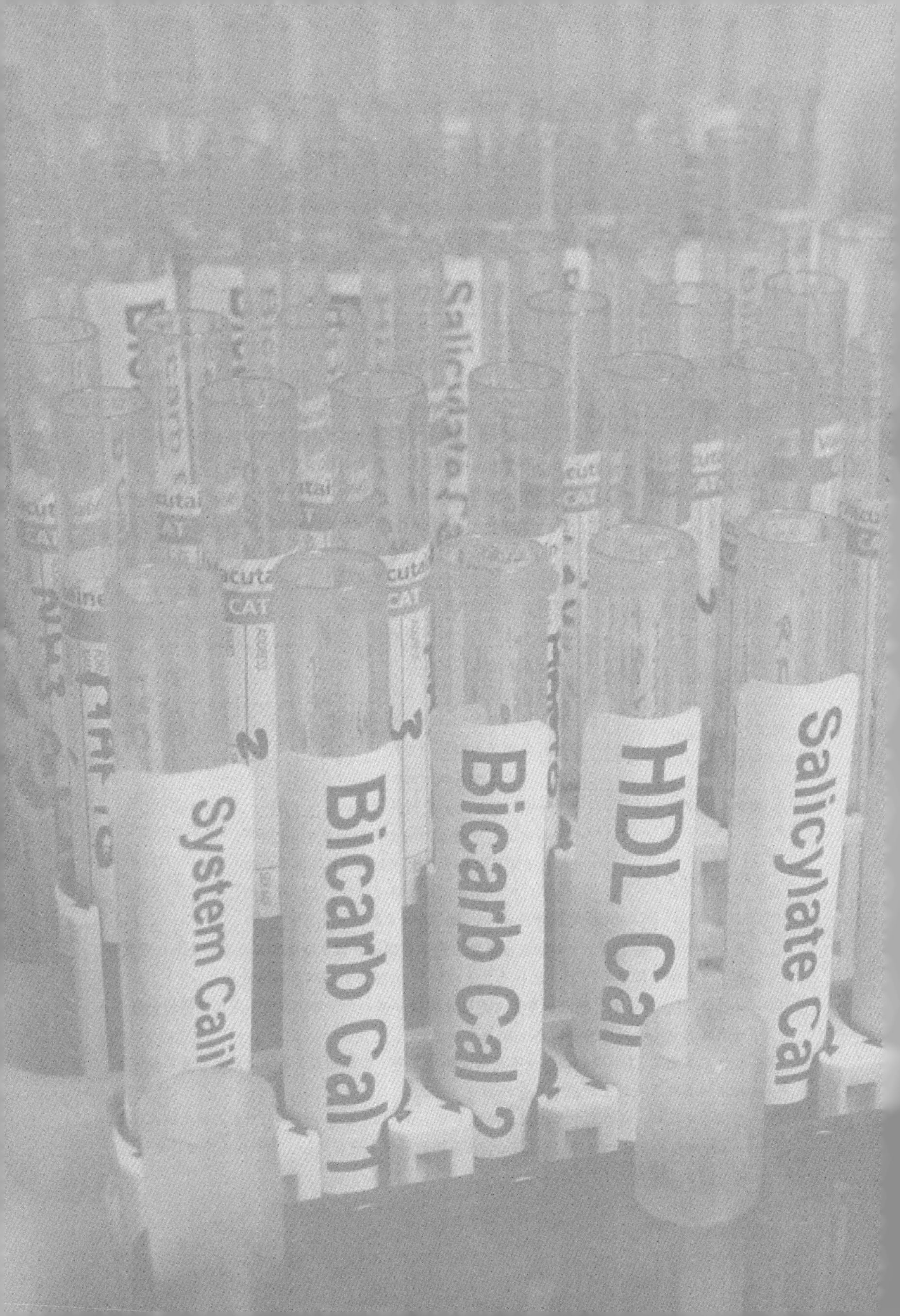
System Cal
Bicarb Cal 1
Bicarb Cal 2
HDL Cal
Salicylate Cal

第 4 章
規律與關係

單元64　相關

前面多個單元所談及的不管是兩組或多組之間的比較，若比較結果是有差異的，可以說不同組別之間的某特質**有差異**；以前面的例題來說，就是新藥與舊藥對☆病的治療效果有差異、顧客對明蝦與龍蝦的滿意度有差異。當然，這也可以說成是「藥的新舊成分」與「治療☆病的效果」有**相關**、「蝦的種類」與「顧客的滿意度」有**相關**的意思。

其他生活中常見的如身高與體重有**相關**、生活作息與身體健康有**相關**，各種有**相關**的實例不勝枚舉。以身高及體重為例來進一步探討相關：

每個人的身高數值可能是不一樣的，因此對於身高這個測量或觀察**項目**，各個不同人的身高數值之間是有**變化**、**差異**的，所以我們稱身高是一個**變項**。同理，體重也是一個**變項**，而我們知道身高跟體重這兩個變項之間有**關係**。

在很多的研究同時測量或觀察了兩種資料，也就是兩個**變項**，想看兩個**變項**之間的關係，例如吃藥的劑量跟治療效果之間的關係。以最日常生活的變項身高跟體重來說：

- 身高越高，體重越大，兩變項有相關，稱為正相關。
- 身高越高，體重越小，兩變項有相關，稱為負相關。

若沒有上面兩種關係之一，則身高跟體重不相關，也可說是身高跟體重互相**獨立**。

相關是有程度上差別的，如右圖中兩變項在圖 A、圖 G 都是正相關，但在圖 G 比在圖 A 正相關性更強；相同的，兩變項在圖 B、圖 H 都是負相關，但在圖 H 比在圖 B 負相關性更強。

當兩個變項（以 x、y 表示）的兩群數值都是連續型的資料時，生物統計學上以下列公式來計算兩個變項之間相關的程度，此強度稱為**相關係數**（標記為 r）：

$$\textbf{相關係數}\ r = \frac{\sum(x - x\text{的平均值}) \bullet (y - y\text{的平均值})}{\sqrt{\sum(x - x\text{的平均值})^2 \bullet \sum(y - y\text{的平均值})^2}}$$

此公式中的分子部分可以解讀如下：

① x 越大時，（x–x 的平均值）就越大，是正值。
② y 越大時，（y–y 的平均值）就越大，是正值。
③ x 越小時，（x–x 的平均值）就越小，是負值。
④ y 越小時，（y–y 的平均值）就越小，是負值。

前面說到正相關就是**當 x 越大 y 就越大**（①②），而此情況當然也就是 x **越小就** y **越小**（③④）：

- 上式中①②狀況時，相乘後 r 值就會是很大的正值，是正相關；並且
- 上式中③④狀況時，相乘後 r 值也會是很大的正值，也是正相關。

而負相關就是**當 x 越大 y 就越小**（①④），而此情況當然也就是 x **越小就** y **越大**（②③）：

- 上式中①④狀況時，相乘後 r 值就會是負很大的數值，是負相關；並且
- 上式中②③狀況時，相乘後 r 值也會是負很大的數值，也是負相關。

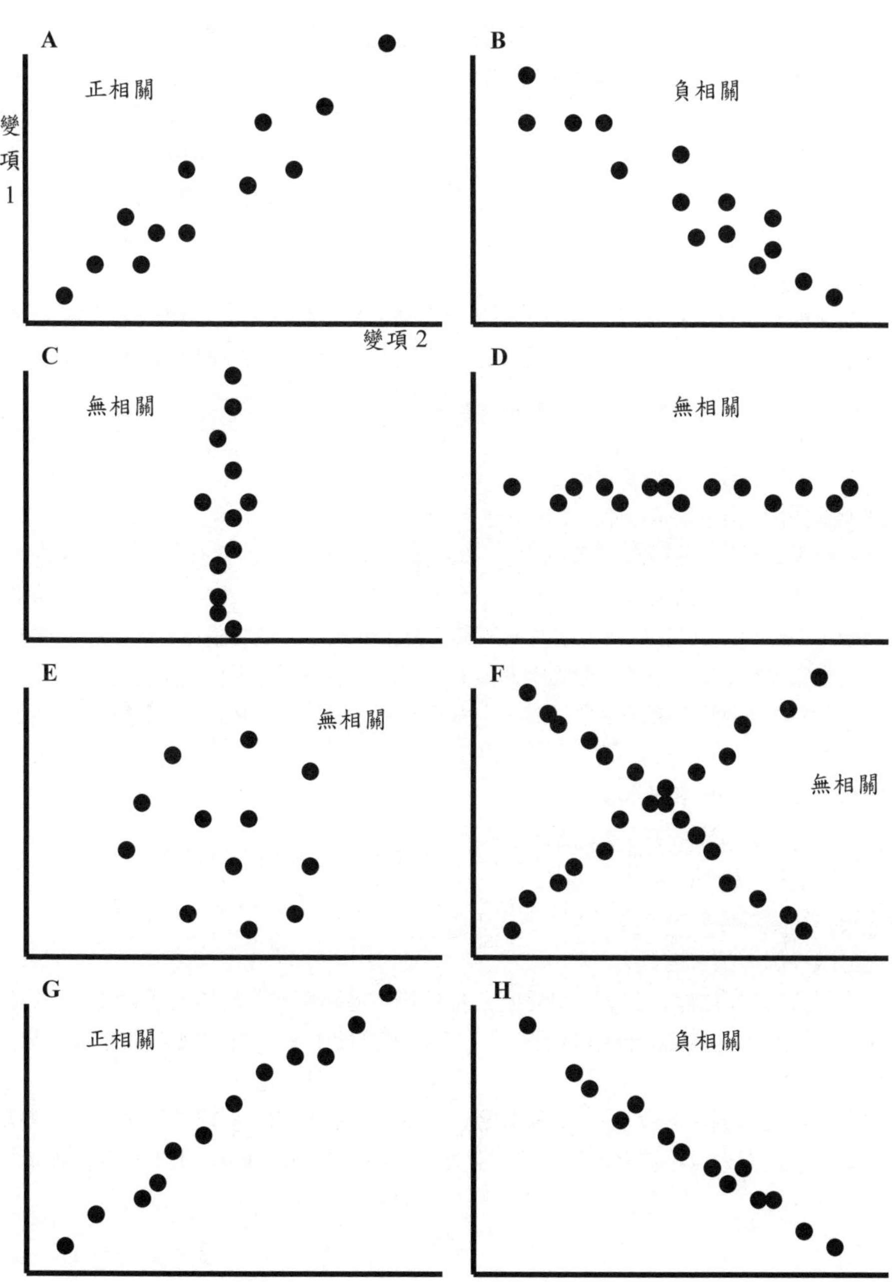
A
正相關
變項1
變項2
B
負相關
C
無相關
D
無相關
E
無相關
F
無相關
G
正相關
H
負相關

單元65　猜相不相關

上個單元中，公式所算出來的相關係數 r 的正負號代表正相關或負相關，r 的絕對值代表相關的程度；通常 $|r|>0.7$ 就被認為有高度相關，$|r| = 1$ 則稱為完全相關。

對於連續型的資料，一個母群體中兩個變項（以 x、y 表示）的相關程度，可以用所有母群體的資料計算出相關係數 r 來描述。但若只從母群體中隨機抽取出一小群的樣本資料，用此樣本資料所算出的相關係數 r，有可能是真實母群體中 x、y 兩個變項真的具有 r 程度的相關，也有可能真實母群體中 x、y 兩個變項根本沒有相關（r ＝ 0），只是樣本隨機抽取下所造成的誤差。

當要從樣本資料來猜母群體中 x、y 兩個變項是否有相關時，可以參考下面的揑造法:

①一母群體中兩個變項都是常態分佈而且不相關（r ＝ 0），從中隨機抽取出 n 個樣本。

②計算出 $\frac{r\sqrt{n-2}}{\sqrt{1-r^2}}$ 這個數值，這個數值標記為 t。

③重複①②無限多次，得到無限多個 t 值。

這無限多個 t 值會形成編號 n-2 的 t 分佈。

可將樣本資料如上面第②步算出 t 值，查詢此 t 值在編號 n-2 號的 t 分佈中的極端率，來猜母群體中這兩個變項是否無相關（r ＝ 0）。

而若不僅想猜母群體中 x、y 兩個變項有沒有相關而已，還想猜母群體中 x、y 兩個變項的相關係數 r 是否等於一個固定的值 R，則可以參考下面所揑造出的記錄簿：

①一母群體中兩個變項都是常態分佈而且相關係數是 R（r ＝ R），從中隨機抽取出 n 個樣本。

②計算出樣本資料的相關係數 r 值。

③計算出 $\left[\frac{1}{2}\ln\left(\frac{1+r}{1-r}\right)-\frac{1}{2}\ln\left(\frac{1+R}{1-R}\right)\right]\bullet\sqrt{n-3}$ 這個數值，這個數值標記為 Z。

④重複①②③無限多次，得到無限多個 Z 值。

這無限多個 Z 值會近似 Z 分佈。

決定好想猜的母群體 x、y 兩個變項之 R 值後，可將樣本資料如上面第②③步算出 Z 值，查詢此 Z 值在 Z 分佈中的極端率，來猜母群體中 x、y 兩個變項的相關係數是否等於 R。

請注意代表相關程度大小的是**相關係數** r，而不是極端率，極端率只是用來參考幫助猜測樣本是否來自相關係數 r 為零（上方第一個揑造法）或 R（上方第二個揑造法法）的母群體。

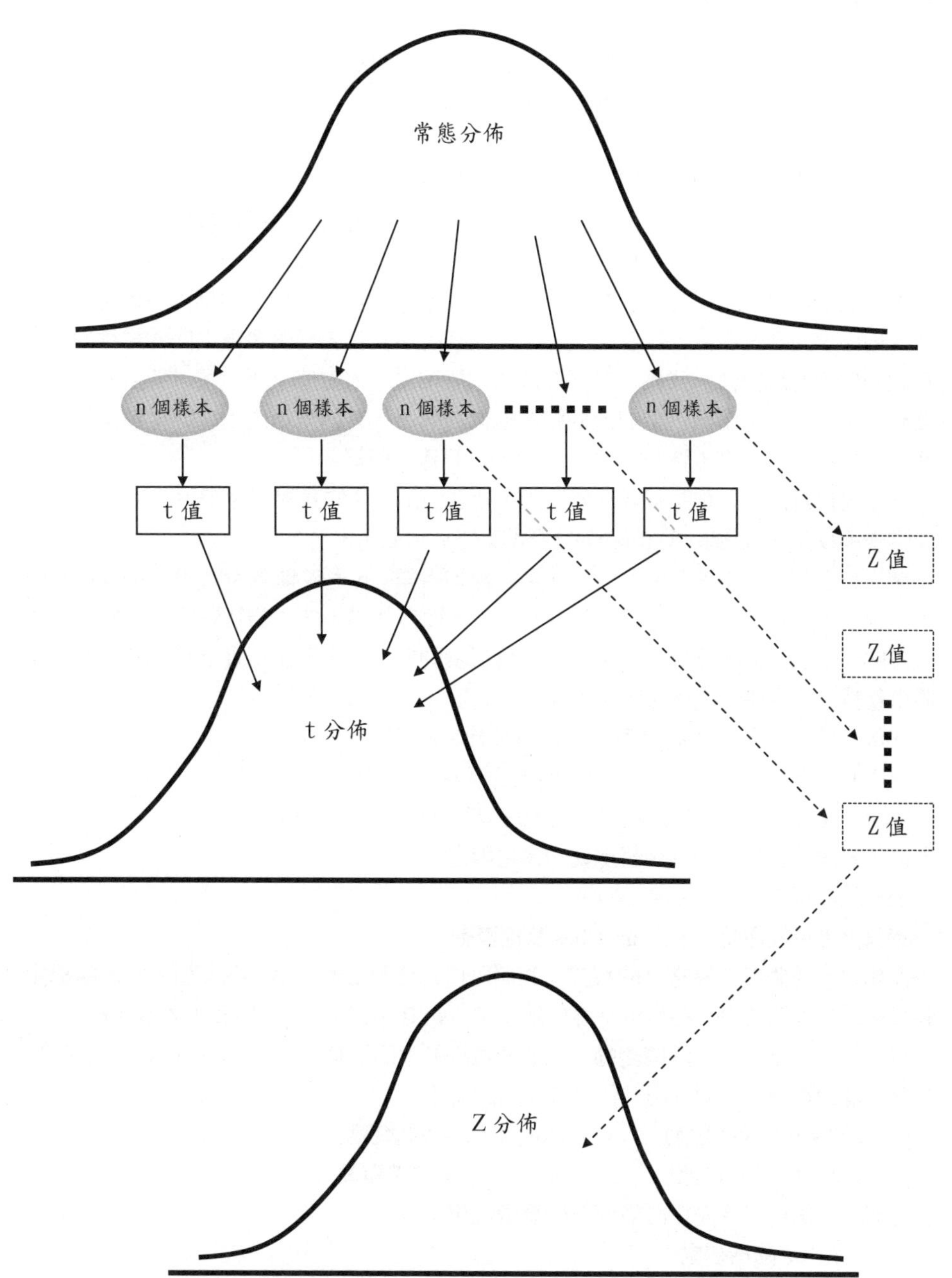
常態分佈
n 個樣本
n 個樣本
n 個樣本
n 個樣本
t 值
t 值
t 值
t 值
t 值
Z 值
Z 值
Z 值
t 分佈
Z 分佈

單元66　回規

若知道兩個變項之間是有相關之後，我們常會想更進一步知道是什麼詳細的關係，以身高跟體重為例，我們大概會想知道：

體重 ＝ 幾倍的身高 ± 多少　　或是

體重 ＝ 幾倍的身高^2 ± 多少　或是其他更特殊的關係。

不管哪一種，這都是身高與體重之間的一種**規律**，把這個規律以數學方程式寫出來並畫在座標圖上時，如果這代表規律的方程式中的次方數最多是一次，那就是個直線圖形，則稱兩變項之間為**直線關係**（註 17）；若是兩次以上或其他指數對數型的方程式，則圖形大多是曲線。不管是直線或是曲線，這條代表兩個變項之間的**規律**的**線**，可說是他們的**規律線**；我們可以想像成兩個變項之間的數值，雖然可以各自變動，但變動之間卻會互相牽引，讓彼此**回歸**到他們之間所具有的**規律**之上。而這種兩變項間**回歸**到**規律線**的現象（註 18、19），可稱為是線性**回規**。

以下先以最簡單，也是很多的研究對象特質中常呈現的直線關係來說明：

兩變項以 x、y 代表，直線關係的公式就是 y ＝ ax + b

圖形如右圖 A，在數學幾何上，a 是該線的斜率，b 是縱軸截距；如果是單純的數學方程式，則每一個（x , y）點都會在線上。而自然界中的生物特質中，即使有某些規律關係存在，但在**規律**之中卻又是有**隨機變動**的；就像即使事實上真的有身高越高體重就越重的規律，也會大概像這樣：

- 身高 150 公分的人大部分體重介於 40 公斤 ~ 80 公斤
- 身高 160 公分的人大部分體重介於 45 公斤 ~ 85 公斤
- 身高 170 公分的人大部分體重介於 50 公斤 ~ 90 公斤

而不是固定身高是多少，體重就一定也固定是多少。

因此比起規律公式　 y ＝ ax + b

實際上更可能像是　 y ＝ ax + b + **隨機變動**

而如果 y 是個自然界常見的特質，我們可以合理假定對於每一個 x 值， y 的**隨機變動**都是以某個**值**為中心點呈現常態分佈（如右圖 B、C），而這個**值**就是 ax + b。

每一個 y 值雖然都有**隨機變動**，但並非雜亂無章的變動，是以 ax + b 這個中心點為依歸的**隨機變動**。下面列出其他幾種不同的規律：

$y = ax^n + b$ + **隨機變動**　　$y = a\log_n x + b$ + **隨機變動**

$y = an^x + b$ + **隨機變動**　　$y = a\log_n a + b$ + **隨機變動**

然而，下個單元將先探討最簡單的**直線**規律：

y ＝ ax + b + **隨機變動**

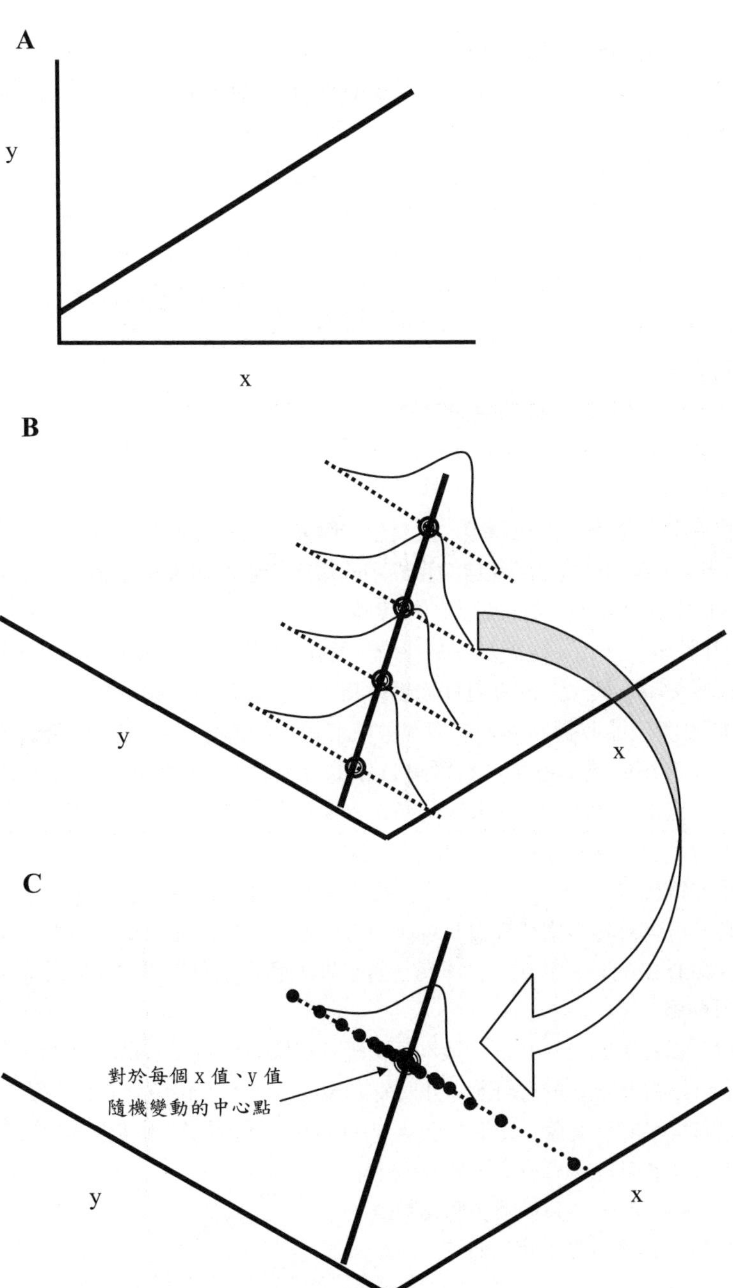
A
y
x
B
y
x
C
對於每個 x 值、y 值
隨機變動的中心點
y
x

單元67　有無規律

關於變項 y 與變項 x，仔細比較下列：

①y ＝ ax + b　可以由 x **計算**出 y，不需預測。

②y ＝ **隨機變動**　完全無法預測 y。

③y ＝ ax + b + **隨機變動**　可以預測 y。

④y ＝ ax + b + **符合常態分佈的隨機變動**　可以預測 y，且可以得知預測的準確度。

對於自然界的生物特質，我們可以**假定**不會有①這種完全依公式的規律存在。在大部分的情況下，我們還能進一步合理地**假定**③這種關係中的**隨機變動**都是**符合常態分佈的隨機變動**；於是我們要分辨的主要就是下面這兩種：

y ＝ **隨機變動**

y ＝ ax + b + **符合常態分佈的隨機變動**

把「**符合常態分佈的隨機變動**」簡寫為 e，則上面式子可簡寫如下：

y ＝ ax + b + e

接著，來區分清楚**規律**與**規律線**，當變項 x 與 y 之間有**直線關係**時：

- y ＝ ax + b + e 是兩變項之間在自然世界中的**規律**（右頁圖 A 中數值點分佈的規律）
- y ＝ ax + b 是這個規律所要回歸到的**規律線**（右頁圖 A 中的那條線）

如果母群體變項 y 與 x 之間具有規律時，那麼大概像是右頁圖 A 中的分佈狀況；而如果母群體變項 y 與 x 之間沒有任何規律時，則約像是右頁圖 B 中的分佈狀況。從圖 A 的母群體隨機抽取數個樣本，樣本數值有較大的機率會像是右頁圖 C 中的分佈狀況，但仍有較小的機率會像是右頁圖 D 中的分佈狀況；相反地，從圖 B 的母群體隨機抽取數個樣本，樣本數值有較大的機率會像是右頁圖 D 中的分佈狀況，但仍有較小的機率會像是右頁圖 C 中的分佈狀況。

當我們不知道母群體的變項 y 與 x 之間是否具有規律，而得到右頁圖 C 中的分佈狀況的樣本時，可以合理地**猜**是來自有規律的母群體（如右頁圖 A 的母群體）；而當我們得到右頁圖 D 中的分佈狀況的樣本時，會合理地**猜**是來自沒有規律的母群體（如右頁圖 B 的母群體）。

若得到右頁圖 E 中的分佈狀況的樣本時，既有點像是來自如右頁圖 A 的母群體，又有點像是來自如右頁圖 B 的母群體；此時就必須要猜測了，請參看下面的捏造法：

①從一個具有規律的母群體（如右頁圖 A 的母群體）隨機抽取相同數量的樣本，

②將樣本數據經過處理運算成某一個數值，

③重複①②無限多次，得到無限多個某數值。

這無限多個某數值形成某個分佈。

接著我們就可將實際得到的樣本數據經過同樣處理運算成某一個數值，查詢此數值在該分佈中的極端率來猜。（將詳述於單元 73）

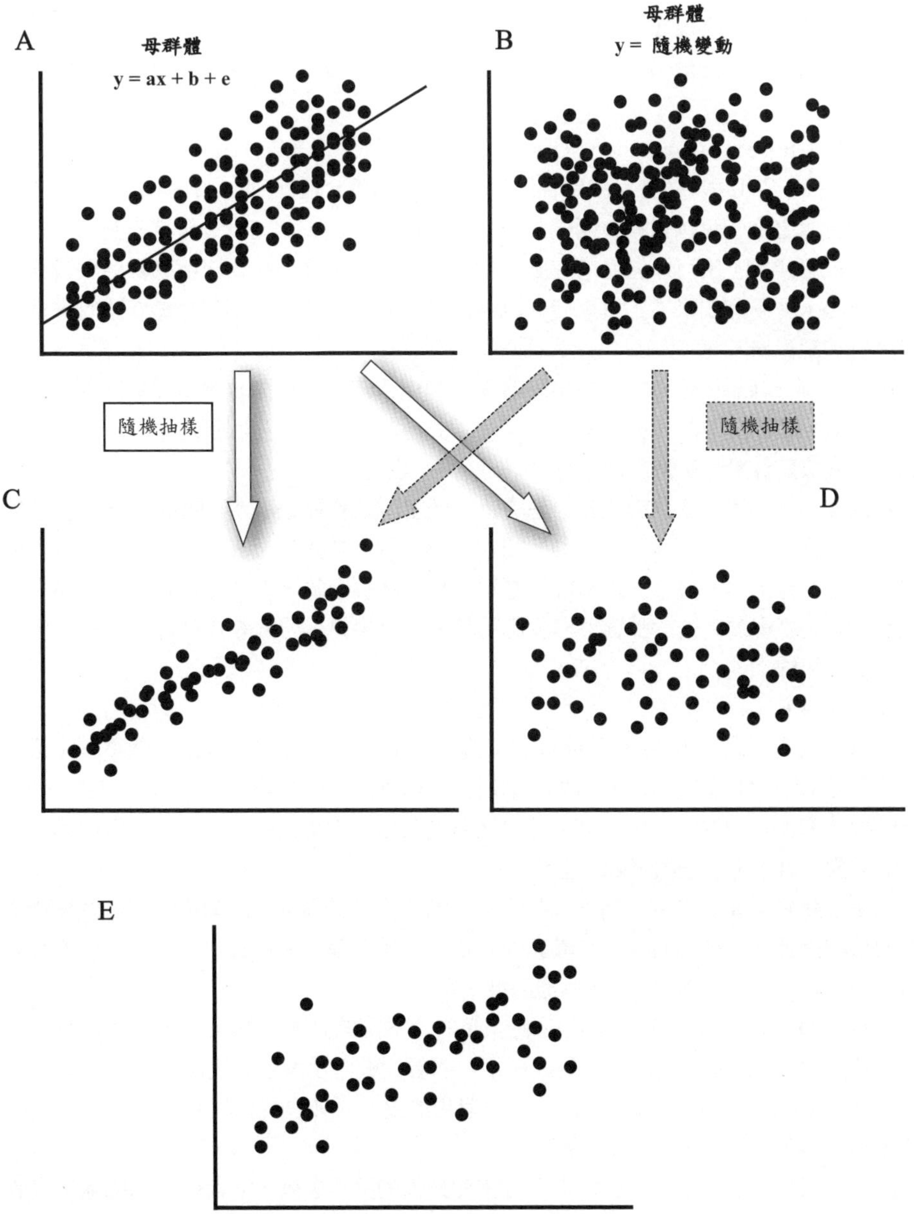

A

母群體

y = ax + b + e

B

母群體

y = 隨機變動

隨機抽樣

隨機抽樣

C

D

E

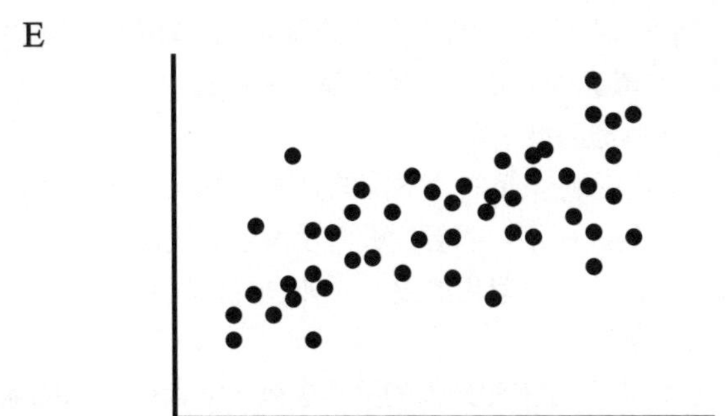

單元68　規律線

在要猜樣本是否來自一個變項 y 與 x 之間具**有規律**的母群體時，必須先確認這**有規律**的母群體是**有什麼規律**。

我們知道規律有無限多種，即使依據學理或相關資料強勢地**假定**它只是**直線關係**的**規律**：

$y = ax + b + e$

隨著 a 與 b 的不同，這種**直線關係**的規律仍然有無限多個可能。當只有兩個數值時，可以確實算出唯一可以通過這兩個數值點的規律線（右頁圖 A），而當三個以上的數值時，很可能找不出可以通過所有數值點的規律線。那麼只能找出**所有數值點最靠近**的規律線，並**猜測**如果樣本所來自的母群體真的具有規律線，那就是這條**所有數值點最靠近**的規律線。

那麼，哪一條規律線是**所有數值點最靠近**的規律線？右頁圖 B 中兩條虛線哪一條是圖中三個點最靠近的規律線？有沒有其他更靠近的規律線？在回答這個問題之前，我們必須先決定什麼叫做**最靠近**。

這跟在前面的單元談到數值間的**差異**時，什麼叫做**差異**的（請回顧單元 29）決定類似，因為**靠近**的程度可以說就是點與線在圖形位置上的**差異**。在數學幾何上，「點與線在圖形位置上的**差異**」一般來說就是點與線的垂直距離，以右頁圖 C 中的黑點與線來說，就是虛線雙箭號的長度；但我們所著重的是規律，若圖 C 中的線是黑點所應該回歸的規律線：

$y = ax + b$

也就是相對於圖 C 中黑點所具有的 x 值，其 y 值原本依規律所在的點應該是圖 C 中的白點處，我們重視的是「點與該點依規律所應該在的位置上的**差異**」，也就是右頁圖 C 中黑點與白點的距離，即實線雙箭號的長度；而這段距離、這黑點與白點位置上的**差異**，就是來自**隨機變動**的差異。

確定了**差異**的算法之後，接下來要決定怎麼樣算是**最靠近**。最簡單的想法就是所有點與線的**差異**總合最小的就稱為**最靠近**；或是如**標準差**、**變異數**中的想法，把所有點與線的**差異**^{2}的總合最小的就稱為**最靠近**。

右頁圖 D 與圖 E 中的三個數值點是一樣的，不同的是規律線；而各數值點離規律線的**差異**如圖上縱軸方向的小虛線段所示。若要比較三個數值點是**比較靠近**圖 D 與圖 E 中這兩條規律線的哪一條，可以比較各**差異**的總合（如右頁框框 G 所示）或是比較各**差異**^{2}的總合（如右頁框框 F 所示）。

因為這個**差異**主要是來自規律中**符合常態分佈的隨機變動**，而**常態分佈的隨機變動**中，離中心點越遠的發生機會越小，因此一般常以**差異**^{2}的總合最小的來當做各點**最靠近**、**最有可能**的規律線，如此加倍增強了與各數值點之間有**大差異**規律線是各數值點**最靠近**的不可能性。

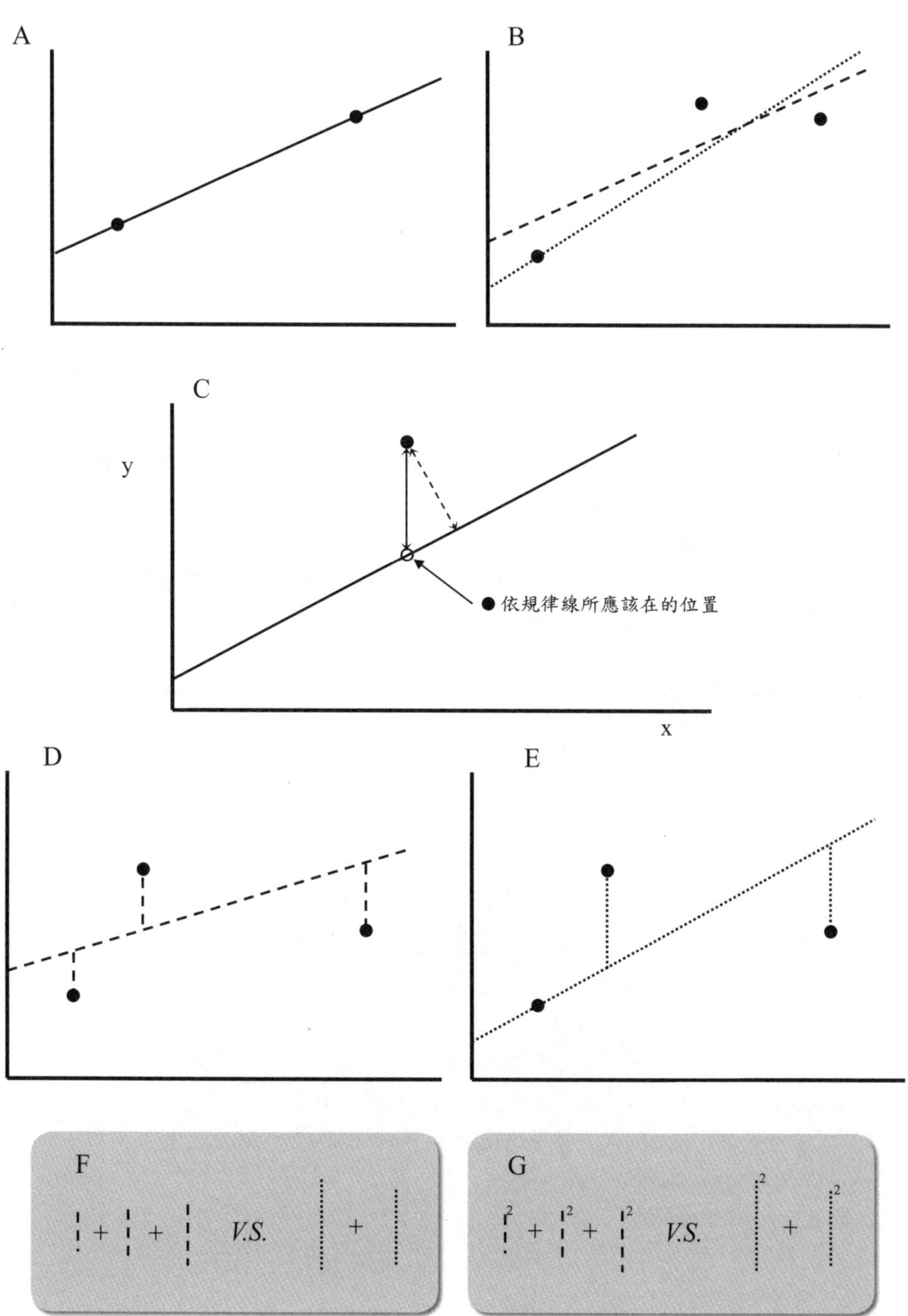
A
B
C
y
x
依規律線所應該在的位置
D
E
F
+
+
V.S.
+
G
2
+
2
+
2
V.S.
2
+
2

單元69　算出規律線

此單元將數學上計算出規律線的過程描述於下，對於數學運算沒有興趣的可以略過（實際上也都是交由電腦運算），重要的是要了解此計算的原理是基於前面單元所述的想法。

當我們實際上具有 n 個樣本變項 x 與變項 y 的資料：

(x_1, y_1)、(x_2, y_2)、……、(x_n, y_n)

想用這些樣本數值來猜母群體在變項 x 與變項 y 之間的**規律**之前，有兩件事必須先決定好……或說是**假定**好①母群體的**規律**是哪一種，②是這一種的**規律**裡面的哪一條**規律線**：

①**假定**如果這些樣本來源的母群體在變項 x 與 y 之間真的具有**規律**存在的話，那這個**規律**就是：$y = ax + b + e$

②**假定**與 n 個樣本數值之「**差異** ^{2} 的總合最小」的**規律線**就是母群體變項 x 與 y 之間最有可能的**規律線**。

那麼 $y = ax + b$ 中的 a：

先計算出 (x_1, y_1)、(x_2, y_2)、……、(x_n, y_n) 中 x 的平均值與 y 的平均值

$$\mathbf{a} = \frac{\sum(x - x\text{的平均值})\bullet(y - y\text{的平均值})}{\sum(x - x\text{的平均值})^2} = \frac{\sum(x - \bar{x})\bullet(y - \bar{y})}{\sum(x - \bar{x})^2}$$

而 $y = ax + b$ 中的 b：

$b = y$ 的平均值 $- a*x$ 的平均值 $= \bar{y} - a*\bar{x}$

因為如此計算出來的是與所有樣本數值之「**差異** ^{2} 的總合最小」的規律線，數學上這種方法稱為最小平方法。而要注意的是，這種與所有樣本數值之「**差異** ^{2} 的總合最小」的**規律線**並非就一定是母群體變項 x 與變項 y 真正的**規律線**；但是當你**假定**它就是母群體變項 x 與 y 真正的**規律**時，便可用這種方法來計算出該**規律線**。

當母群體真的具有「$y = ax + b + e$」這個規律時，其重要意義為：

- **平均來說**，母群體的 x 每多 1，y 就多了 a。
- 當母群體中的 x ＝ ☆ 時，y **平均** ＝ a ☆ + b 。

實例上，如一大群人具有「**體公斤重** ＝ 0.4 **身公分高** + 2 + e」這個規律時：

- **平均來說**，這群人中，身高每多 1 公分，體重就多了 0.4 公斤。
- 這群人中身高 170 公分的人，其**平均**體重 ＝ 0.4 * 170 + 2 ＝ 70 公斤重。

各種規律線在數學幾何平面上的圖形

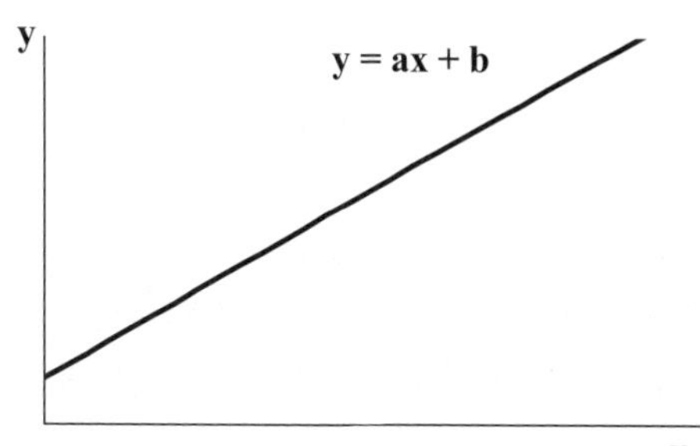

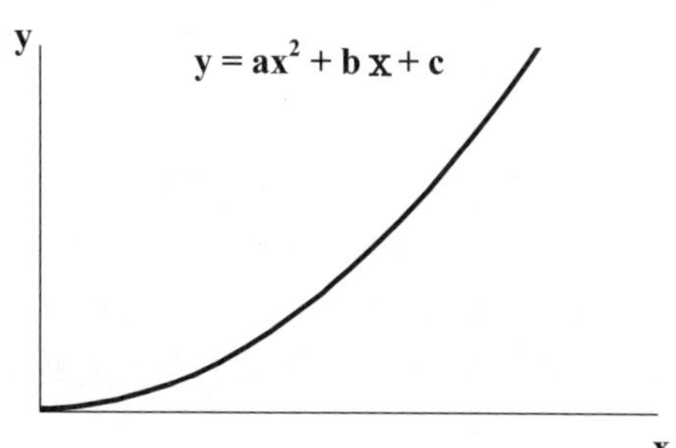

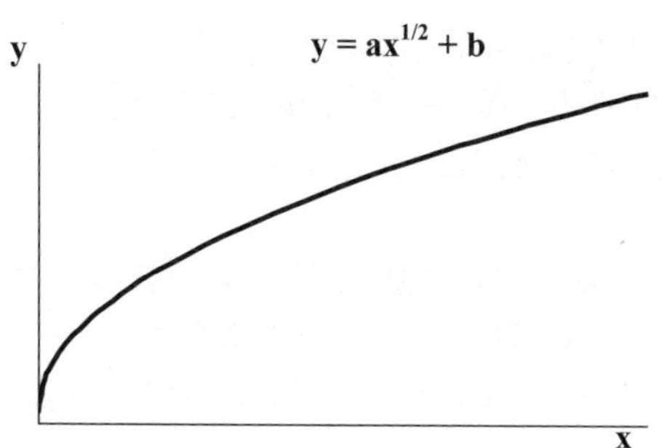

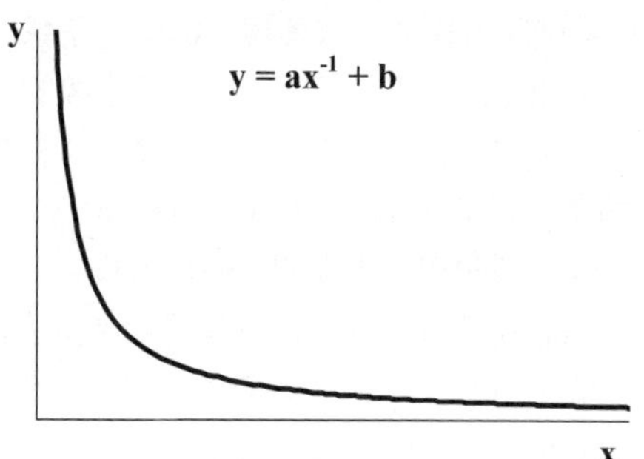

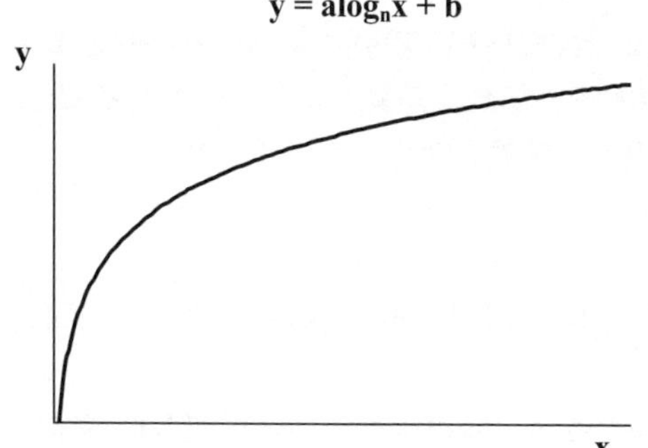

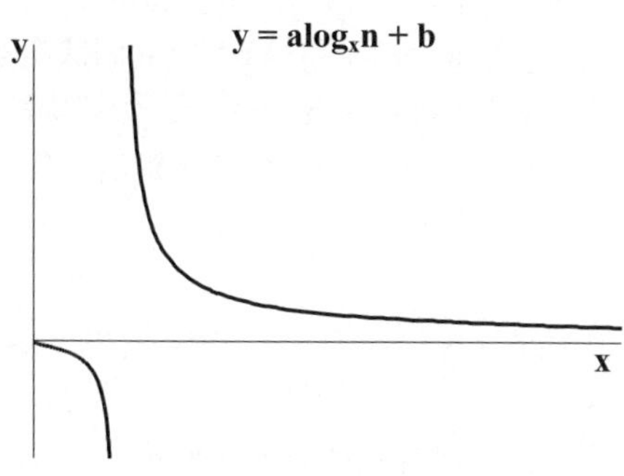

單元70　選擇規律線

對於一組樣本數值，我們常常不知道其來源母群體的規律是什麼；如右頁圖所示，有不同種類的規律線，每個種類中又有不同條規律線，哪一種類中的哪一條規律線才是母群體所要回歸的呢？通常我們：

①先選擇是哪一種**規律**

②決定**差異**的計算方式

③經由數學運算求出該種規律裡面，與各樣本數值差異最小的**規律線**

其中②常用前面單元說的**差異** ^{2}，其理由亦如前所述。

而③只要依照數學上的公式計算即可；上個單元中，本書列出 $y = ax + b + e$ 這種規律裡面「**差異** ^{2} 的總合最小」的規律線的求法，其他種規律線裡面「**差異** ^{2} 的總合最小」的規律線的求法牽涉更艱深的數學運算層面，本書不深入描述，實用上也多由電腦運算求出。

因此①才是研究者最要慎重考量的。關於①的選擇，若在研究之前已經由前人的記錄簿或是專業學理上的知識等等，**已知**母群體的變項 x 與變項 y 之間的規律是哪一種，可經由數學運算求出該種規律裡面「**差異** ^{2} 的總合最小」的規律線。

若**不知**母群體的變項 x 與變項 y 之間的**規律**是哪一種，有兩種簡單的作法：

❶ 直接**假定**母群體的變項 x 與變項 y 之間的是**某一種規律**。而這**某一種規律**最常假定的就是直線關係的規律 $y = ax + b + e$。

❷ 計算各種**規律**中「**差異** ^{2} 的總合最小」的**規律線**，每一種**規律**中都有一個各樣本數值與該規律線「最小的**差異** ^{2} 總合」，比較各種**規律**中「最小的**差異** ^{2} 總合」，然後**假定**具有〔「最小的**差異** ^{2} 總合」裡面最小的〕的那個**規律**就是母群體的變項 x 與變項 y 之間的**規律**。說明如下：

有 n 個樣本變項 x 與變項 y 的資料：(x_1, y_1)、(x_2, y_2)、……、(x_n, y_n)

- 規律 $y = ax + b + e$ 中，n 個樣本數值與各規律線「**差異** ^{2} 總合」最小的是 A。
- 規律 $y = ax^2 + bx + c + e$ 中，n 個樣本數值與各規律線「**差異** ^{2} 總合」最小的是 B。
- 規律 $y = a\log_n x + b + e$ 中，n 個樣本數值與各規律線「**差異** ^{2} 總合」最小的是 C。
- 規律 y = ... 中，n 個樣本數值與各規律線「**差異** ^{2} 總合」最小的是 D。

⋮

比較 A、B、C、D、...... 中最小的，**假定**該規律就是母群體變項 x 與變項 y 之間的規律。

當選擇出母群體變項 x 與變項 y 之間**規律**的種類，並經由數學運算出與各個樣本數值點「**差異** ^{2} 的總合最小」的**規律線**後，這個「**差異** ^{2} 的總合最小」的**差異量**也就是各個樣本數值點**離開規律線的程度**。

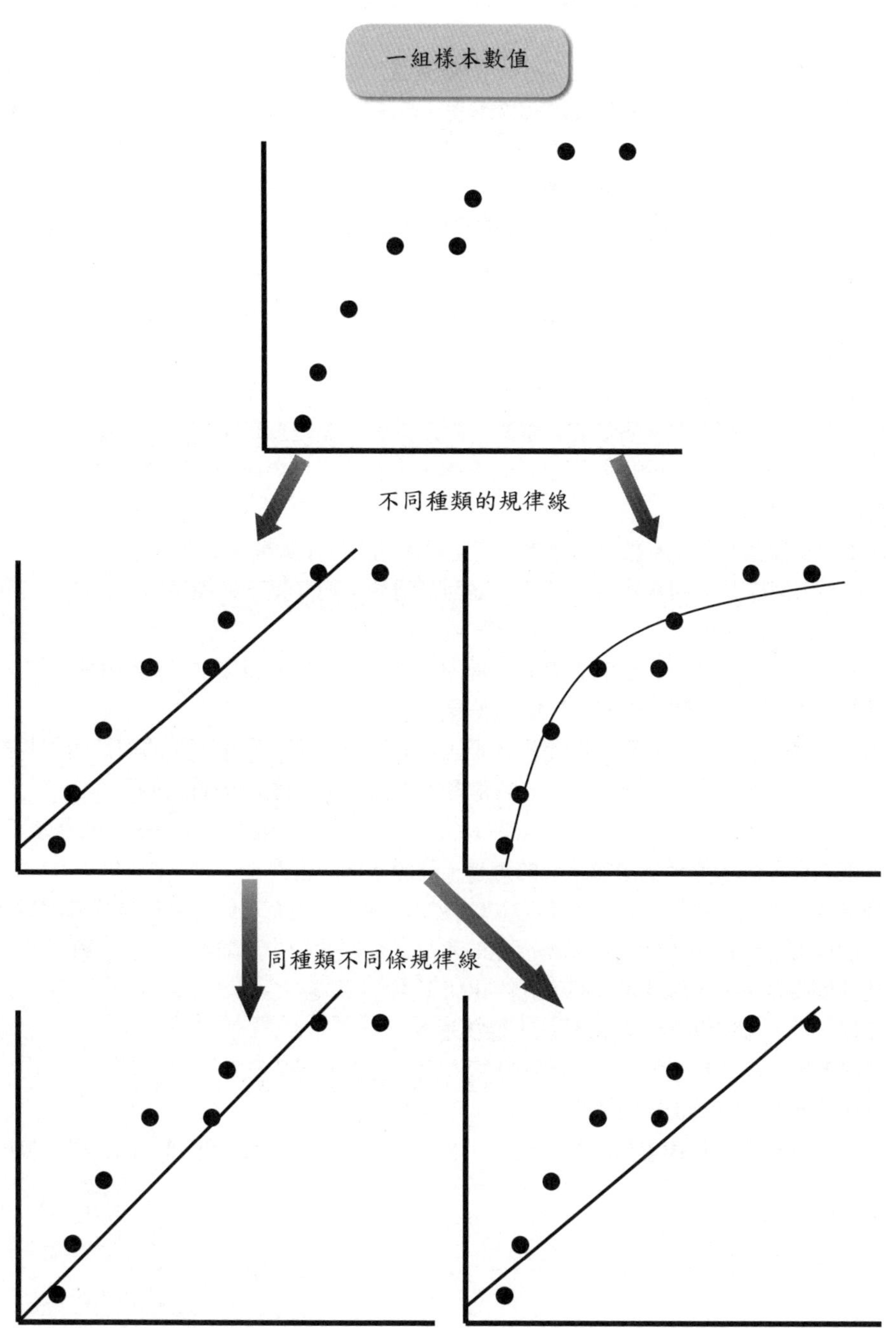
一組樣本數值
不同種類的規律線
同種類不同條規律線

單元71　有規律的差異與隨機的差異

上個單元提到「**差異** ^{2} 的總合最小」的**差異量**，也就是各個樣本數值點**離開規律線的程度**，而之前單元提到的**變異數**與**標準差**，則是各個樣本數值點**離開平均值的程度**；請仔細思考比較一下，應該可以發覺兩者所表達的意義是一樣的。

對於樣本數值點之間或與規律線之間的差異，可以分成幾個部分來看。請見右頁圖示，圖 A 、B、C 中是數個樣本變項 x 與變項 y 兩數值之間的關係圖，為了簡化說明，取其中兩點之間的差異簡略成圖 D、E、F、G，並說明如下：

- 圖 A：每個樣本變項 y 的數值都一樣，與變項 x 的數值無關，所有樣本變項 y 的數值**差異**為零。
- 圖 D：兩個樣本變項 y 的數值一樣，**差異**為零。
- 圖 E：兩個樣本變項 y 的數值有**差異**，此**差異**有可能完全是隨機差異，也有可能是因為變項 y 與變項 x 的規律而引起的**差異**，也有可能是規律加上隨機變動所形成的**差異**。
- 圖 B：每個樣本變項 y 數值的**差異**，完全是因為變項 y 與變項 x 的規律所引起的。
- 圖 F：兩個樣本變項 y 數值的**差異**，是因為變項 y 與變項 x 的規律所引起的；因為兩個樣本的 x 數值不同，所以 y 數值跟著不同。
- 圖 C：每個樣本變項 y 數值的**差異**，是由部分因為變項 y 與變項 x 的規律所引起的**差異**，加上部分由隨機變動所形成的**差異**。
- 圖 G：每個樣本變項 y 數值的**差異**，是由部分因為變項 y 與變項 x 的規律所引起的**差異**，加上部分由隨機變動所形成的**差異**（也就是圖中**離開規律的差異**）。

由簡化的兩個樣本數值點之間的差異（右頁圖 G）中，將兩點之間的差異區分如下：

兩點之間的**總差異＝依規律造成的差異＋離開規律的差異**

離開規律的差異也許是依循我們未知的規律而產生，也有可能是毫無規律的隨機變動；而即使是依循某未知的規律所產生的差異，但對我們來講並無法掌控，在實用上跟隨機變動差不多，因此可以將上式簡化如下：

兩點之間的 **總差異 ＝ 規律差異 ＋ 隨機差異**

- **規律差異**：數值間差異的部分可解釋為依規律而來，可以推算。
- **隨機差異**：不知道或無法解釋此差異從何而來。

而所有差異裡面**規律差異**所佔的比例，也就是我們可以了解、解釋、推算或掌控的部分

$$= \frac{\text{規律差異}}{\text{總差異}}$$

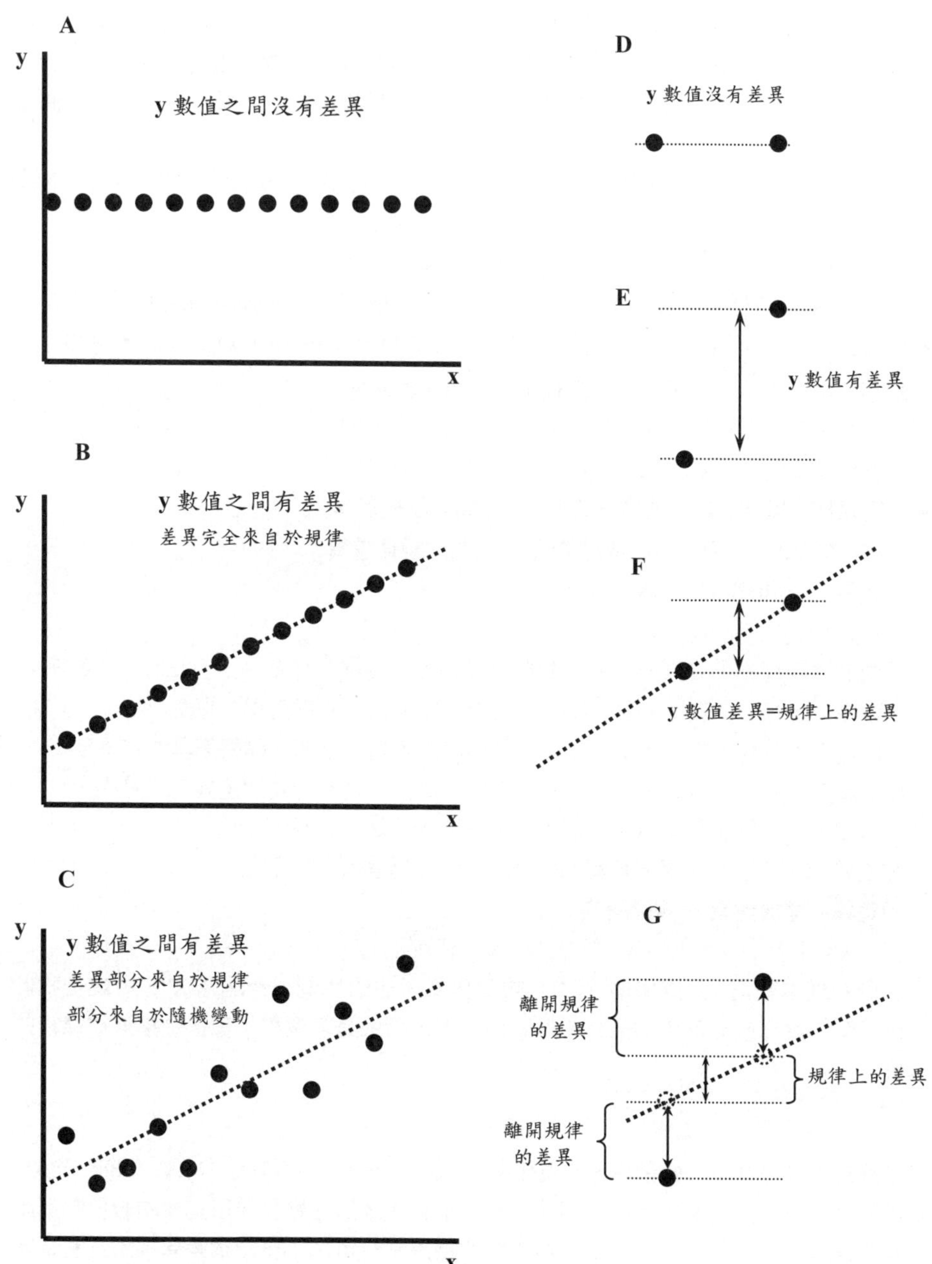
A
y
y 數值之間沒有差異
x
B
y
y 數值之間有差異
差異完全來自於規律
x
C
y
y 數值之間有差異
差異部分來自於規律
部分來自於隨機變動
x
D
y 數值沒有差異
E
y 數值有差異
F
y 數值差異=規律上的差異
G
離開規律
的差異
規律上的差異
離開規律
的差異

單元72 規律差異與隨機差異的計算

上個單元簡化了樣本中的兩個數值來說明**差異**，而多個樣本數值之間的**差異**，我們計算各數值與**平均值**之間的**差異**，就如同之前計算**變異數**或**標準差**時一樣。並且一般常計算各個數值**差異** ^{2} 的總合，而非計算各個數值**差異**的總合，其理由亦如前幾個單元中所述。

請參考右頁上圖，在決定規律線為 $y = ax + b$ 的情況中，一個實際樣本（圖中黑點）在 x 變項與 y 變項的數值為（x , y），關於 y 變項的數值，列述於下：

- 實心黑點：實際樣本點，其 y 值簡稱**實際 y 值**，標記為 y。
- 虛線白點：根據樣本的實際x值，依規律該座落的點，其y值簡稱**規律 y 值**，標記為y。
- 雙線白圈：所有樣本平均值所形成的點（若依照單元 69 中的算法算出規律線，此點應該在規律線上），其 y 值簡稱**平均 y 值**，**標記為** $\bar{y}$。

依據這三點我們可區分下列三中**差異**（參考右頁上圖）：

- 〔實際樣本點 y〕與〔平均數值點 $\bar{y}$〕之間的**總差異**
- 〔實際樣本點 y〕與〔規律座落點 $\hat{y}$〕之間的**隨機差異**
- 〔規律座落點 $\hat{y}$〕與〔平均數值點 $\bar{y}$〕之間的**規律差異**

總差異 ＝ 隨機差異 ＋ 規律差異

$y - \bar{y} = (y - \hat{y}) + (\hat{y} - \bar{y})$

而所有實際樣本點之間的差異，我們計算各種「**差異** ^{2} 的總合」，並稱之為**變異**：

- **總變異**：所有〔實際樣本點〕與〔平均數值點〕之間的**總差異** ^{2} 的總合。
- **隨機變異**：所有〔實際樣本點〕與〔其規律座落點〕之間的**隨機差異** ^{2} 的總合。
- **規律變異**：所有〔規律座落點〕與〔平均數值點〕之間的**規律差異** ^{2} 的總合。

在數學上可以經由運算得出下面等式（不同表示法，但意義一樣）：

總差異 ^{2} 的總合 ＝ **隨機差異** ^{2} 的總合 ＋ **規律差異** ^{2} 的總合

總變異＝隨機變異＋ 規律變異

$\Sigma (y - \bar{y})^2 = \Sigma (y - \hat{y})^2 + \Sigma (\hat{y} - \bar{y})^2$

在所有樣本數值之間的**總變異**中，**規律變異**所佔的比例，標記為 R^2，可說是我們可以了解、解釋或能運用的部分；以圖形上來說明就是各個樣本數值點**接近規律線的程度**：

$$R^2 = \frac{規律變異}{總變異} = \frac{\sum(\hat{y} - \bar{y})^2}{\sum(y - \bar{y})^2}$$

當**隨機變異**是 0 時，**總變異**等於**規律變異**，R^2 等於 1；即所有樣本 y 數值間的差異，我們知道完全是因為 x 的不同依規律變化而來；在圖形上會呈現所有樣本數值點都座落在**規律線**上。此外請注意，單一樣本點的**總差異**有可能小於**規律差異**，請見右頁圖中說明。

實際樣本值 y
隨機差異
總差異
在相同的 x 值下，依規律應該是數值 ŷ
規律差異
平均值 ȳ

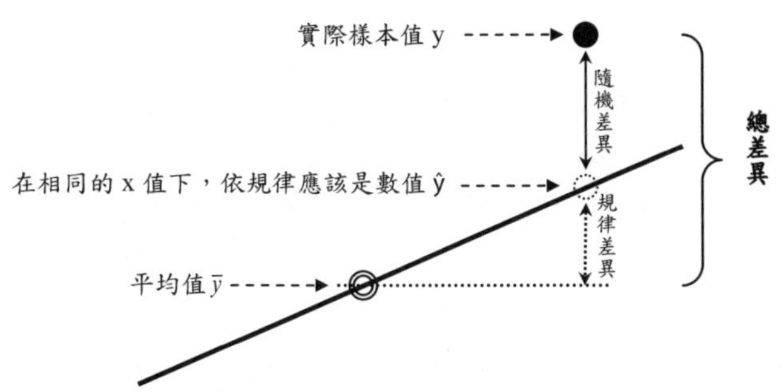

以下為各種不同情況示意圖
左頁關於差異、變異的運算式可以適用到各種情況

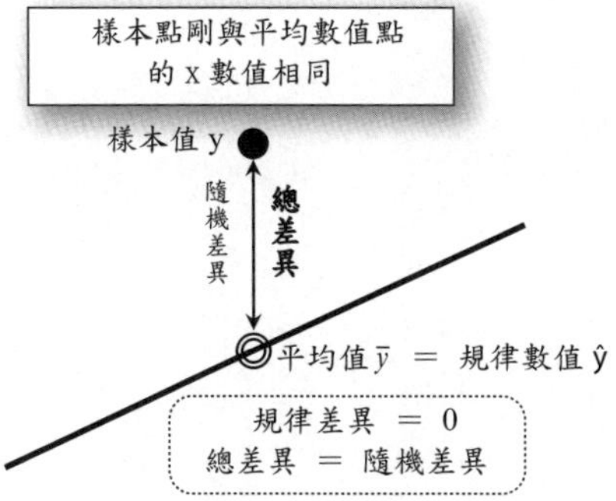

樣本點剛與平均數值點的 x 數值相同
樣本值 y
隨機差異
總差異
平均值 ȳ ＝ 規律數值 ŷ
規律差異 ＝ 0
總差異 ＝ 隨機差異

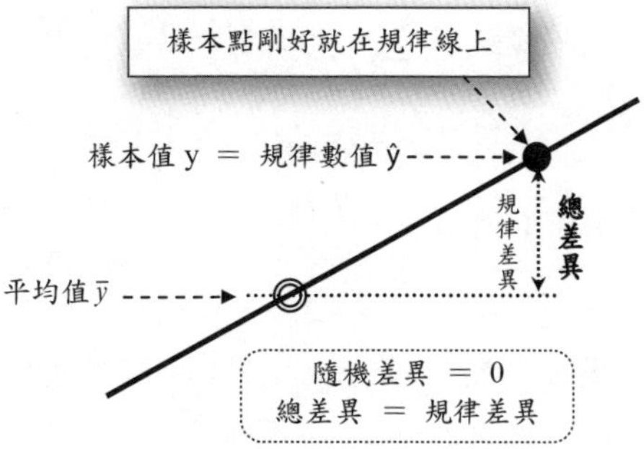

樣本點剛好就在規律線上
樣本值 y ＝ 規律數值 ŷ
規律差異
總差異
平均值 ȳ
隨機差異 ＝ 0
總差異 ＝ 規律差異

樣本點的 y 值介於
規律數值 ŷ 與平均值 ȳ 之間
規律數值 ŷ
隨機差異
規律差異
實際樣本值 y
總差異
平均值 ȳ
總差異 ＜ 規律差異
依規律應該離平均值點更遠，但因為隨機變動
拉近了實際樣本點與平均值點的距離
註：數學運算式仍然是總差異=隨機差異+規律差異
此時隨機差異是負值。

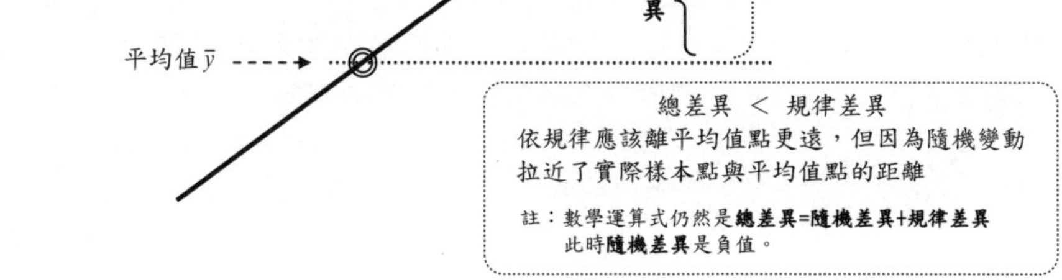

單元73　猜有無規律

當我們經由樣本數據，決定、選擇並計算出規律線後，接著就是要來**猜**樣本來源母群體的數值是否具有這個規律。猜測的邏輯跟前面單元所述的各種猜測邏輯一樣，以猜測是否具有**直線關係**規律的母群體為例，簡化如右頁圖示並說明如下：

①從一個〔x 變項與 y 變項之間**沒有規律**〕而〔y 變項**符合常態分佈**〕的母群體中（此在數學式子上的表示法就是 y ＝ 0x + b + e 或 y ＝ b + e），隨機抽取 n 個樣本，得到 n 個樣本變項 x 與變項 y 的資料：（x_1, y_1）、（x_2, y_2）、……、（x_n, y_n）

②計算**總變異**、**規律變異**、**隨機變異**如下：

總變異 $= \sum(y-\bar{y})^2$

規律變異 $= \dfrac{(\sum(x-\bar{x})\bullet(y-\bar{y}))^2}{\sum(x-\bar{x})^2}$（此式與上個單元中說的 $\Sigma(\hat{y}-\bar{y})^2$ 計算結果相同）

隨機變異 $= \sum(y-\bar{y})^2 - \dfrac{(\sum(x-\bar{x})\bullet(y-\bar{y}))^2}{\sum(x-\bar{x})^2}$

③計算 F 值 $= \dfrac{\dfrac{\text{規律變異}}{1}}{\dfrac{\text{隨機變異}}{n-2}} = \dfrac{(n-2)\bullet\text{規律變異}}{\text{隨機變異}}$

④重複①②③無限多次，得到無限多個 F 值

這無限多個 F 值形成編號（1, n-2）的 F 分佈。

接著我們就可將實際得到的樣本數據，經過同樣處理運算得到 F 值，然後查詢此數值在編號（1, n-2）的 F 分佈中的極端率，來猜此樣本是否來自〔x 變項與 y 變項之間**沒有規律**〕的母群體。

在這整個運算與猜測的流程中，最後的猜測依據是依 F 數值來猜，而此 F 數值主要是**規律變異**與**隨機變異**之間的比較（相除）。如果母群體之間是沒有規律的，那麼 y 值之間的差異應該都是**隨機變異**，沒有**規律變異**（F 值很小）；因此很難隨機抽到**隨機變異**很小而**規律變異**很大（F 值很大）的樣本，也就是 F 值越大的樣本是越極端的。

如果猜測的結果是此樣本**不是**來自〔x 變項與 y 變項之間**沒有規律**〕的母群體，也就是母群體的〔x 變項與 y 變項之間**有規律**〕，那麼我們猜這個**規律**就是 y ＝ ax + b + e（**規律線**是 y ＝ ax + b），其中 a 與 b 算法如單元 69 所示：

$a = \dfrac{\sum(x-\bar{x})\bullet(y-\bar{y})}{\sum(x-\bar{x})^2}$　$b = \bar{y} - a^* \bar{x}$

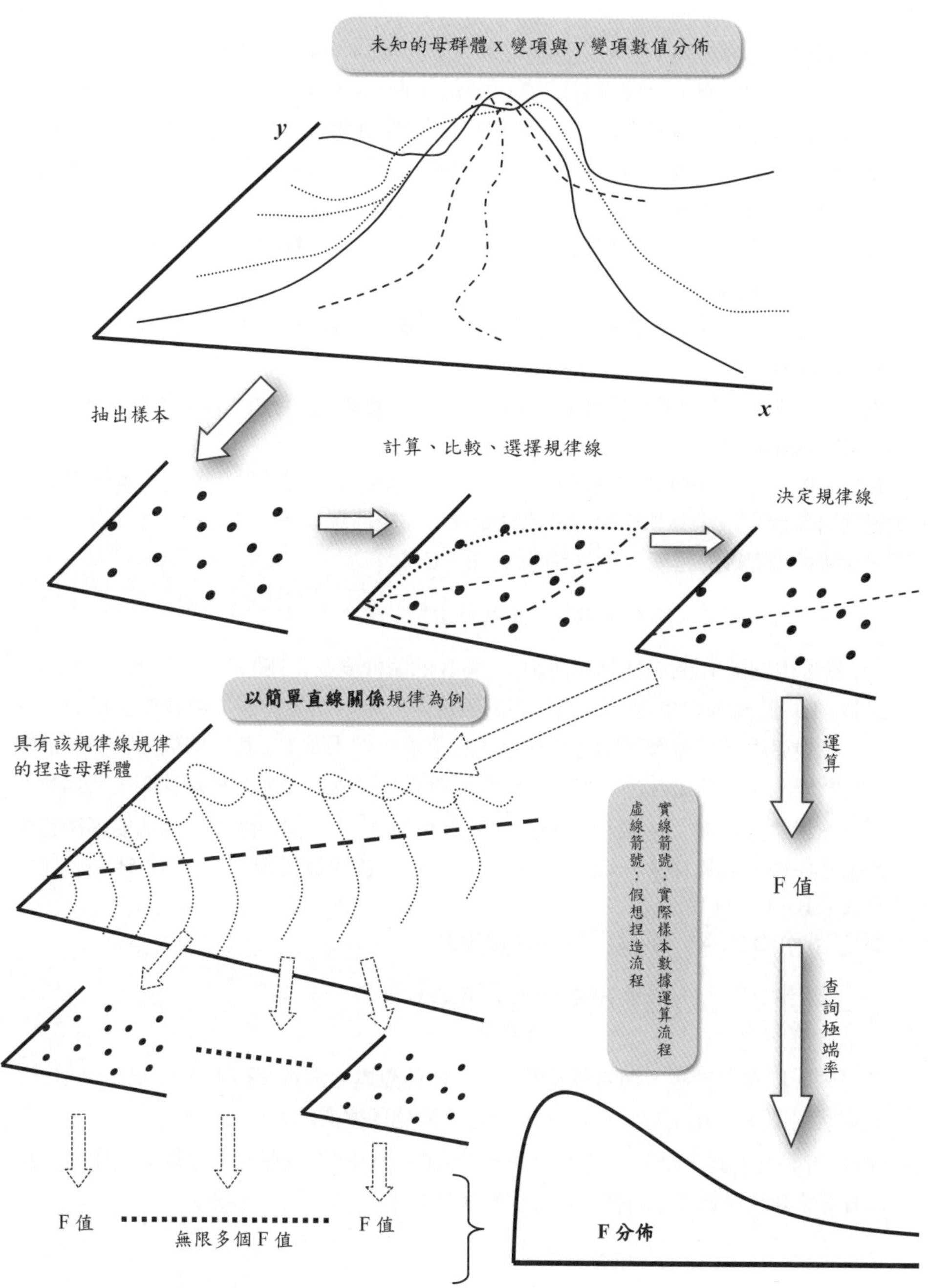

未知的母群體 x 變項與 y 變項數值分佈
y
x
抽出樣本
計算、比較、選擇規律線
決定規律線
以簡單直線關係規律為例
具有該規律線規律
的捏造母群體
運算
實線箭號：實際樣本數據運算流程
虛線箭號：假想捏造流程
F 值
查詢極端率
F 值
無限多個 F 值
F 值
F 分佈

單元74　一條規律線，不同的隨機差異

一個群體的 x 變項與 y 變項之間可能具有 $y = ax + b + e$ 的**規律**，而可能有另一個群體的 x 變項與 y 變項之間具有同樣 $y = ax + b + e$ 的**規律**；這兩個群體**規律**中的 e 是「**符合常態分佈的隨機變動**」，而我們知道**常態分佈**有無限多種，因此兩個具有相同**規律線**的群體，其**規律**中的 e 卻不一定相同，這代表著兩個群體 x 變項與 y 變項真實的數值分佈情形是有很大差別的，請參見右頁圖並比較如下：

- 圖 A：每一個數值點都在**規律線**上，具有 $y = ax + b$ 的**規律**，或說是具有 $e = 0$ 的 $y = ax + b + e$ **規律**。
- 圖 B：與圖 A 一樣是具有 $y = ax + b + e$ 的**規律**，但有小小的隨機變動 e，各數值點多在**規律線**附近。
- 圖 C：與圖 A、B 一樣是具有 $y = ax + b + e$ 的**規律**，但有較大的隨機變動 e，多數數值點離**規律線**較遠。

圖 A、B、C 中數值點距離**規律線**的遠近，用數學計算將其量化的話，就是前面單元提到過的說 R^2，所有數值點之間的**總變異**中，**規律變異**所佔的比例，也是圖形上各數值點**接近規律線的程度**。在右頁圖 A、B、C 中：

$$\text{圖 C 的 } R^2 < \text{圖 B 的 } R^2 < \text{圖 A 的 } R^2 = 1$$

當然也就是：圖 C 的隨機變動 ＞ 圖 B 的隨機變動 ＞ 圖 A 的隨機變動 ＝ 1

- 圖 D、E：此兩圖中是同一群體同樣的數值點，不同的規律線；而我們可以看出圖 E 中的規律線是這些數值點**比較接近**的規律線。如果圖 D、E 中的數值點是一群樣本的數據，且不知道其母群體是具有何種規律，在選擇是哪一種**規律**時，要比較的就是計算並比較 R^2；右頁圖中應該會是圖 E 的 R^2 ＜ 圖 D 的 R^2，因此要選擇的會是圖 E 所表示的規律 $y = a\log_n x + b + e$。並且 R^2 也就是單元 70 中第 ❷ 點所比較的 A、B、C、D：

  單元 70 中 ❷ 的 A、B、C、D ＝ **規律變異**

  $$R^2 = \frac{\text{規律變異}}{\text{總變異}} = \frac{\text{單元 70 ❷ 的 A 或 B 或 C 或 D}}{\text{總變異}}$$

  若是同一群樣本數據，**總變異**是固定的，**規律變異**會因規律線不同而有所不同，因此這狀況下比較 R^2 的大小相當於只是在比較**規律變異**的大小

- 圖 C、F：此兩圖中是同一群體同樣的數值點，不同的規律線；可以如上所述，比較看看哪條規律線才是各個數值點比較接近的。

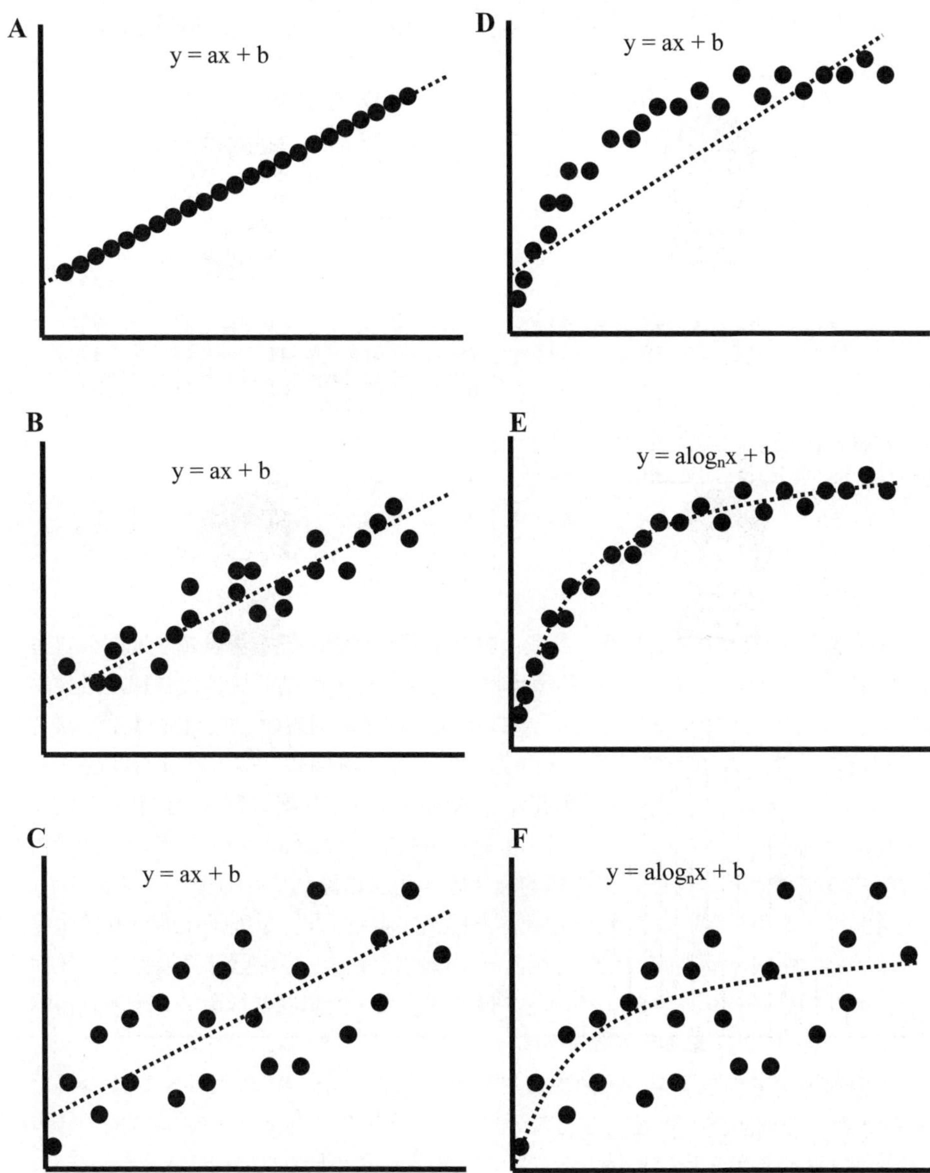
A
y = ax + b
B
y = ax + b
C
y = ax + b
D
y = ax + b
E
y = alog$_n$x + b
F
y = alog$_n$x + b

單元75　當場練習回歸規律

〔**例題**〕　下列為從三種動物群體中隨機各抽出 20 個樣本，每個樣本的體重與每餐的食量。每一個樣本動物有兩個數值，上方是體重數值，下方是食量數值：

第一種動物樣本：

5	7	9	10	12	15	17	19	22	24
29	32	39	41	45	47	49	51	53	55
8	12	13	14	12	19	26	24	29	30
46	47	54	50	63	64	72	96	101	102

第二種動物樣本：

17	19	21	24	26	27	29	31	32	34
36	39	41	43	45	47	49	51	53	55
20	17	31	36	34	29	41	41	47	39
47	48	47	58	51	64	62	61	71	69

第三種動物樣本：

19	11	38	40	16	4	46	23	34	17
38	15	16	9	40	48	14	12	36	33
33	17	24	29	9	36	27	22	33	39
29	40	9	28	47	15	15	38	3	37

以第一種動物樣本的數值為例，若我們對其來源母群體的體重與食量之間關係沒有相關知識，完全要以 R^2 的大小來選擇是哪一種**規律**時，可以計算各種**規律**之**規律線**與各種**規律**之 R^2，請參考右頁圖示。A~D 中列出四種常用規律之規律線與 R^2（研究者可視需求計算比較更多種規律），我們可看到這四種規律之中，圖 B 規律線 $y = ax^2 + bx + c$ 之 R^2 最大，因此可以**假定**第一種動物來源母群體的體重與食量之間的規律就是 $y = ax^2 + bx + c + e$，並依樣本數據經由數學計算出 a、b、c 的數值，然後再求得極端率來猜測其是否就是母群體的規律線。此規律線為二次方程式，其 a、b、c 數值及測試用 F 值的算法與前面單元直線方程式的算法不同，但原理相同，F 值也是依規律差異與隨機差異之間的比值計算而來；以此例而言，經電腦計算後圖 B 之規律線為 $y = 0.03x^2 + 0.19x + 9.87$，樣本的 F 值為 196.12，所對應之捏造 F 分佈所查得的極端率小於 0.001（計算細節本書省略）。

第二種動物樣本的數值與各規律線如右頁圖 E 所示，其中 R^2 最大的規律為 $y = ax + b + e$，此為直線規律，可經由前面單元的公式算出規律線為 $y = 1.26x + 0.32$，樣本的 F 值為 223.81，所對應之捏造 F 分佈所查得的極端率小於 0.001。

第三種動物樣本的數值與各規律線如右頁圖 F 所示，其中 R^2 最大的僅有 0.005，意即**規律變異**只佔所有變異的千分之五，所佔比例太小，我們可以直接假定其來源母群體的體重與食量之間關係沒有規律，不需要猜。

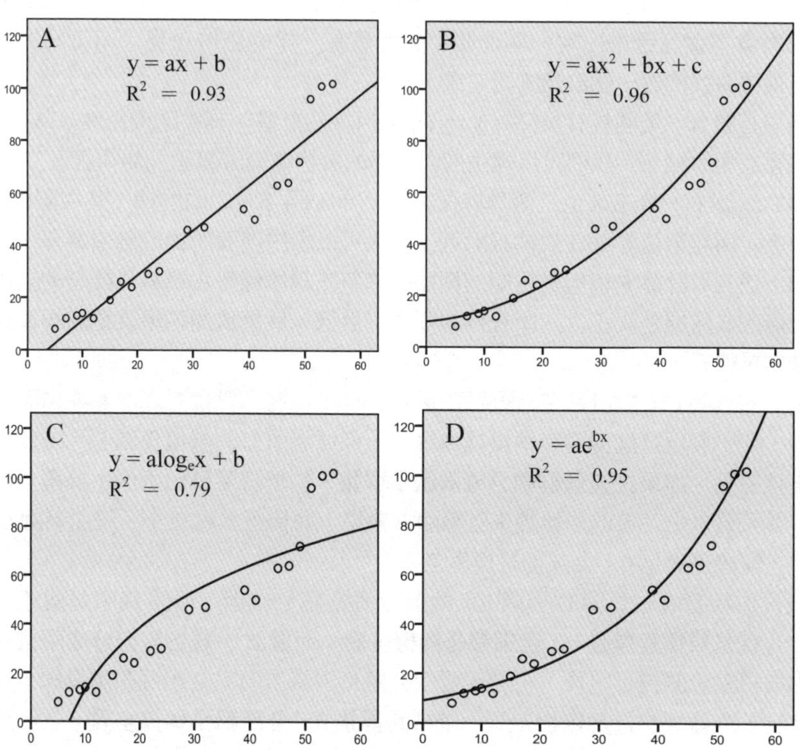

註：圖 C、D 中的 e 為數學上的自然底數(約是 2.72)，不是隨機差異的 e。

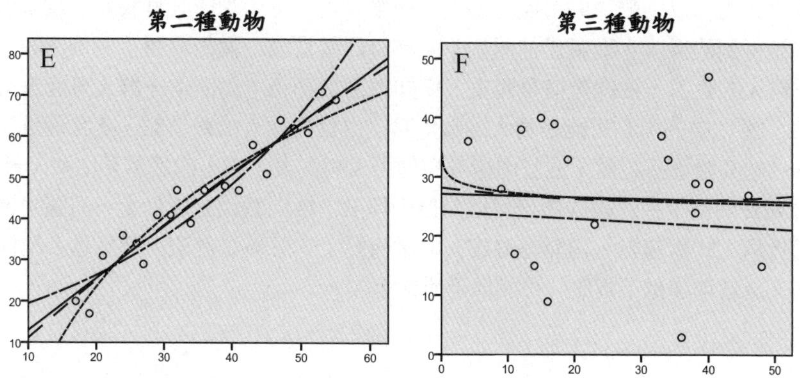

單元76　一樣的隨機差異，不同的規律線

在單元 74 中，我們了解即使具有同一條規律線的群體，也可能會有不同的隨機差異，那麼會不會反過來出現一個群體中其實是有一樣的隨機差異，但不同的規律線呢？這就要看我們對**一個群體**的認定或定義了。

請看右頁圖 A，是個具有規律為 $y = ax + b + e$ 的群體，其中隨機差異 e 為 0，所有數值點都在規律線上，我們可以經由前面所提的數學運算式算出此規律線。

再看右頁圖 B，看起來也是個具有規律為 $y = ax + b + e$ 的群體，其中隨機差異 e 似乎不大，所有數值點都在規律線附近，一樣可以經由前面所提的數學運算式算出此規律線，並且可計算 F 值與其對應的極端率來猜該規律線是否為其母群體的規律線；並且可能因其隨機差異不大，所查得的極端率很低，最後猜測結果就是**該規律線是其母群體的規律線**。

接著看右頁圖 C，數值點完全跟右頁圖 B 一樣，但將各數值點以黑點與白點分開標示之後，似乎發現這個群體有兩條規律線，一條通過所有的數值黑點，另一條通過所有的數值白點。**如果把這個群體分成兩個小群體**，那麼將可算出兩個小群體各自的規律線，並且若以這各自的規律線來計算隨機差異，隨機差異會更小，以右頁圖 C 的數值來說，隨機差異是 0，全部都是規律差異。

最後再比較看看右頁圖 D 與圖 E，兩圖數值點完全一樣，但圖 D 中是個無規律的群體，也就是**規律差異是 0，全部都是隨機差異**；而圖 E 中將各數值**分成兩個小群體**以黑點與白點分開標示之後，可發現這個群體有兩條方向完全相反的規律線，並且若以這各自的規律線來計算隨機差異，**隨機差異是 0，全部都是規律差異**。這可是兩個完全相反的結論，究竟要以哪一個為準呢？

通常當我們肉眼就可以看出有兩條以上的規律線時（如右頁圖 C、E 的情形），其**母群體**具有兩種以上規律的可能性很大。簡單來說，可以想成其實我們是從兩個不同的母群體得到的樣本，而我們把兩個不同的母群體當成一個母群體了。舉例如右頁圖 C 是**一群人**的數值，縱向數值是體重，橫向數值是身高；然而這**一群人**可能含有男人與女人，圖 C 中的黑點可能是男人的數值點，白點是女人的數值點，其意義是男人跟女人身高越高體重都越重，並且同樣身高的男人與女人，男人的體重又比女人更重。

右頁圖 E 的例子中，縱向數值可以是健康程度，橫向數值是運動量，而圖中黑點可能是骨折病人的數值點，白點是健康人的數值點；其意義是健康人運動越多越健康，骨折病人運動越多越不健康（可能傷勢變嚴重）。

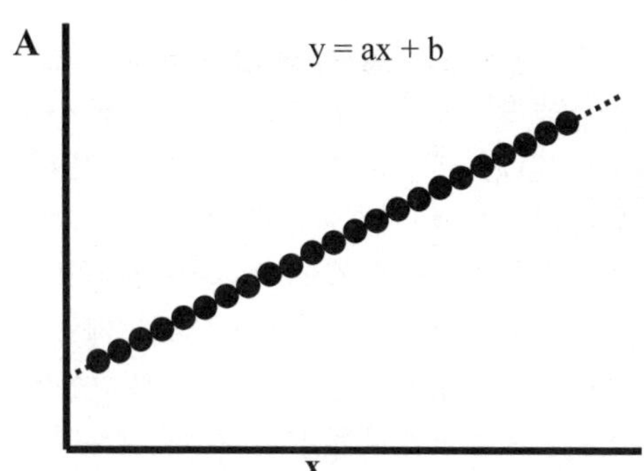
A
y = ax + b
x

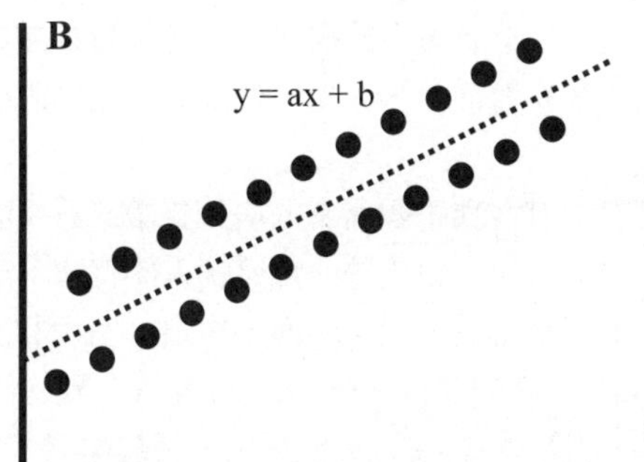
B
y = ax + b

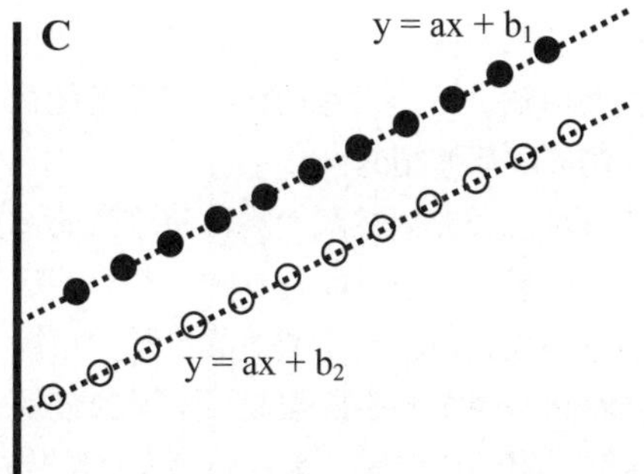
C
y = ax + b1
y = ax + b2

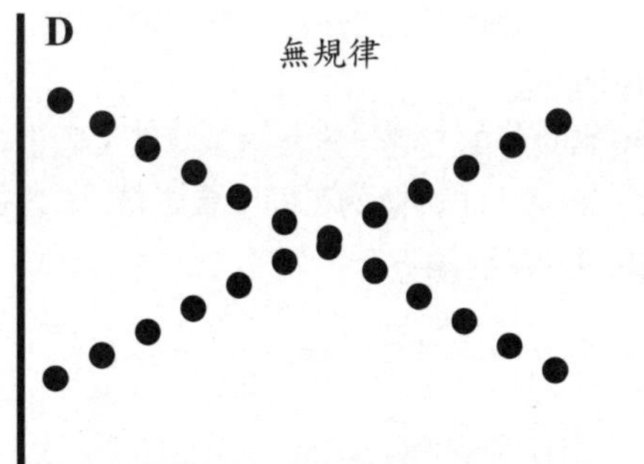
D
無規律

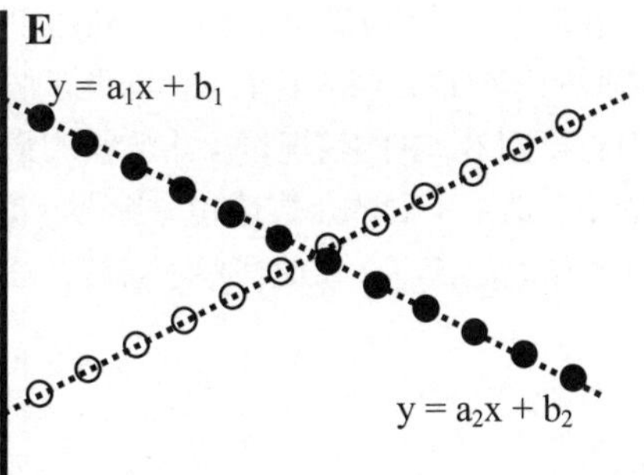
E
y = a1x + b1
y = a2x + b2

單元77　多個規律

延續上個單元的議題，並且只專注在**直線關係上的規律**，這是最常用且最實用的規律；如果一個群體具有多個規律，而這多個規律還包含各種不同形式的規律時，我們得到的數據將會非常混亂而難以分析。也許在現實中很多母群體的規律是較複雜形式的規律，但太複雜以致於難以分析或掌控的規律變動，在實用上對我們來說相當於是隨機變動，因此大多數情況我們期望母群體頂多是具有**多個直線關係的規律**，通常只針對**直線關係的規律**去猜母群體是否具有該規律，如果猜測為不具有該規律，要再針對其他更為複雜形式的規律去猜測並不容易（而且也需要更多的樣本數據）。

在上個單元的例子中，我們考慮**一個群體**中兩個不同規律的情況，而這**一個群體**端看我們怎麼認定：所有人、男人、女人、年輕人、老人、年輕的男人、年輕的女人、年老的健康的……人。無論如何認定，當我們找出**一個規律**時，是指群體中**每一個**傢伙都遵循的規律；如果一個群體中有兩派人馬，各自有各自的規律（如右頁圖 B 中的黑點與白點），但兩個規律互相混淆衝抵之下，整體而言，沒有**一個規律**是該群體中**每一個**傢伙都遵循的。

這種觀念並非只在關於規律時才有的，實際上有些藥物對所有的病人整體來看可能看不出效果，但它可能對其中一部分的病人很有效果，找出那一部分病人的特質，該藥物還是很有臨床實用價值的，至少可以治療一小群的病人。然而，找出一個大群體中具有共同規律的小群體並不是那麼容易，如果分群不對，可能如右頁圖 A 一樣，不管全體、黑點或白點，都找不到有什麼規律，或如圖 C、E，只能得出一個規律。

在都是**直線關係上的規律**的某些情況下，可以由數學運算來幫我們找出適當的分群，請比較右頁的圖 B、D、F，其中圖 D 是各種小群體之**直線**規律的**斜率**相同的情況，數學上是各規律線 $y = ax + b$ 中的 a 相等，意義是〔除了 x 數值會影響 y 數值，不同的小群體也會影響 y 數值，但是「小群體的不同」**不會影響**「x 數值對 y 數值的影響」〕；此情形於下個單元深入討論如何處理多個規律與分群。

而右頁圖 B、F 的情況是：小群體的**直線**規律的**斜率**不同，意義是〔除了 x 數值會影響 y 數值，不同的小群體也會影響 y 數值，而且「小群體的不同」**會影響**「x 數值對 y 數值的影響」〕；此情形本書將在往後的單元中討論。

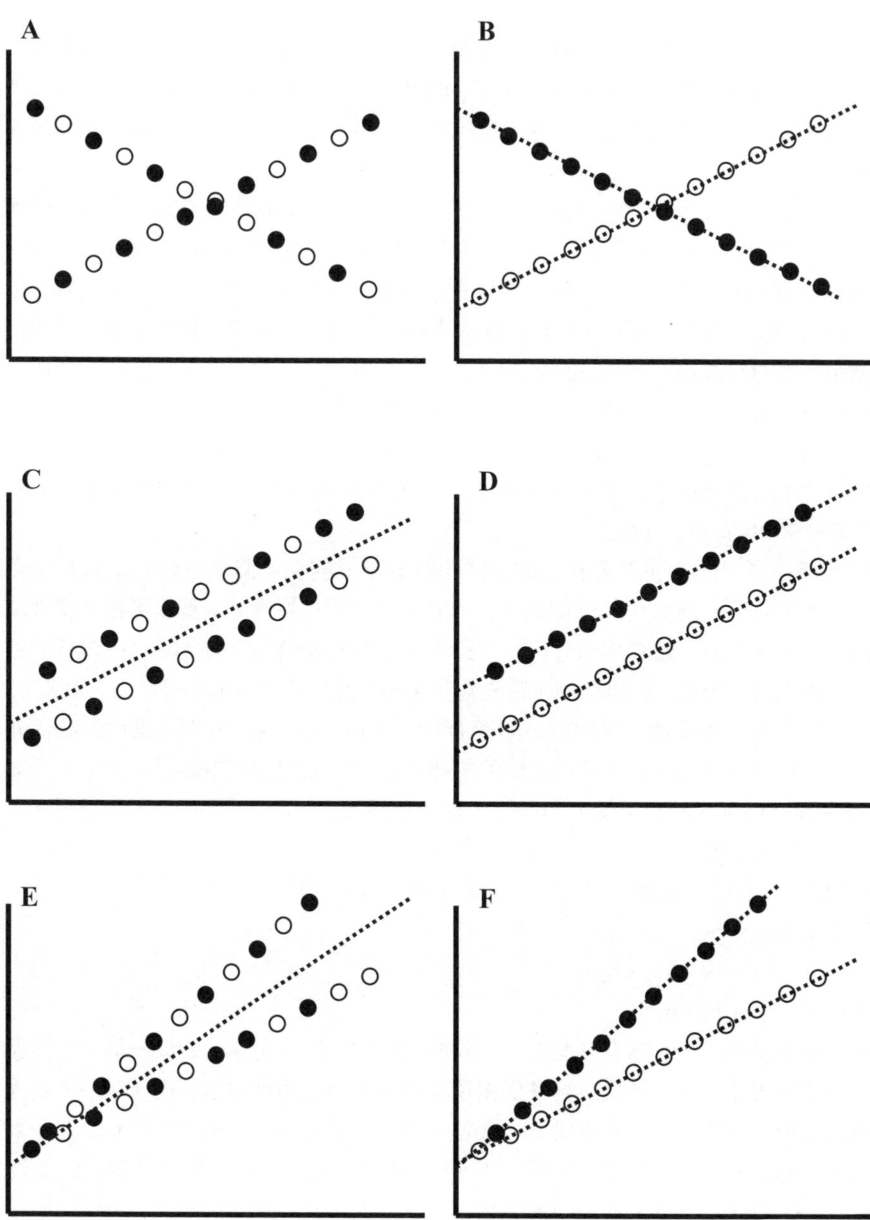
A
B
C
D
E
F

單元78 一個包含多項關係的規律

在前面曾說到如上個單元圖 D 中的群體，可以分成兩個小群體，如男人和女人、健康人和病人等等。我們考慮可以分成更多群體的變項，像是年齡可以分成年輕人與老人，也可以更細以歲數來分；前者是將年齡視為類別來分組，後者是將年齡視為連續型變數。

右頁圖 A 中為一個大群體的各數值點，其中分群的變項是個連續型變數（例如年齡），因此圖中（x , y）的數值點可以依分群的變項分成無限多群。為簡化說明，於圖 A 中只列舉其中 4 群，以各種不同樣式的點表示，並且 4 群中的每一數值點都座落在各群自己的規律線上；4 群的規律線斜率相等，而與 y 軸的交點不相等（數學上稱為截距，實際意義為 x ＝ 0 時的 y 值）：

$y = ax + b_1$　　$y = ax + b_3$

$y = ax + b_2$　　$y = ax + b_4$

圖 A 中是個平面的圖，我們把它轉動一下變成圖 B 的樣子，請想像成那是個有前後立體空間中的一個平面圖。

接著把在同一個平面之圖 B 中的 4 群的數值點分開在 4 個平面圖，如圖 C 所示，為方便清楚區分，圖 C 中的座標軸亦分成與數值點樣式對應的 4 種座標軸，請大家仔細辨別。如此一來，圖 C 中依分群所成的 4 個圖前後堆疊的方向（圖 C 中虛線箭號方向），可以當成是第三個座標軸，暫先稱為 z 軸，此分群的變項亦可稱為 z 變項。

當我們只看 z 變項與 y 變項時，如圖 D 所示，b_1、b_2、b_3、b_4 與 z 變項的關係亦可依其規律找出規律線，目前只以直線的規律來說明，因此圖例中的規律線可表示為 $b_n = bz + b_0$（b_0 是 z 軸在 y 軸上的截距，實際意義為 z ＝ 0 時的 b_n 值，也就是 x ＝ 0 且 z ＝ 0 時的 y 值）。

最後把 x、y、z 三個變項一起看，如圖 E 所示：n

其中 $y = a_x + b_n$

而　　　　　$b_n = b_z + b_0$

所以 $y = a_x + b_z + b_0$

經過如此轉換之後，當有**多個**斜率相同的直線規律時，可以組合成**一個**包含多個變項間關係的規律。當這**一個**包含**多個變項**間關係規律的**多個變項**超過 3 個時，在圖形上難以呈現，不過其意義與原理是一樣的。在數學式上為方便表示，把 x、z、…變項寫為 x_1、x_2、……，各變項的斜律 a、b、…寫為 a_1、a_2、……，數學式為：

$y = a_1x_1 + a_2x_2 + a_3x_3 + ... + a_nx_n + b_0$

此時因為改變符號，已沒有 b_0、b_1、b_2、……，可把 b_0 簡寫為 b：

$y = a_1x_1 + a_2x_2 + a_3x_3 + ... + a_nx_n + b$

也有不少人習慣把 a、b 符號交換：

$y = b_1x_1 + b_2x_2 + b_3x_3 + ... + b_nx_n + a$

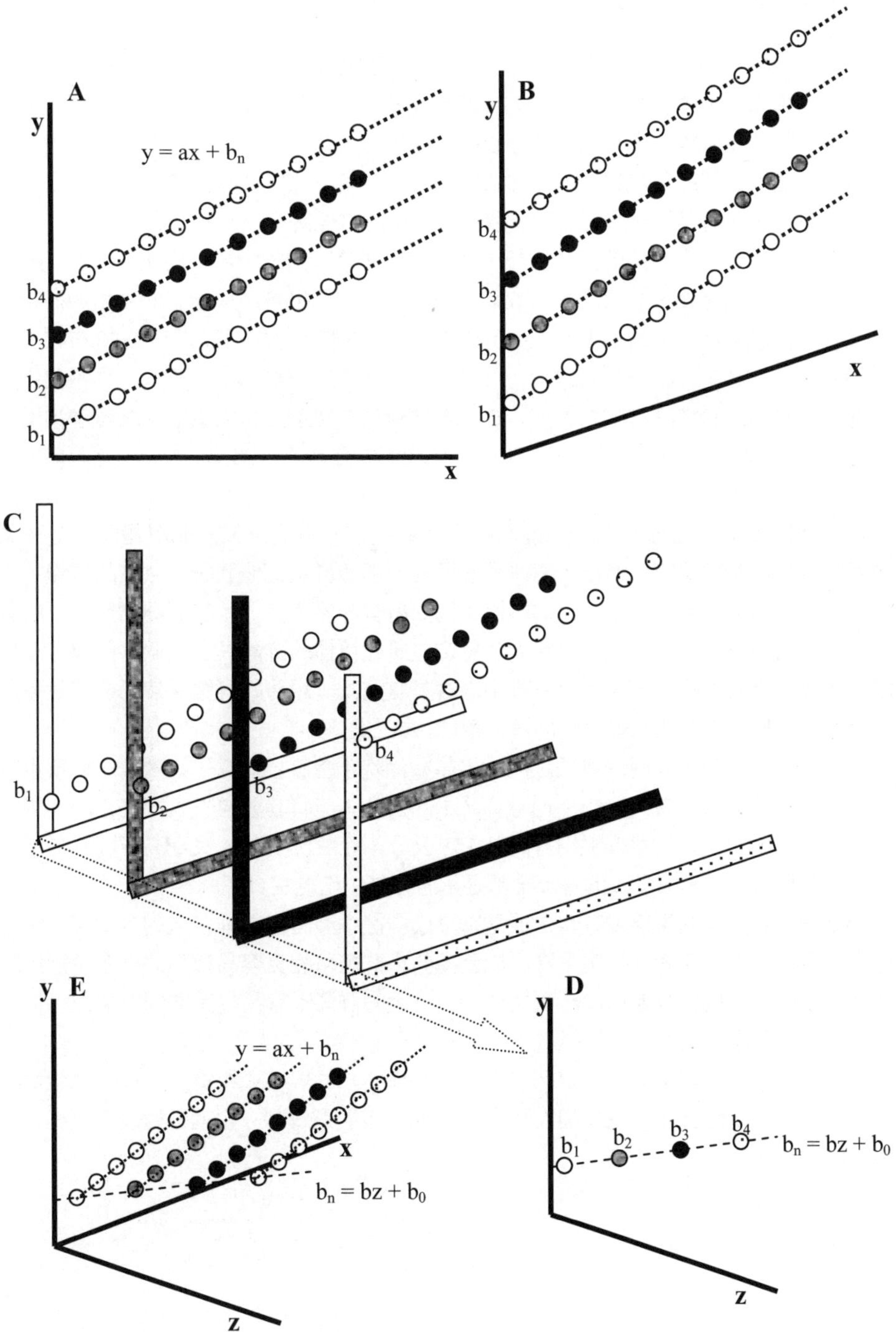
A
y
$y = ax + b_n$
b_4
b_3
b_2
b_1
x
B
y
b_4
b_3
b_2
b_1
x
C
b_1
b_2
b_3
b_4
E
y
$y = ax + b_n$
x
$b_n = bz + b_0$
z
D
y
b_1
b_2
b_3
b_4
$b_n = bz + b_0$
z

單元79　分開看不同的規律

在單元 77 中提到的另一種狀況：各小群體之**直線**規律的**斜率**不同，這種狀況不容易如上個單元般，將多個規律組合成**一個**包含多項關係的**直線**規律，視情況可能須要添加更複雜的關係變項或是組合成非**直線**的規律，或是清楚地區分成各個小群體，分開研究各個小群體所各自遵循的規律。一般來說，區分成各個小群體來研究各自遵循的規律是比簡潔而容易瞭解的，因此我們先來探討這種情形。

能夠區分成各個小群體的**區分**依據，通常是能夠分**類別**的變項，例如男或女、健康或生病、國內或國外、亞洲或美洲或歐洲……等等。如果是用連續型的變項例如年齡來區分，將會區分出太多（甚至多到無限多）的小群體，例如可以區分成 20 歲的人、21 歲的人、22 歲的人、22.1 歲的人、22.2 歲的人、22.12345……歲的人；通常我們不如此細分，而是用別的方式來處理，或是把**連續**型的變項經過人為訂定的標準轉換成為**順序**型或**類別**型的變項，例如 0~20 歲的人定義為年輕人、20~50 歲的人定義為中年人、50 歲以上的人定義為老年人。

就以**類別**變項來區分為例，如前面提到過的，在考慮或研究**一個群體**時，這**一個群體**端看我們怎麼認定。通常，對研究者而言，那個群體是他們研究目標的群體，這可能是依該專業領域學理來設定的群體；例如所有肝癌患者、所有亞洲的黑人、所有高社經能力的成人……等等，研究者期望這些研究目標的群體具有某個共同規律，但這些研究目標的群體不一定是自然界中真實具有該同一規律的群體。然而能實際運用的，應該是具有某個共同規律的群體，請見右頁上圖。

這種情形不只在研究兩個變項之間的規律關係時才會有，就算只針對單一變項也常有這種情形：例如全體人民的平均身高為 165 公分，但將其分成男人與女人時，男人平均身高為 175 公分，女人平均身高為 155 公分；此狀況全體人民身高可能不是常態分佈，但男人的身高與女人的身高卻都是常態分佈，請見右頁下圖。

要整體來看共同的規律或特質，或是區分成多個小群體來看其各自的規律或特質才好呢？這必須由研究者來決定；區分成更多的小群體可能更容易找到適合各小群體的規律，但此規律也只能運用於小群體中的人，大的群體不容易找到共同的規律，但若找到了，則可運用到大群體中很多的人。

就醫病而言，最理想的狀況是所有人都有某種共同的規律或特質，一種藥就能治好所有的病人；然而目前有朝向**個人醫療**（註 20）發展的趨勢，也就是對於每個病人都有不同的療法。

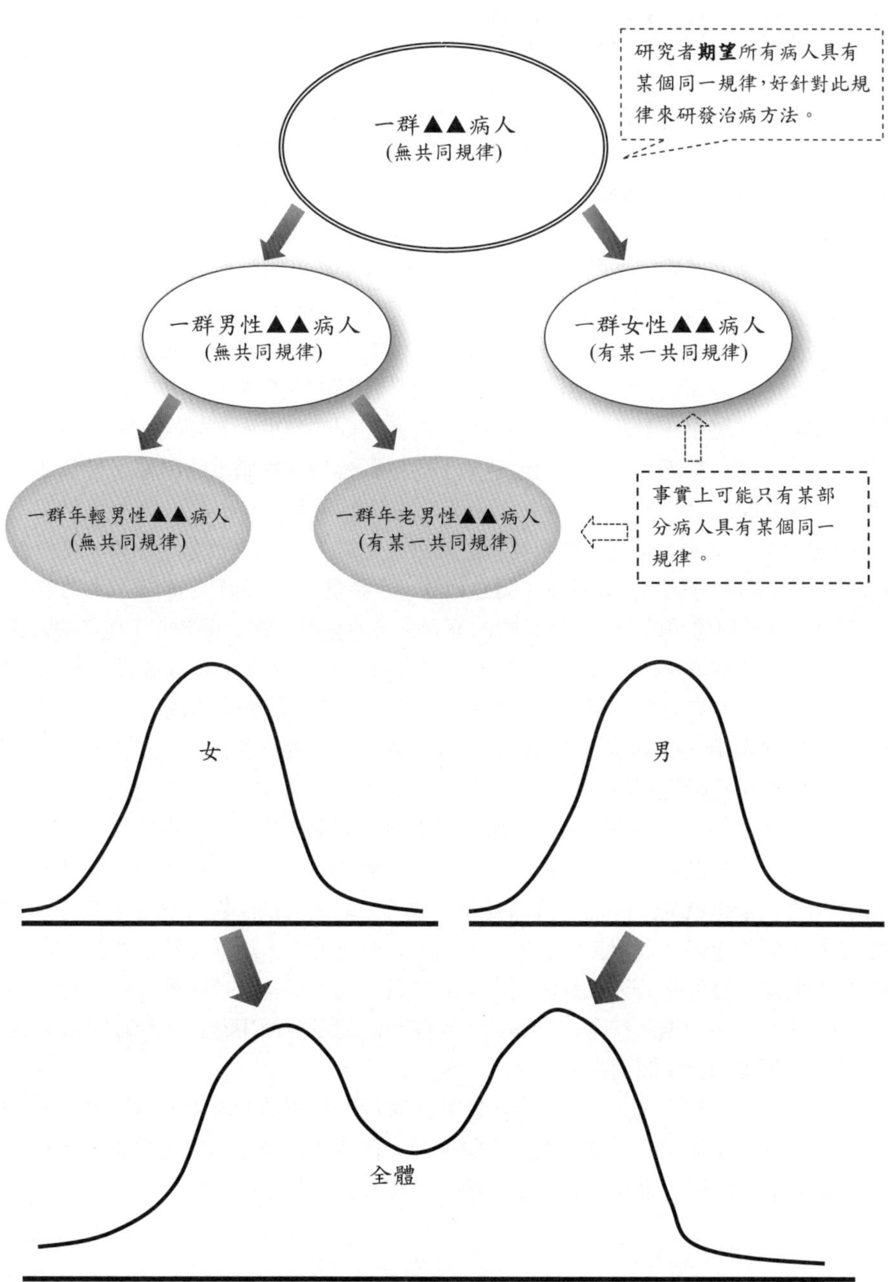
研究者**期望**所有病人具有某個同一規律，好針對此規律來研發治病方法。
一群▲▲病人
(無共同規律)
一群男性▲▲病人
(無共同規律)
一群女性▲▲病人
(有某一共同規律)
一群年輕男性▲▲病人
(無共同規律)
一群年老男性▲▲病人
(有某一共同規律)
事實上可能只有某部分病人具有某個同一規律。
女
男
全體

單元80　擾動的規律

在一開始討論要猜事物時，我們先著重在一個變項，例如體重；接著深入到兩個變項之間的關係，例如身高與體重；然後又進一步討論到三個變項之間的關係。我們再次將變項的多寡與之間的關係整理如下：

一個變項：以體重為例，一群人之間的體重都不一樣，有所差異，請參見右頁圖 A，箭號表示在群體中體重是個數值會變動（個體間有差異）的項目。

兩個變項：以體重與身高為例，一群人之間的體重與身高都不一樣，然而身高大小會影響體重大小，請參見右頁圖 B。兩變項之間的關係當然也有可能是體重大小會影響身高大小，但為簡化說明，圖中只列出一個影響方向的箭號。

三個變項：以體重、身高與性別為例，一群人之間的體重、身高與性別都不一樣，其中身高大小會影響體重大小，而性別的不同會影響身高對體重的影響，請參見右頁圖 C（一樣為簡化說明，圖中只列出一個方向的箭號關係）。

四個變項：以體重、身高、性別與年齡為例，一群人之間的體重、身高、性別與年齡都不一樣，其中身高大小會影響（圖 D 箭號①）體重大小，而性別的不同會影響（圖 D 箭號②）身高對體重的影響，而年齡的不同又可能**影響**（圖 D 箭號③）性別的影響。

為簡化變項之間的影響與擾動，對於每個變項上面只列出了一個並且是單向的影響，實際上則可能有更多複雜的變項間相互影響的關係，例如右頁圖 E 所示；圖 E 中以虛線箭號表現出**一些**其他可能的影響方向，圖中只是畫**一些**而已，並非已畫出**所有**變項間可能的相互影響關係。

當有更多個變項以上則可能有更多層次與更複雜的影響模式，以致於難以分析資料或進行猜測，通常在研究設計中最好能盡量減少變項的數目，例如研究對象只找女性或只找男性，這樣就能去除性別這個變項的影響；或是只找年輕人或是老年人，這樣就能去除或降低年齡這個變項的影響。當然，如前所說的，這樣也將會限制研究結果能應用的對象，這便是研究設計時要取捨的考量。此外有些變項是難以在研究中去除的，如人類的生活習慣、飲食行為等等，有些時候還是會使用到較深的數學運算與方法來分析較複雜的變項間關係。

我們由簡入深，接下來先從三個變項的狀況來探討變項間的規律，與規律之間擾動的情形，了解三個變項之間常見的相互關係後，在考慮更多變項之間的關係時，可以化繁為簡將其拆解視為是多個「三變項間相互關係」所組合而成的。

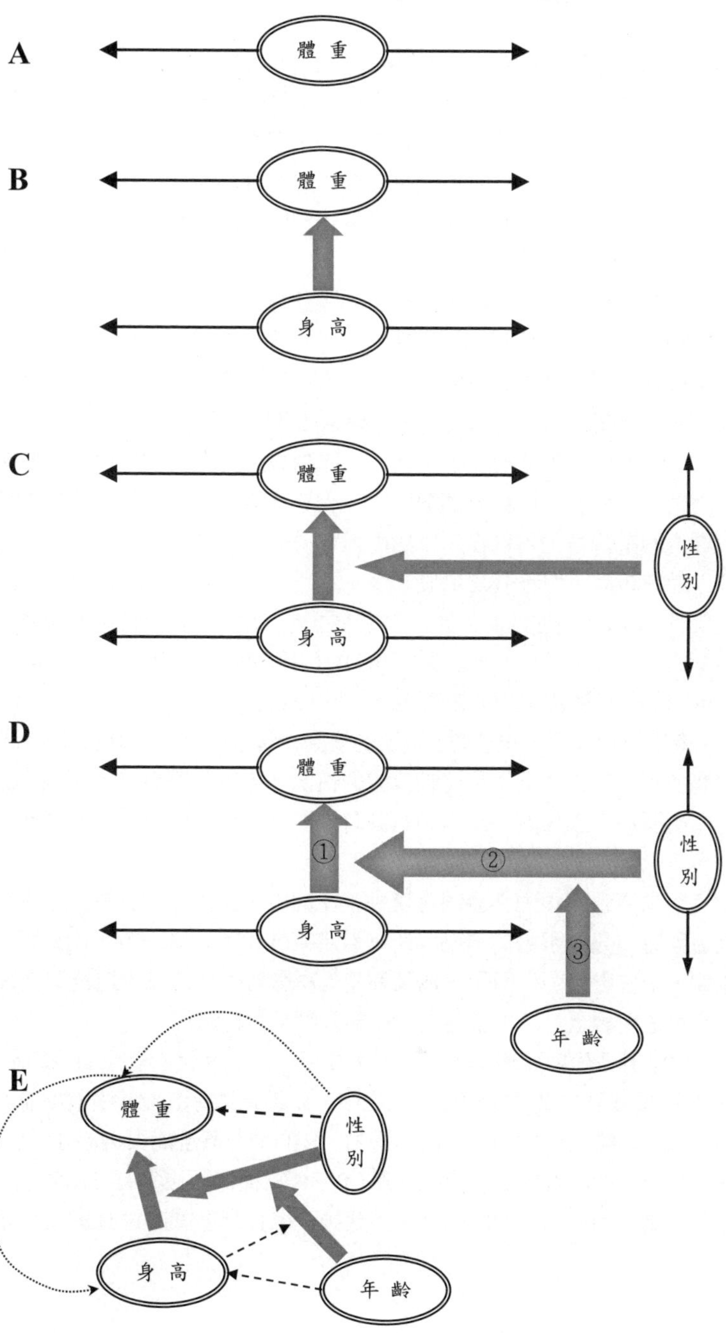

A
體重
B
體重
身高
C
體重
身高
性別
D
體重
①
②
③
身高
性別
年齡
E
體重
性別
身高
年齡

單元81　三個變項之間

三個變項之間的關係，列舉於下並圖示於右頁；但對於本單元右頁圖中箭號的意義，先說明與定義如下：箭號起始端的變項上升或下降時，箭號末端的變項也會上升或下降，很明顯的兩變項之間**有關係**，但並不一定是**因果關係**。不過為了方便說明，暫先定義右頁圖中的實線箭號，代表是因果關係，如右頁最上面之左圖示，甲變動導致乙跟著變動；而右頁最上面之右圖虛線雙箭號表示甲乙之間有關係，但不確定何者是**因**何者是**果**。

圖 A：甲變動導致乙跟著變動，然後乙的變動導致丙的變動。此狀況可以看成乙是甲與丙之間的中間因子，然而因為甲變動一定會使得乙變動，而乙變動又一定會使得丙變動；也就是甲變動就一定會使得丙變動，在不考慮其他變項或因素的情況下，可以簡化成甲與丙兩個變項之間的關係，如圖 A 右圖。

圖 B：甲變動導致乙跟著變動，然後乙的變動導致丙的變動，此外甲變動也會直接導致丙的變動。此情形雖較圖 A 複雜一些，但在不考慮其他變項或因素的情況下，甲經由乙影響丙的影響力，可以視為甲對丙影響力的一部分，此時也可以簡化成甲與丙兩個變項之間的關係，如圖 B 之右圖。

若考慮其他因素時，則圖 A 與圖 B 的影響模式有所不同：圖 A 中如果可以經由其他因素控制乙，則甲對丙就無所影響；而圖 B 中甲即使失去了經由乙影響丙的影響力，仍然可以保有部分甲直接對丙的影響。

圖 C：左圖甲變動導致丙跟著變動，乙的變動也導致丙變動。甲乙各自都會影響丙，但甲乙之間並互不影響；這算是比較單純的情況，可以分開看成甲與丙、乙與丙兩個雙變項之間的關係。因果關係反向如右圖時亦同，都可分開看成是兩個雙變項之間的關係。

圖 D：乙變動導致甲跟丙都會跟著變動。左圖中甲與丙之間其實互不影響，但因為乙的變動會同時引起甲跟丙的變動，所以看起來就像甲影響丙或是丙影響甲。右圖中甲與丙之間，甲會影響丙，而甲、丙又都受乙所影響；請注意，這情況其實跟圖 B 是一樣的，也可把甲視為是乙影響丙之中一部分影響力的路徑。

圖 E：甲變動導致丙跟著變動，而乙不影響甲或丙，而是影響甲對丙的影響。

A ～ E 中五個類型的變項間關係模式之中，E 圖最為特別，其中變項並非直接影響其他變項，而是影響其他變項之間的影響力。E 的情況甚至能與 A ～ D 任一情況共同存在，使得變項之間的關係更為複雜。A、B、C 三種情形雖然有三個變項，但如上所述可以簡化視為兩個變項之間的關係，因此接下來我們著重探討 D 與 E 的情形。

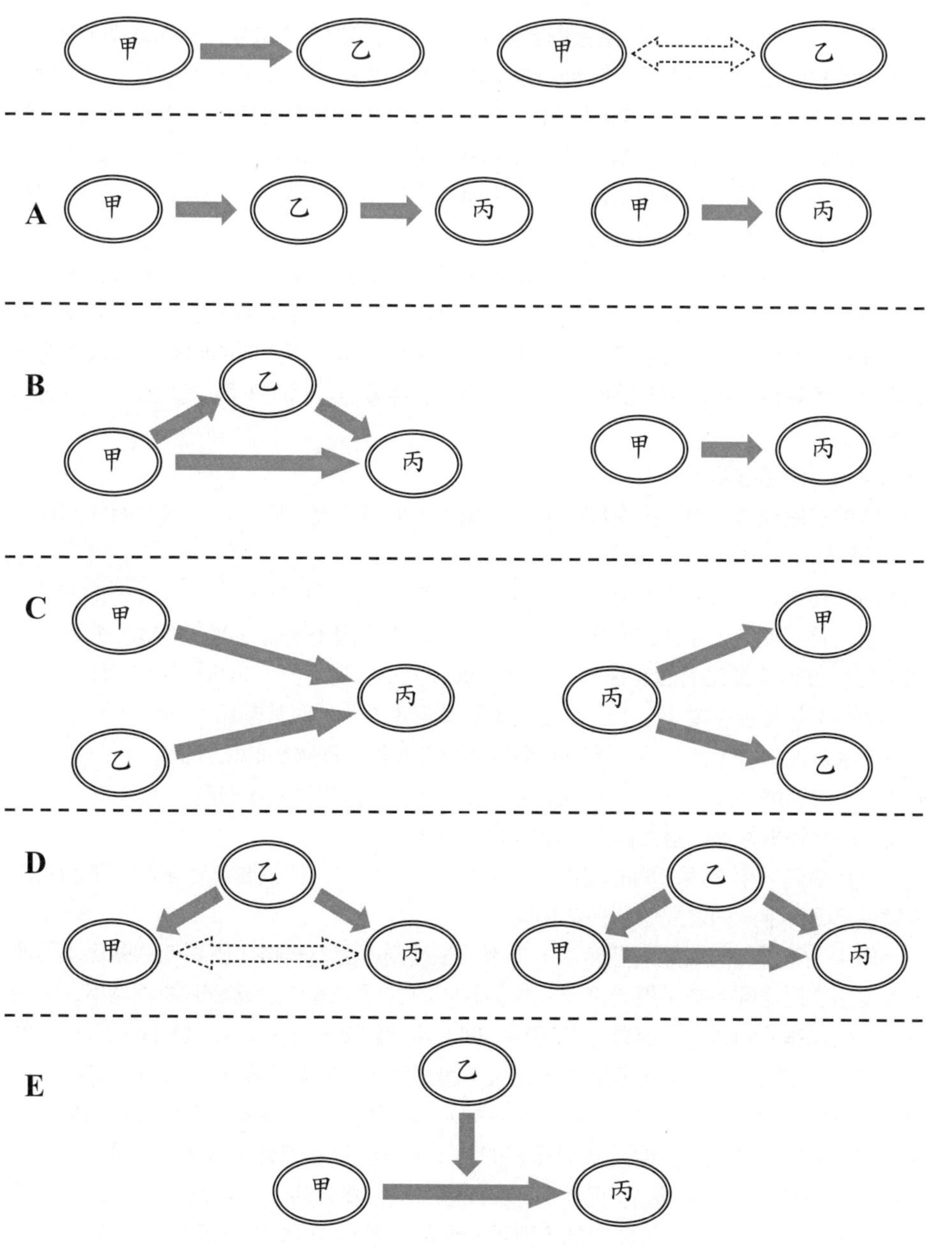
甲
乙
甲
乙
A
甲
乙
丙
甲
丙
B
乙
甲
丙
甲
丙
C
甲
丙
乙
甲
丙
乙
D
乙
甲
丙
乙
甲
丙
E
乙
甲
丙

單元82　對變項的干擾

單元 81 中圖 D 的情形，**乙直接影響甲與丙，但乙的變動不改變甲與丙之間的關係**；而若忽略掉變項乙，甲與丙之間可能會呈現不同的關係。右頁圖 A 中，當不考慮變項乙時，甲與丙之間本來呈現無關係的狀態（左圖），而當考慮變項乙時，甲與丙之間本來呈現具有某種關係（右圖）；或者是顛倒過來如右頁圖 B 所示，原本甲與丙之間呈現有關係的狀態，考慮變項乙之後，甲與丙之間呈現無關係的狀態（右圖），或是呈現與原本關係不一樣的關係。

這現象可以說甲與丙的關係被乙干擾了，而乙可稱為甲與丙兩變項的**干擾因子**，一般定義為當乙與甲、丙都有關係，乙就是甲與丙之間關係的**干擾因子**；須注意此定義下，即使乙與甲、丙都有關係，但卻不一定會干擾到甲、丙之間的關係。而我們著重的是會干擾到甲、丙之間關係的情形，因此對於接著要討論的**干擾**（註 21），本書定義如下：

①乙與甲、丙都有關係。

②〔考慮乙變項時，甲、丙之間的關係〕與〔不考慮乙變項時，甲、丙之間的關係〕不同。

③考慮乙變項時，乙不管怎麼變動，甲、丙之間的關係都相同。

符合上述三點時，定義乙為甲、丙之間關係的**干擾因子**。請注意②與③的分別，這種干擾現象，其實在前面有提到過，請回顧單元 24 的例子，該例子中有三個變項：性別（甲）、是否結婚（乙）、是否愛上網購物（丙），而其關係：

- 不考慮是否結婚（乙）時，「所有男性比所有女性上網購物的比例**低**」。
- 考慮是否結婚（乙）時，「未婚男性比未婚女性上網購物的比例**高**」。
- 而且「已婚男性比已婚女性上網購物的比例**高**」。

有無考慮乙，甲、丙之間的關係（比例高低）不相同；但只要有考慮乙，不論乙是未婚或已婚，甲、丙之間的關係都相同。

上例中，**干擾因子**為類別型變項，干擾的是性別與上網購物比例高低的關係；而連續型變項之規律關係被干擾的情況，舉例說明於右頁：圖 C 之縱軸與橫軸為甲、丙兩變項，依前述的回規分析運算，可得到之間的規律線 $y = a_1x + b_1$。圖 D 與圖 C 中的數值點完全相同，但考慮某個變項乙之後，可依變項乙將數值點分成兩類，如圖 D 中黑點與白點所示，其各自的規律線為 $y = a_2x + b_2$ 與 $y = a_2x + b_3$。在兩變項的規律之中，甲對丙的影響程度主要是看規律線的斜率，我們可看到有無考慮乙，圖 C、D 中甲、丙規律線的斜率 a_1 與 a_2 不同；而若有考慮乙，圖 D 甲、丙之間規律線的斜率都同樣是 a_2。將圖 C、D 合併並增加乙變項的變動如圖 E，可看出更清楚的區別。

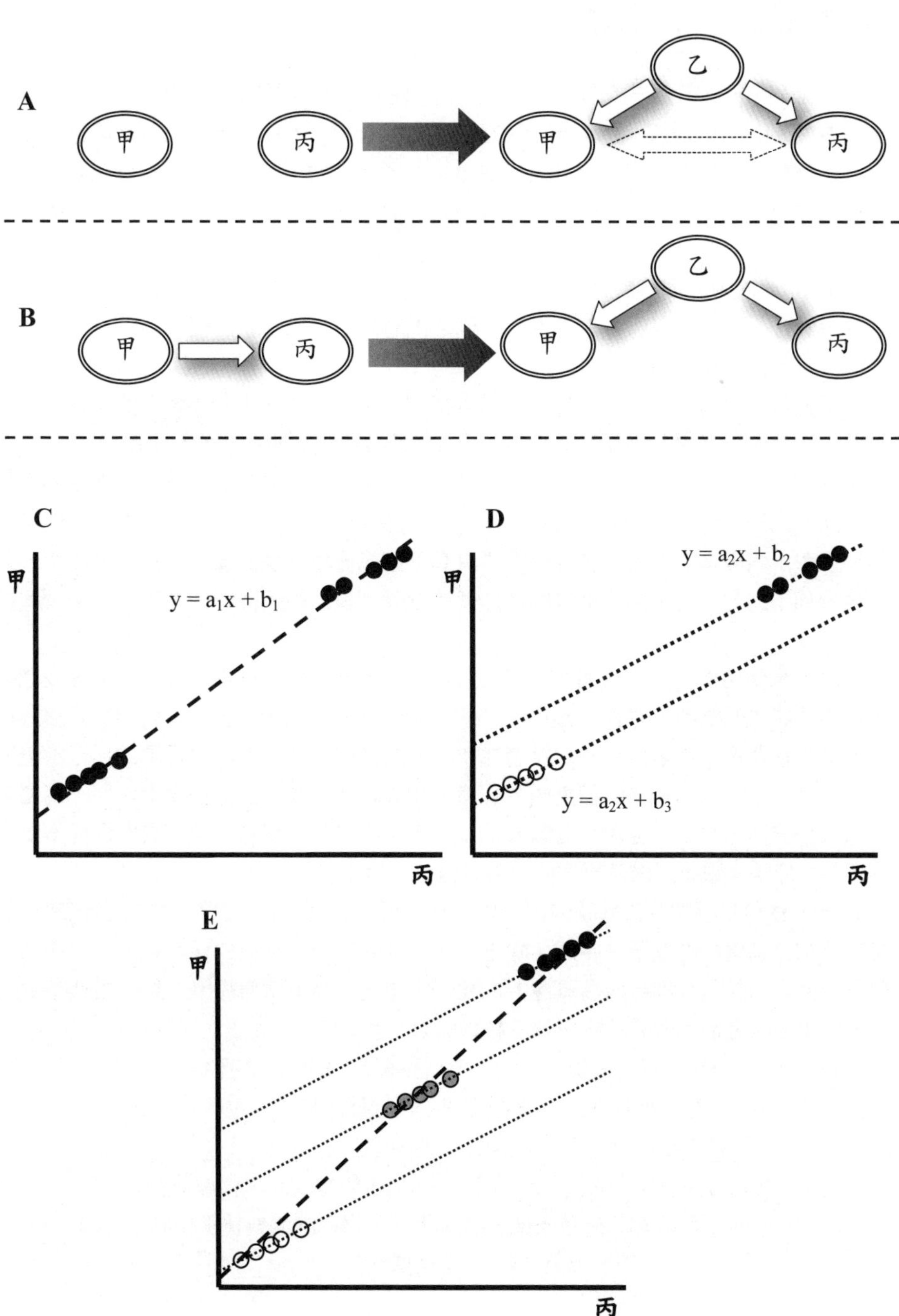
A
甲
丙
甲
乙
丙
B
甲
丙
甲
乙
丙
C
甲
y = a1x + b1
丙
D
甲
y = a2x + b2
y = a2x + b3
丙
E
甲
丙

單元83　干擾因子

承續上個單元，更多干擾因子的例子如右頁圖示：圖 A 與圖 B 中的數值點完全相同，圖 A 中忽略乙，只看甲、丙兩變項時應會得出如圖中一水平的規律線，此將讓我們判斷丙的變動與甲無關，甲、丙之間無規律；而考量乙變項將所有數值點分成黑、灰、白點來看時，發現甲、丙之間是具有規律的，而且其規律線的斜率都一樣，不因乙的變動而改變。

圖 C 與圖 D 中的數值點也是完全相同，但狀況恰與上述相反，圖 C 中忽略乙時，會求得一非水平的規律線，即判斷甲、丙之間有規律；而考量乙變項時，發現甲、丙之間其實是沒有規律的。

從這些例子中可以了解，若輕易忽略干擾因子，分析的結果及判斷可能與真實相差甚遠；因此如果真的有干擾因子的存在，必須將其找出並設法消除其干擾。

干擾因子可能有多種不同方式影響變項，進而干擾這些變項間的關係，在這兩個單元中所舉的例子中（上個單元圖 C、D、E 與這個單元圖 A、B），可看出干擾因子乙變項對甲、丙變項的影響，主要是造成**具有不同乙變項數值的樣本，其在變項甲、丙數值分佈不均勻**；而這**分佈不均**的情形就會讓我們在忽略干擾時錯判甲、丙變項間的關係。

右頁刻意使用極端分佈的圖例，讓大家很容易就能發現這**分佈不均**如何影響我們對甲、丙間關係的錯判。右頁圖 B 中，乙變項數值屬於黑點者在甲、丙變項的數值分佈中**都集中在左邊**，乙數值屬於灰點者在甲、丙的數值分佈中**都集中在中間**，乙數值屬於白點者在甲、丙的分佈中**都集中在右邊**；如果各個乙變項數值的樣本在甲、丙變項的數值分佈均勻的話，會像右頁圖 E 的樣子，不同乙變項數值的黑、灰、白樣本點所求出的規律線會跟不考慮乙變項時（右頁圖 A）差不多。

右頁圖 D 也是極端分佈的圖例，乙變項數值屬於的黑、灰、白點者在甲、丙變項的數值分佈分別**集中在左下**、**中間**、**右上**；如果各個乙變項數值的樣本在甲、丙變項的數值分佈均勻的話，則應像右頁圖 F 的樣子，不同乙變項數值的黑、灰、白樣本點所求出的規律線會跟不考慮乙變項時（右頁圖 C）差不多。

比較單元 82、83 定義為干擾因子的乙變項與單元 78 的 z 變項：

- 相同處：不論 z 數值如何，x、y 規律線的斜率都相同。
  不論乙數值如何，甲、丙規律線的斜率都相同。
- 相異處：忽略 z 與考慮 z 來將數值分群，x、y 規律線的斜率仍然都相同。
  忽略乙與考慮乙來將數值分群，甲、丙規律線的斜率不相同。
  z 與 y 有關，與 x 無關（z、x 相互獨立）。
  乙與甲、丙都有關。

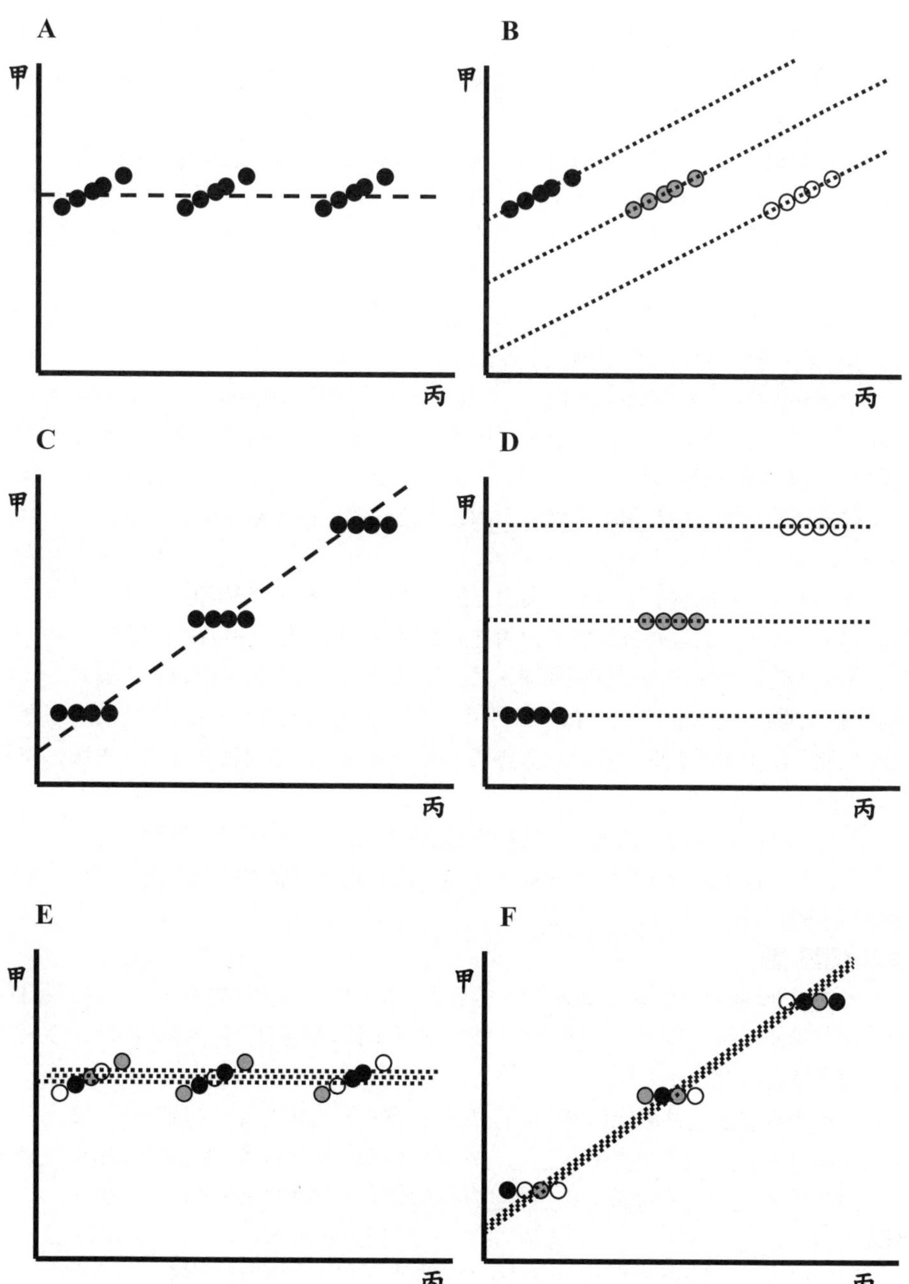
A
甲
丙
B
甲
丙
C
甲
丙
D
甲
丙
E
甲
丙
F
甲
丙

單元84　對作用的干擾

前面所述，干擾因子乙是直接影響變項甲與丙，而干擾了甲與丙之間的關係；接著要來討論的是直接影響甲與丙之間的關係，而不是影響變項甲與丙的干擾，也就是右頁圖 A 所表現的干擾方式。

前面已提到，兩變項之間有關係不一定是因果關係，但為簡化說明幫助了解，就以右圖中的箭號是因果關係來說明；以右圖 A 而言，甲是因、丙是果，甲的變動影響了丙的變動，現在起我們把這個影響稱為**作用**。那麼目前談到的兩個干擾可以清楚區分為：

①對變項的干擾，如前述的干擾因子、干擾變項間數值大小的分佈。

②對作用的干擾，非直接影響變項，而是干擾變項間的作用。

一般常稱①為干擾（Confounding），稱②為交互作用（Interaction）；不過就白話中文用語來描述的話，這兩個都是干擾，都干擾了變項間的關係。而從右圖 A 來看，②對作用的干擾可能是單向的，並不是一定要有**交互**的；因此本書將這兩者都稱為干擾：**對變項**的干擾與**對作用**的干擾。而兩種干擾的效果主要區分如下，當右圖 A 中的乙是：

①對變項干擾，**乙的變動不改變甲與丙之間的關係**（**不改變甲對丙的作用**）。

②對作用干擾，**乙的變動會改變甲與丙之間的關係**（**會改變甲對丙的作用**）。

當甲與丙之間的關係是直線規律時，乙的**不同**數值對作用的干擾會使甲與丙之間規律線斜率**不同**，這部分如單元 76、77 中所述的，請見右頁圖 B、C。更特別的干擾甚至有可能改變甲與丙之間規律線從直線變為其他曲線，不過這種干擾過於複雜，我們先不討論。

此外，①與②這兩種干擾是有可能同時存在的，乙可能同時會對變項甲、丙與其間的作用都有干擾，這時呈現的干擾結果將是乙的變動**會**改變甲與丙之間的關係（**會**改變甲對丙的作用）。

當場練習干擾

單元 79 的圖解中有個關於 ▲▲ 病人的性別、X、Y 之間關係的例子，見右頁圖 D；假定沒有其他任何因素與其有關，並且①對變項干擾與②對作用干擾不同時存在，請在下面空格處填入「＝、≠」：

共同規律 A ______ 共同規律 B ______ 共同規律 C，性別對 X、Y 變項有干擾。

共同規律 A ______ 共同規律 B ______ 共同規律 C，性別對 X、Y 間的作用有干擾。

共同規律 A ______ 共同規律 B ______ 共同規律 C，性別對 X、Y 沒有干擾。

解答

共同規律 A ＝共同規律 B ≠共同規律 C，性別對 X、Y 變項有干擾。

共同規律 A ≠共同規律 B ≠共同規律 C，性別對 X、Y 間的作用有干擾。

共同規律 A ＝共同規律 B ＝共同規律 C，性別對 X、Y 沒有干擾。

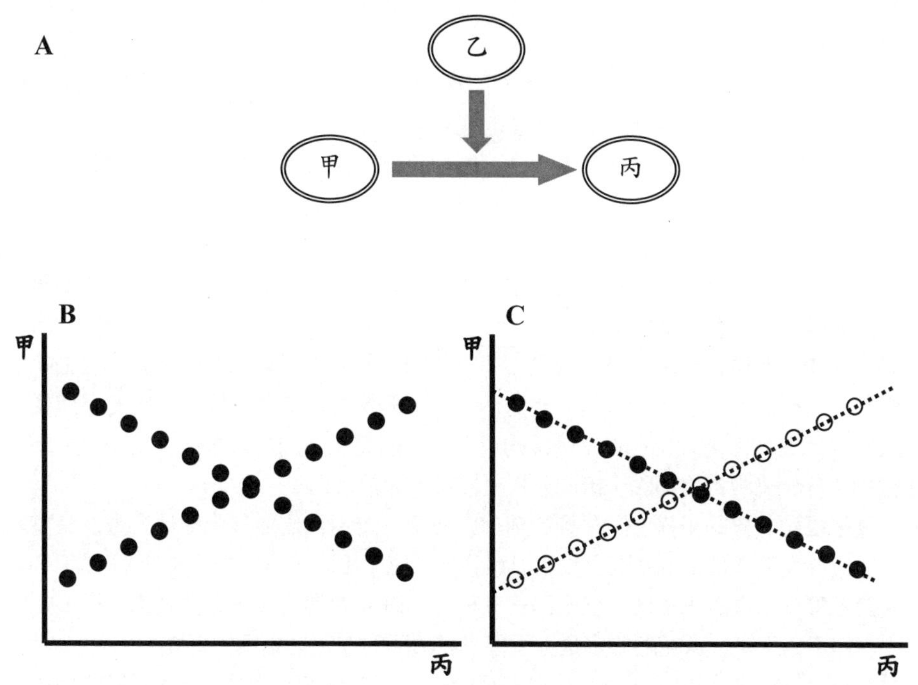
A
乙
甲
丙
B
甲
丙
C
甲
丙

D

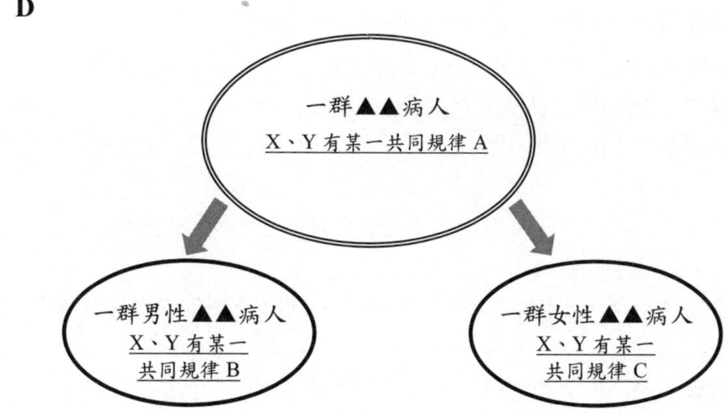
一群▲▲病人
X、Y 有某一共同規律 A
一群男性▲▲病人
X、Y 有某一
共同規律 B
一群女性▲▲病人
X、Y 有某一
共同規律 C

單元85　處理干擾的方式

對於「對變項的干擾」與「對作用的干擾」，處理的方式大概可以區分為**消除干擾**與**納入干擾**。

消除干擾，主要就是如前面單元所說的分群處理，此法能去除干擾的影響，不過相對地最後得到的研究結果能應用的群體也隨著分群變小：

- 研究設計階段：在研究之前預先知道可能的干擾因素，在研究設計時便規劃好，例如研究對象只限於男性、只限於年輕的男性、只限於某居住地區的年輕的男性……等等。
- 資料分析階段：將本來視為一個群體的資料，區分為男性資料、女性資料、年輕的男性資料……等等各個小群體。

納入干擾，有時在研究前難以預先知道干擾因子的存在而無法在研究設計時去除，在資料分析時若要一一分群又將使得每個小群體的樣本資料數目變少，因此不如就將干擾納入考量，然後分析在具有干擾的情況下各個變項之間的影響或作用關係。要將干擾納入分析之中會比消除干擾的分析更複雜，通常必須：

- **知道**干擾是怎樣的干擾法：干擾的情形太多了，這通常需要有先前他人豐富完整的研究資料或學理知識，實際上我們很難確定某個干擾因子是怎麼干擾的。
- **假定**干擾是怎樣的干擾法：就像回規分析時，研究者常假定是直線規律一樣，對於「對作用的干擾」常見的假定是：干擾與變項間的作用是**相乘**的效果。

右頁圖 A 是「對作用的干擾」中最簡單的模式，當沒有干擾因子乙的干擾時，x、y 之間的規律如前所述可以表示為：

　$y = ax + b + e$　其中 a 就是 x 對於 y 的作用。

若有乙對作用進行干擾時，x 對於 y 的作用受乙影響，所以可以表示為：

$y =$ 乙 $\approx x + b + e$　其中「乙 ≈ x」表示 x 被乙干擾後對 y 的作用。

在乙是連續型變項時，乙 ≈ x 可能是 a* 乙 *x、a* $乙^n$ *x、$x^{乙}$、……等等，但通常都假定是**相乘**的干擾效果，即：

$y = a*$ 乙 $*x + b + e$

或是假定 x 對 y 的作用是 x 原本的作用加上 x 被乙干擾後的作用：

$y = a_1*x + a_2*$ 乙 $*x + b + e$

如果乙不僅會干擾，自己也直接對 y 作用，如右圖 C 所示（圖 C 之前請先參閱圖 B）：

$y = a_1*x + a_2*$ 乙 $*x + a_3*$ 乙 $+ b + e$

如果 x 也會干擾乙對 y 的作用，如右圖 D 所示：

$y = a_1*x + a_2*$ 乙 $*x + a_3*$ 乙 $+ a_4*x*$ 乙 $+ b + e$

x 被乙干擾後的作用 a_2* 乙 $*x$ 與

乙被 x 干擾後的作用 a_4*x* 乙相加為（a_2+a_4）* 乙 *x。

若把代號 x 改標記為 x_1，乙標記為 x_2，係數等代號也重新標記，上式可改寫為

$y = b_1x_1 + b_2x_2 + b_{12}x_1x_2 + b + e$

實線箭號表示變項對變項的作用
虛線箭號表示變項對作用的干擾
式子中灰底表示被干擾後的作用

A

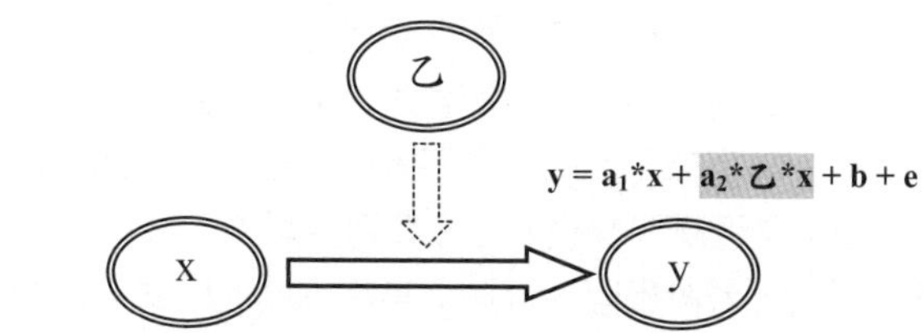

B

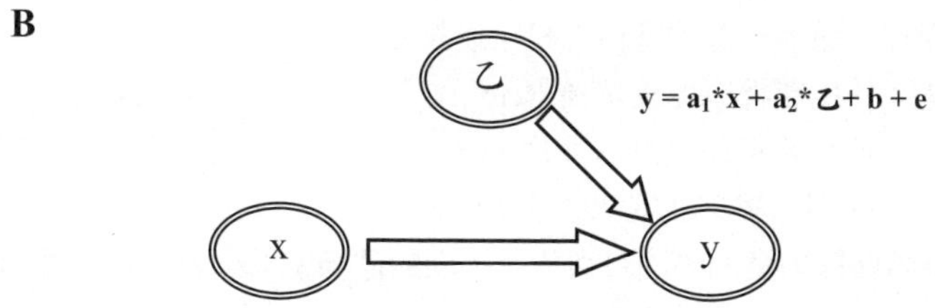

C

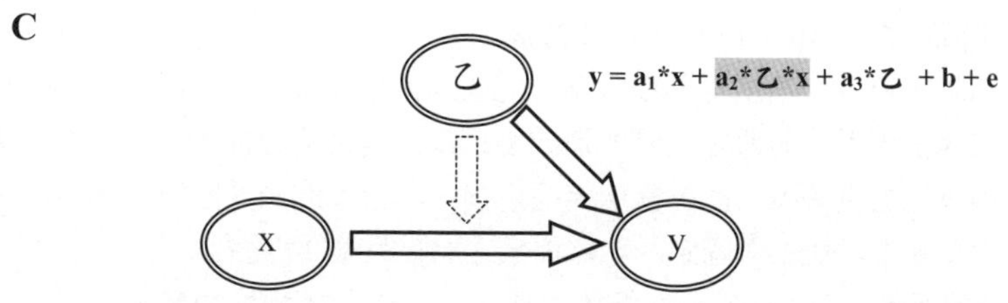

D

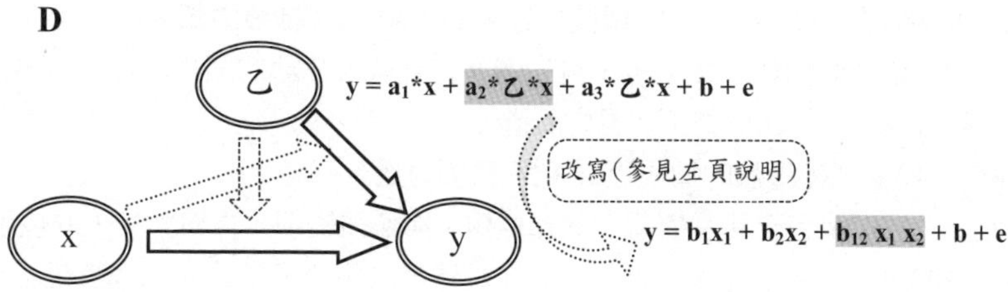

單元86　考慮類別的規律

上個單元裡**納入干擾**的回規分析主要是處理「對作用的干擾」，並且著重於乙是**連續型變項**時的情形。當乙是**類別型變項**時，a* 乙 *x 不會是一個數值，主要處理方法是對乙的不同類別求出 x、y 之間的規律，並非只在乙是干擾因子時才會這樣做，只要乙是**類別型變項**時，便可以在依**類別型變項**乙分群分析後，可以找出各群 x、y 之間的規律。

之後可以比較各群中 x 對 y 的影響，即各規律線的斜率；而若各群規律線的斜率相同，則可以進一步比較乙對 y 的影響，即各規律線的截距（或說是相同 x 數值下，不同乙類別中的 y 值）。為了簡化說明，先不考慮干擾作用，把 x 跟乙都當成是直接作用於 y 的變項，只是 x 是**連續型變項**而乙是**類別型變項**，參見右頁圖 A。

以打棒球為例，假定不考慮風阻、溫度、角度等其他因素，棒球被打者擊飛的距離只與下列三個因素有關（見右頁圖 B）：

①即使不揮棒，球擊中棒後基本的反彈距離是 10 公尺。

②打者揮棒去擊球，每多一分的揮棒力量可以讓球多飛 2 公尺。

③**球棒**共有三種：使用**鋁棒**擊球讓球多飛 15 公尺。
使用**木棒**擊球讓球多飛 11 公尺。
使用**冰棒**擊球讓球多飛 20 公尺。

那麼，具有**不同揮棒力量**的不同打者使用**不同的球棒**所擊出球的飛行**距離**規律式為：

- 使用**鋁棒距離** ＝ 10 + 15 + 2* **揮棒力量**
- 使用**木棒距離** ＝ 10 + 11 + 2* **揮棒力量**
- 使用**冰棒距離** ＝ 10 + 20 + 2* **揮棒力量**

考慮風阻、溫度、角度等其他因素，這些因素難以掌控或找出其相關的規律，我們把它當成誤差因子；若假定它們所造成的總誤差呈常態分佈，則上面的規律式可以納入誤差項，見右頁圖 B。此外當球棒選定後，該球棒的加成距離是固定的，可以把**固定**的球回彈基本距離①與**固定**的球棒種類之加成距離③相加：

- 使用**鋁棒距離** ＝ 10 + 15 + 2* **揮棒力量** + e ＝ 25 + 2* **揮棒力量** + e
- 使用**木棒距離** ＝ 10 + 11 + 2* **揮棒力量** + e ＝ 21 + 2* **揮棒力量** + e
- 使用**冰棒距離** ＝ 10 + 20 + 2* **揮棒力量** + e ＝ 30 + 2* **揮棒力量** + e

可看到在依球棒種類分類之後，是三個具有直線規律線的回規關係，若再把這三個規律式整合成一個規律式如下（見右頁圖 C）：

距離 ＝ 10 + **球棒種類**的加成距離 + 2* **揮棒力量** + e

如此，上式便是包含類別變項（球棒種類）與連續變項（揮棒力量）的規律。

要注意的是，隨機誤差 e 並不一定是加長球飛的距離，當假定此誤差是呈常態分佈時，此誤差可能增加或減少距離，見右頁圖 D。

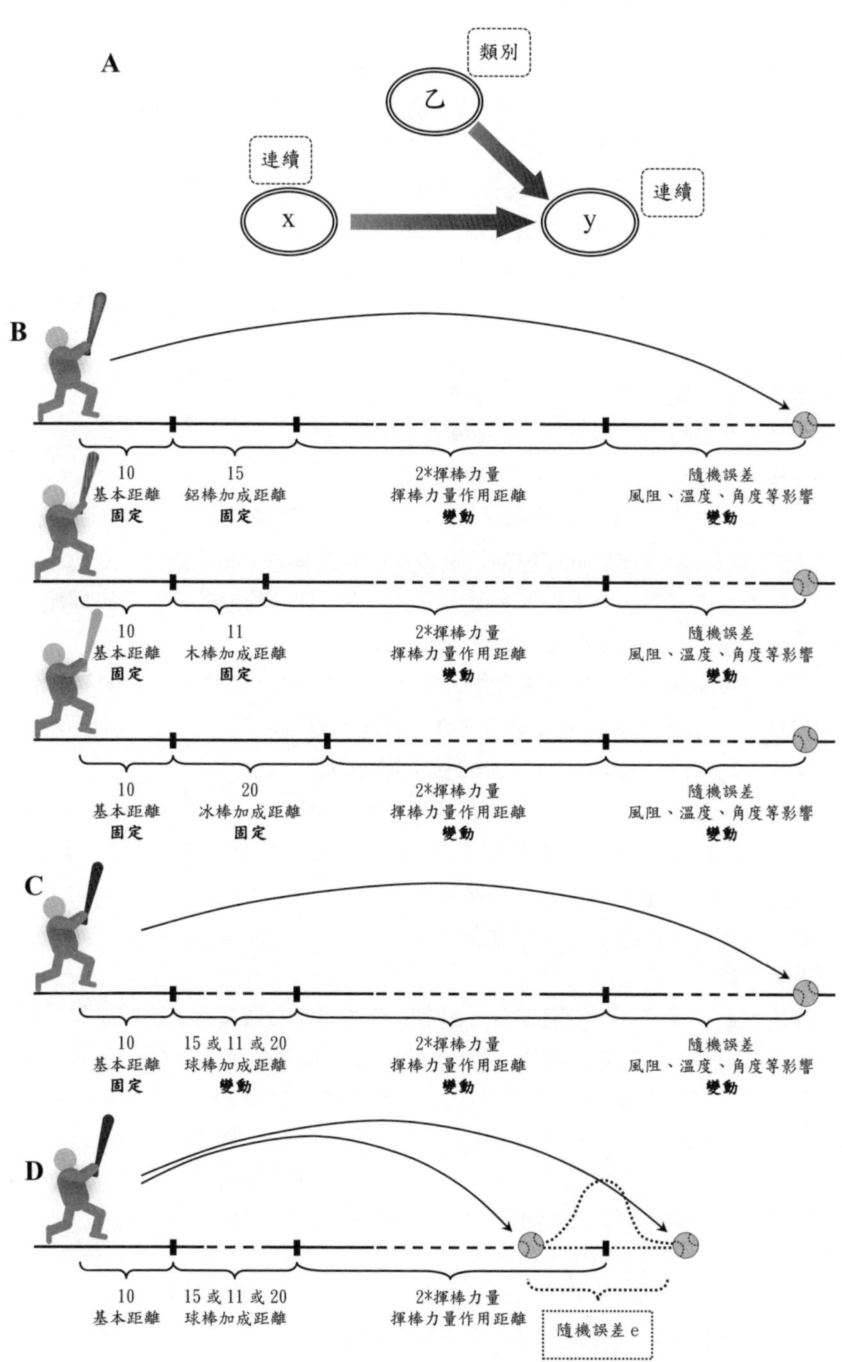
A
類別
乙
連續
x
y
連續
B
10
基本距離
固定
15
鋁棒加成距離
固定
2*揮棒力量
揮棒力量作用距離
變動
隨機誤差
風阻、溫度、角度等影響
變動
10
基本距離
固定
11
木棒加成距離
固定
2*揮棒力量
揮棒力量作用距離
變動
隨機誤差
風阻、溫度、角度等影響
變動
10
基本距離
固定
20
冰棒加成距離
固定
2*揮棒力量
揮棒力量作用距離
變動
隨機誤差
風阻、溫度、角度等影響
變動
C
10
基本距離
固定
15 或 11 或 20
球棒加成距離
變動
2*揮棒力量
揮棒力量作用距離
變動
隨機誤差
風阻、溫度、角度等影響
變動
D
10
基本距離
15 或 11 或 20
球棒加成距離
2*揮棒力量
揮棒力量作用距離
隨機誤差 e

單元87　類別的作用

上個單元中以球棒種類分群的三個規律的示意圖中，將上單元圖 B 以橫向距離表示的圖改以縱向表示如右頁圖 A（並只考量有**規律**的部分，先省略隨機誤差 e 的部分），如圖所示，其中**距離**受**揮棒力量**作用而加長的部分為一規律線。

將右頁圖 A 中三個規律式的圖畫在一起時，就會如右頁圖 B 所示，移動橫軸讓兩軸相交於 0，則會如右頁圖 C 所示，與一般回規關係圖幾乎一樣了。唯一不同的是，此回規關係圖中不是一條直線，而是三條直線；此圖是代表下列①與②與③的關係圖，也就是下列④的圖，④是將①、②、③改變書寫方式整合在一起而已，兩者在意義上與圖形上沒有什麼不同：

使用**鋁棒**　①**距離** = 10 + 15 + 2* **揮棒力量** + e
使用**木棒**　②**距離** = 10 + 11 + 2* **揮棒力量** + e
使用**冰棒**　③**距離** = 10 + 20 + 2* **揮棒力量** + e
④**距離** = 10 + **球棒種類**的加成距離 + 2* **揮棒力量** + e

可以清楚看到，類別型變項**球棒種類**影響圖 C 中距離關係圖的截距，而連續型變項**揮棒力量**是依圖 C 中的斜率來影響距離；這個例子中**球棒種類**並沒有干擾**揮棒力量**對距離的作用，圖 C 中三個**球棒種類**的規律線的斜率都一樣。

如果例子中**球棒種類**會干擾**揮棒力量**對距離的作用，那麼上面①～④關係式會變為：

使用**鋁棒**　①**距離** = 10 + 15 + 鋁棒干擾 * **揮棒力量** + e
使用**木棒**　②**距離** = 10 + 11 + 木棒干擾 * **揮棒力量** + e
使用**冰棒**　③**距離** = 10 + 20 + 冰棒干擾 * **揮棒力量** + e
④**距離** = 10 + **球棒種類**的加成距離 + 球棒種類干擾 * **揮棒力量** + e

其關係圖會如右頁圖 D 所示，三個**球棒種類**的規律線不僅截距不同，斜率也不同。（註：此時沒有一定要將不同**球棒種類**規律（①～③）關係整合成一個（④），有時分開看更有意義。）

在實際研究上，我們可能**知道**或可以**假定**距離與揮棒力量有直線回規關係、球棒種類固定加長的距離，但可能**不知道**或**難以假定**每種球棒加長多少距離、每分揮棒力量增加多少距離、球擊中棒後基本反彈的距離，則上面例子中的規律關係變為：

距離＝基本反彈的距離？ + **球棒種類**的加成距離？ + ？ * **揮棒力量** +e

如果能測量揮棒力量與球飛行的距離，就能以不同**球棒種類**分群算出上式中的回規部分的關係（類似前述算出規律線的方法），將算出的對距離影響以代號 a、b 表示，則如下式：

距離＝基本反彈的距離？ + $a_{\text{球棒種類的加成距離}}$ + $b_{\text{球棒種類}}$ * **揮棒力量** +e

如果不同**球棒種類**的 $b_{\text{球棒種類}}$ 相同時，**球棒種類**的加成距離顯得較為重要，也就是在包含類別的規律中求得類別部分的作用效果（註 22）。

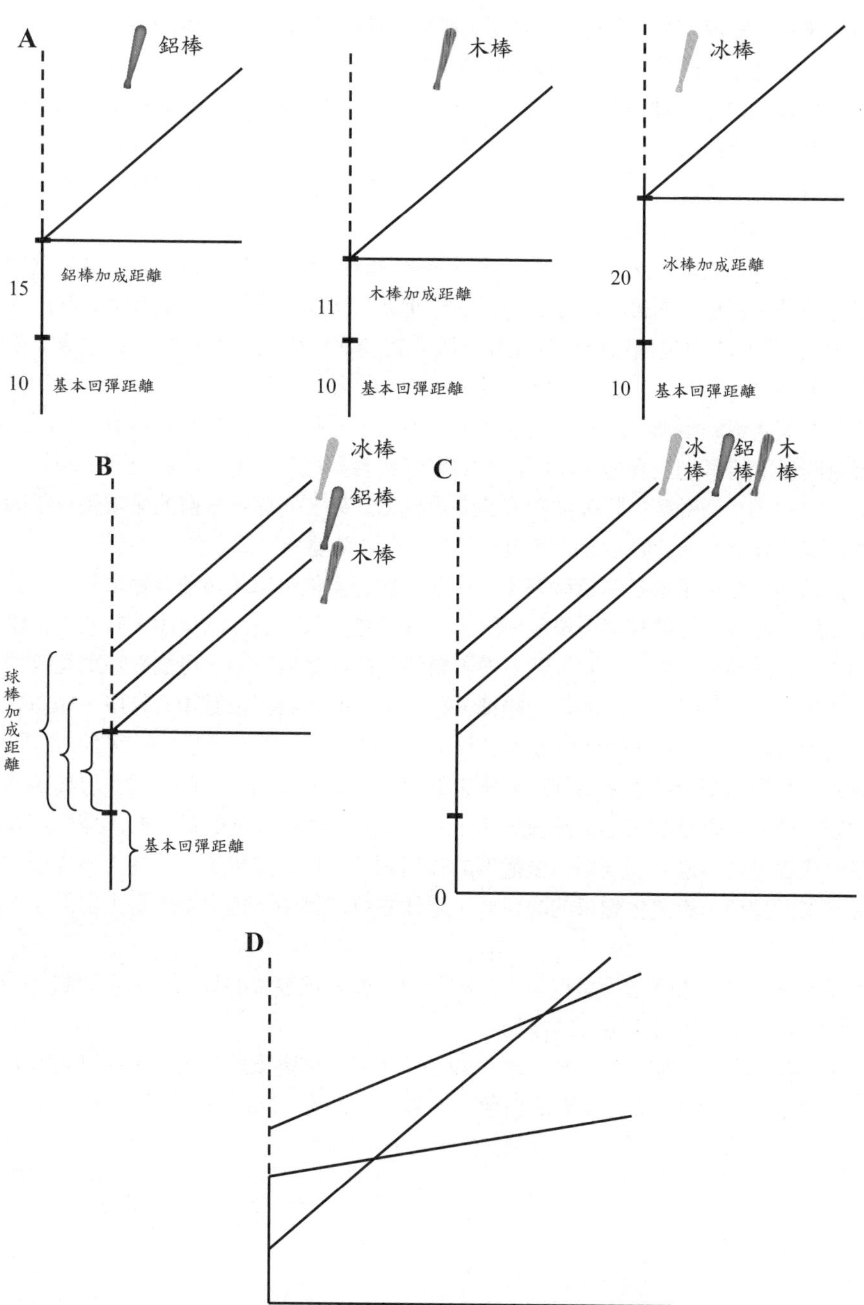
A
鋁棒
15
鋁棒加成距離
10
基本回彈距離
木棒
11
木棒加成距離
10
基本回彈距離
冰棒
20
冰棒加成距離
10
基本回彈距離
B
冰棒
鋁棒
木棒
球棒加成距離
基本回彈距離
C
冰棒
鋁棒
木棒
0
D

單元88　依規律而變動的類別

目前為止，所談及的回規關係（數學式書寫如右頁①）中，等號右邊可能是**連續型變項**或**類別型變項**，然而等號左邊的變項都是**連續型變項**，其變項類型如右頁②所示，而各類型的變項在研究過程中所獲得的資料型式如右頁③所示。

在這些變項之中，**連續型變項**是數值，a 是截距也是數值，e 是誤差項也是數值，**類別型變項**不是數值，是字詞如紅色黃色、男性女性……等等。有時研究者在記錄資料時會用 1 來代表男性、2 代表女性，然而此時的 1、2 是文字，並非數值，不能做運算，不具有 1+2 ＝ 3 之類的運算關係。

不過，如果看的是「類別變項對等號左邊變項的作用」，那就會是個數值，例如上個單元例子中**鋁棒**、**木棒**、**冰棒**是字詞不能運算，但其中**鋁棒**對球飛行距離的作用是增加 15 公尺，15 便是個數值可以運算。因此對於類別變項考量其對等號左邊變項的作用時，如右頁④所示，而資料型式如右頁⑤所示。

關於等號兩邊的變項，單純就數學式來說的話，這些變項之間具有關係，但不一定是因果關係；若再加上變項本身所代表的實際意義與特質，則可能看出因果關係。為了方便說明，我們暫且先將**等號左邊的變項**視為是**果**，而**等號右邊的變項**視為是**因**，等號左邊的**變項**是**依**等號右邊的變項而變動，稱為**依變項**。

前面所談的**依變項**都是**連續型變項**，接下來想想當**依變項**是**類別型變項**時，它與其他變項間可能有如何的規律。舉例來說，它有可能是像右頁⑥的規律，該式中**依變項**是顏色，是一種類別變項；而等號右邊影響顏色的各個變項中，可能有類別型變項與連續型變項。而如⑥式中所表現的**規律**，指的是這些變項對**依變項**的**作用**，如右頁⑥下方的箭號所示，其**作用**為使**依變項**呈現黃色、紅色、白色、綠色……等等。

顏色不是用數學上的加減運算可算出來的，也就是並非為「各個作用呈現顏色的數學加總，就是**依變項**的顏色」這種規律，右頁⑥式中也因此把數學上的 + 運算符號改為⊕，代表等號右邊各個變項對**依變項**的**作用規律**。例如其規律可能為「各變項中呈現最多次的顏色，就是**依變項**的顏色」，那麼右頁⑥例中，依變項將是出現最多 3 次的紅色。

如果其規律為「各變項中呈現最少次的顏色，就是**依變項**的顏色」，那麼右頁⑦例中，依變項將是出現最少 1 次的綠色。

如果其規律為「各變項中沒有呈現過的顏色，就是**依變項**的顏色」，那麼右頁⑧例中，依變項將可能是沒有出現過的白色（或其他紅、黃、綠以外的顏色）。

① $y = b_1x_1 + b_2x_2 + b_3x_3 + \ldots\ldots + b_nx_n + a + e$

② **連續變項** ＝ **連續變項** ＋ **連續變項** ＋ **類別變項** ＋...... ＋… **變項** ＋ a ＋ e

③ 數值　數值　數值　**<u>字詞</u>**　數值　數值　數值

④ **連續變項** ＝ **連續變項** ＋ **連續變項** ＋ **類別變項**對依變項的影響 ＋...........

⑤ 數值　數值　數值　**<u>數值</u>**

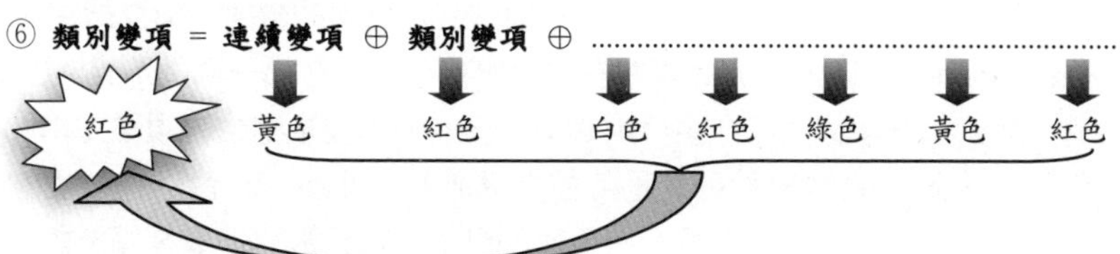

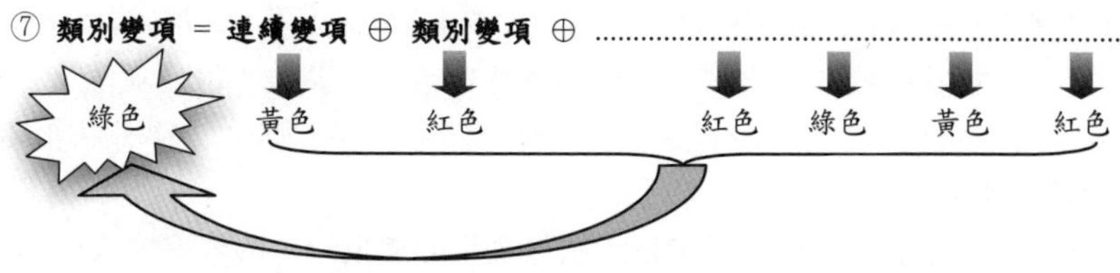

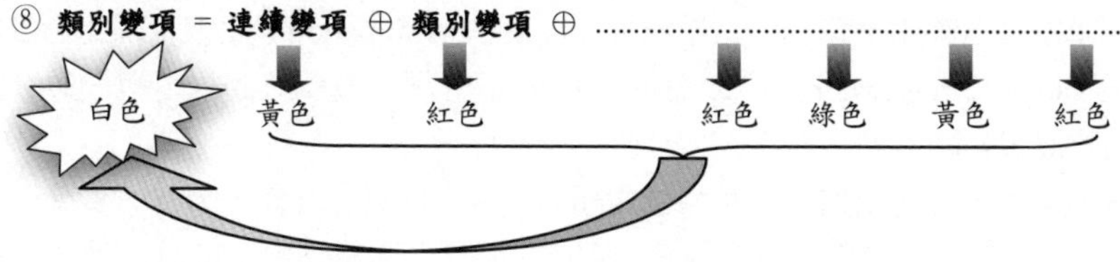

單元89 類別的發生規率

上個單元舉了幾個當**依變項**是**類別型變項**時，它與其他變項間可能有怎樣的規律，然而如上個單元中所舉例的⑥、⑦、⑧規律來看，這些規律的誤差項如何考慮呢（請見右頁式①）？如果不存在有誤差，那麼將如數學公式般，可以算出依變項的類別必定是哪個結果。但我們又知道自然界的事是具有變動的，在先前所討論的**依變項**是**連續型變項**時，隨機誤差就造成**連續型變項**數值上的變動（例如身高 170+e 公分），而**類別型依變項**例如顏色如何具有「黃色 +e」這種變動的顏色呢（右頁式②）？

對於**類別型變項**而言，其變動就是「有時發生這個類別，有時不發生這個類別」，也就是個類別發生的機率（右頁式③）。為了方便說明，就以顏色為**類別型依變項**來舉例說明，在顏色的類別上可能有很多會發生的顏色，如紅色、黃色、藍色……等；我們先鎖定其中任何一個顏色來探討，例如針對紅色，來看其發生紅色的機率與其他變項之間的規律（右頁式④），對於這影響類別發生**機率**的**規律**，稱為**規率**。

發生紅色的機率是個數值，因此等號右邊的變項也必須全部是數值才能做數學運算；如前所述，等號右邊類別變項在規律中必須轉換為**類別變項對依變項發生率的影響**，請見右頁式⑤，此式中的⊕則可以是某種數學運算。然而，一件事物發生的機率介於 0~1（0%~100%）之間，若等號右邊要較為自由地進行數學運算，須要調整一下依變項的形式，例如將「發生紅色的機率」改為「發生紅色的機率比上不發生紅色的機率」，如此調整後可變為右頁式⑥的樣子，其中⊕號已可以是數學運算符號中的相加。

右頁式⑥的依變項數值範圍已從式⑤的 0~1 擴大到 0~ 無限大（0~ ∞），若再經過一個數學上的**對數轉換**成右頁式⑦，可將依變項數值範圍擴大成負無限大 ~ 無限大（- ∞ ~ ∞）。此轉換主要為到數學上的處理，讀者主要了解的是這一連串調整依變項形式的想法與概念即可。

在式⑦中，當等號右邊全部是**可以用數值表示的變項**時，則規率式或如同單元 78 所說的一個包含多項關係的規律，經此一轉換我們甚至能假定其具有直線規率線如右頁式⑧。

此規率主要是經由數學上的**對數轉換**（logit transformation）而來，因此一般稱為對數回規（logistic regression），或由英文 logistic 音譯為邏輯式回規（與一般日常生活用語中的邏輯無關）。

以選舉為例，比較兩種不同類型依變項的回規，政見、政黨、人氣、資金…等其他因素會影響候選人得票數與當選機率，它們之間若有回規關係，可如右圖⑨所示。

① $y = b_1x_1 \oplus b_2x_2 \oplus \ldots\ldots\ldots\ldots \oplus e$?

② 某種顏色 = **連續變項** ⊕ **類別變項** ⊕ ………… ⊕ e?

③某種顏色的發生率 = **連續變項** ⊕ **類別變項** ⊕ ………… ⊕ e

④ 紅色的發生率 = **連續變項** ⊕ **類別變項** ⊕ ………… ⊕ e

⑤ 紅色的發生率 = **連續變項** ⊕ **類別變項對依變項發生率的影響** ⊕ ………… ⊕ e

⑥ $\dfrac{\text{發生紅色的機率}}{\text{不發生紅色的機率}}$ = **連續變項** + **類別變項對依變項發生率的影響** + ………… + e

⑦ $\ln\left(\dfrac{\text{發生紅色的機率}}{\text{不發生紅色的機率}}\right)$ = **連續變項** + **類別變項對依變項發生率的影響** + ……… + e

⑧ $\ln\left(\dfrac{\text{發生紅色的機率}}{\text{不發生紅色的機率}}\right) = b_1x_1 + b_2x_2 + b_3x_3 + \ldots\ldots + b_nx_n + a$

⑨

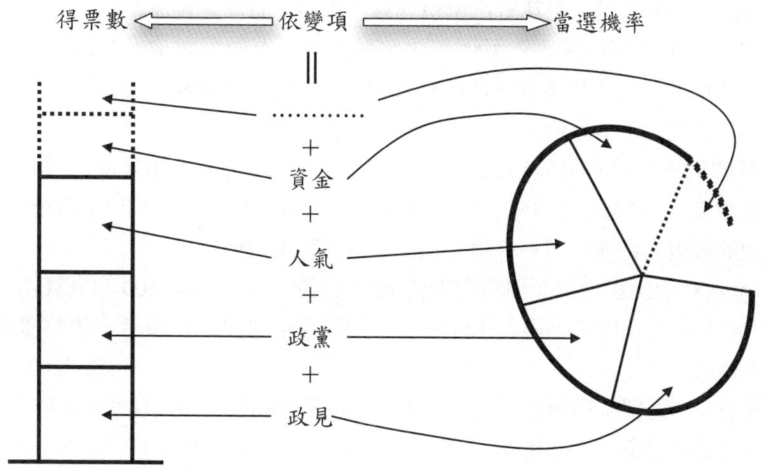

單元90　變項與規律之間的實用意義

在討論回規中**依變項**的類型時，區分成**類別型變項**與**連續型變項**，然而上個單元的例圖⑨中，選舉中的得票數是等距也是等比型資料（請回顧單元 16），但卻是一票一票的不連續型資料，不存在有 1.5 票、1.1 票的情形；那麼，它適合用回規分析嗎？

這種情形還常見於分數的分析，一般的分數是一分一分計算的，即便有些會計分到 0.5 分，也絕不會是無限多位小數計分的連續型資料，甚至有些測驗分數的基本意義上還不見得是等距或等比型資料，是不宜進行數學運算的（請見右頁圖 A ①）。當研究者決定要將其做加減乘除、算平均值、標準差時，就代表已將其當做是等距或等比型資料了（即便其原始意義應該是順序或類別型資料）；並且認同其每一分都是等價的（以右頁圖 A ②的例子來說，就是國文的 1 分等於數學的 1 分），如果不認同這種等價的關係，就不應將其視為等距或等比型資料而進行數學運算。

然而，將資料進行運算分析比較好，還是只以順序或類別型資料進行描述才好？右頁圖 A 下方兩個人各有兩種可能遇到的情境：實線框中所描述的情境，較符合以圖 A ②方式處理資料所做的預測，小明的總成績比較好而有較好出路；虛線框中所描述的情境，則比較符合以圖 A ①方式處理資料所做的預測，小王因為有特長的項目而有較好出路。這四種情境在現實上都有可能發生，因此並沒有哪種處理資料的方式才是絕對正確的；**研究者要了解的是怎麼處理資料代表怎麼樣的意義，而要怎麼處理則取決於研究目的、應用領域、有無實用價值等等，由研究者衡量並決定**。

此一衡量的思慮也可以讓研究者用來決定是否將**不連續型變項**進行回規分析並運用。在數學運算上，有了數值資料便能進行回規分析，**不是連續**的數值也能算出其回規線。然而，重要的是這分析之後的預測是否有**實用價值**？

前面選票的例子，很有可能在回規分析後得到「此政見會增加候選人得到 2222.2 票」、「此候選人會得到 12345.7 票」這種推論，其正確率顯然是 0，因為實際上不會有非整數的票數，這種絕對不會對的預測是否有**實用價值**呢？

如果 1000 次經由回規分析而預測會得到 12345.7 票，之後其中 500 次真實結果得到 12345 票，另 500 次真實結果得到 12346 票；預測完全錯誤，但卻給了我們**極有實用價值**的參考數值。

其實在現實中，**連續型變項**都因測量技術而呈現**不連續型變項**的樣子；以身高為例，原本是常態分佈的身高（右頁圖 B 左圖），在最小單位是 1 公分的量尺下，身高資料是呈現如右頁圖 B 右圖般地**不連續**。

A

①當你敘述：小明國文 80 分、數學 80 分，雙方面都不錯，但沒有專長。
小王國文 100 分，對於文學有特別優異的天份。
則分數只是個用來相對比較的變項，是以順序型資料來看待，
並且國文的分數與數學的分數是不同種類的資料。

②當你敘述：小明平均分數 80 分，或是小王平均分數 79 分，
或是整體成績小明比小王好一點。
則你已把分數視為是可運算的等距或等比資料，
並且已認同國文的 1 分等於數學的 1 分，兩種分數之間可以運算。

小　明

因為各方面均優，被視為全方位人才而受重用。

雖各方面均不差，確無特別專精而不受重用。

小　王

竟然有不及格的學科，整體素質不夠好，應徵便被刷掉不受用。

被看上其國文的特長而重用，至於數學能力完全不重要。

B

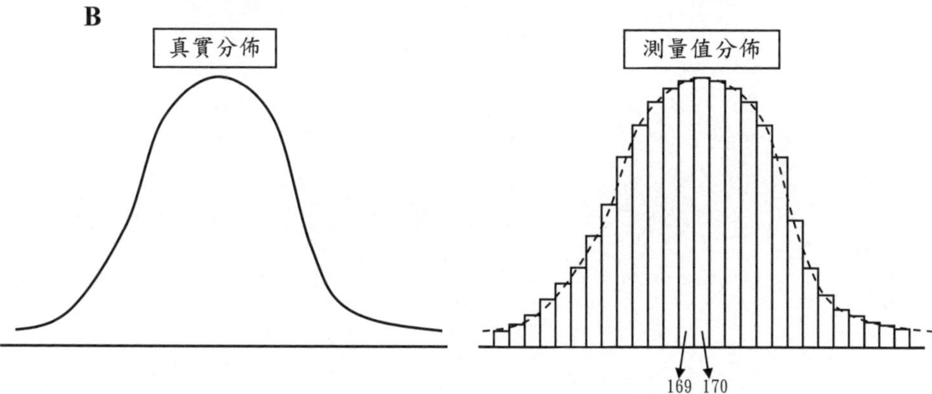

每格之間差 1 公分

量尺更精細，每格之間的差異越小，可能小至 0.1 或 0.01 公分，但在現有的測量技術上，不可能無限小，人類身高在資料呈現上必定是不連續的，雖然在真實上它應該是連續變項。

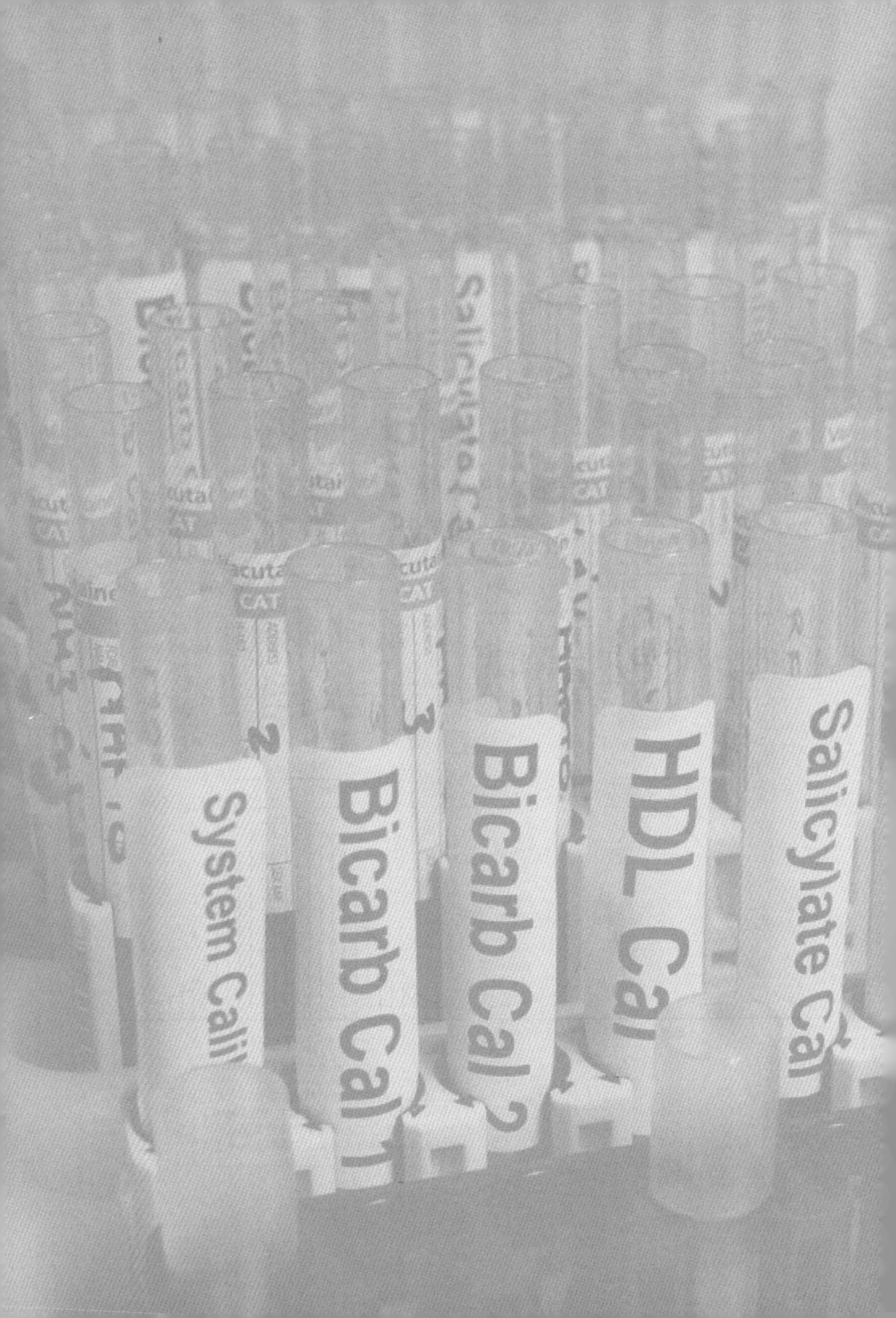
System Cal
Bicarb Cal
Bicarb Cal 2
HDL Cal
Salicylate Cal

第5章 類別的處理

單元91　變項與規率之間的實用意義

關於分析後數值實際應用上的意義，在**直線規律**且**依變項**是連續型變項的狀況下：

$y = b_1x_1 + b_2x_2 + ... + b_nx_n + a$

- 如果 x_1、x_2、x_n 是連續型變項，其實用意義為：

  當 x_1 **每**增加 1 個單位，y 就會增加 b_1 個單位；

  當 x_2 **每**增加 1 個單位，y 也會增加 b_2 個單位；

  當 x_n **每**增加 1 個單位，y 也會增加 b_n 個單位。

- 如果其中 xn 是順序型變項，其意義為：

  當 x_n 增加 1 個順序或等級，y 就會增加 b_n 個單位。

- 如果其中 x_n 是類別型變項，其意義為：

  當 x_n **每**變動為下 1 個數值所代表的類別，比起 x_n 是原數值所代表的類別，y 會增加 b_n 個單位。例如 1 代表黃色，2 代表紅色，3 代表綠色：

  x_n 是紅色時的 y，比 x_n 是黃色時多了 b_n 個單位；

  x_n 是綠色時的 y，比 x_n 是紅色時多了 b_n 個單位，比 x_1 是黃色時多了 $2b_n$ 個單位。

在常見的規律分析當中，若 x_n 是類別型變項，通常只有兩個類別，例如男或女、黃色或不是黃色。此外請注意上述中的**每**字，不管是哪一種變項 x_n **每**增加 1，y 都會增加 b_n。因此如果研究者不認為 x_n **每**增加 1，y 都會增加相同的量時，就不宜將 x_n 納入進行**直線規律**的分析；尤其在 x_n 是順序型或類別型變項時，常常不具有 x_n **每**增加 1，y 都會增加相同量的情形，須特別注意。

而在**依變項**是類別型變項的回規分析時：

$$\ln\left(\frac{\text{發生}y\text{的機率}}{\text{不發生}y\text{的機率}}\right) = b_1x_1 + b_2x_2 + b_3x_3 + ... + b_nx_n + a$$

其意義為：當 x_n **每**增加 1 個單位，$\ln\left(\frac{\text{發生}y\text{的機率}}{\text{不發生}y\text{的機率}}\right)$ 就會增加 b_n。

而這個意義 ...... 其實還真不容易讓人能夠理解與實用，真正能夠讓我們理解的並便於實質應用的應該是「**當 x_n 每增加 1 個單位，發生 y 的機率就會增加多少**」。但為了數學運算分析，已將**發生 y 的機率**除以**不發生 y 的機率**，再取對數（ln）。因此，其實用意義的簡單說法是：

當 $b_n > 0$：x_n 越大，發生 y 的機率也越大；並且 b_n 越大，發生 y 的機率大得越多；

當 $b_n = 0$：x_n 無論大小，發生 y 的機率都一樣；

當 $b_n < 0$：x_n 越大，發生 y 的機率反而越小；並且 b_n 越小，發生 y 的機率小得越多。

而如果讀者想知道發生 y 的精確機率，下式是數學運算後的結果：

$$\text{發生 y 的精確機率} = \frac{e^{b_1x_1+b_2x_2+......b_nx_n+a}}{1+e^{b_1x_1+b_2x_2+......b_nx_n+a}}$$

這裡的 e 是數學上的自然底數，其值約是 2.72。

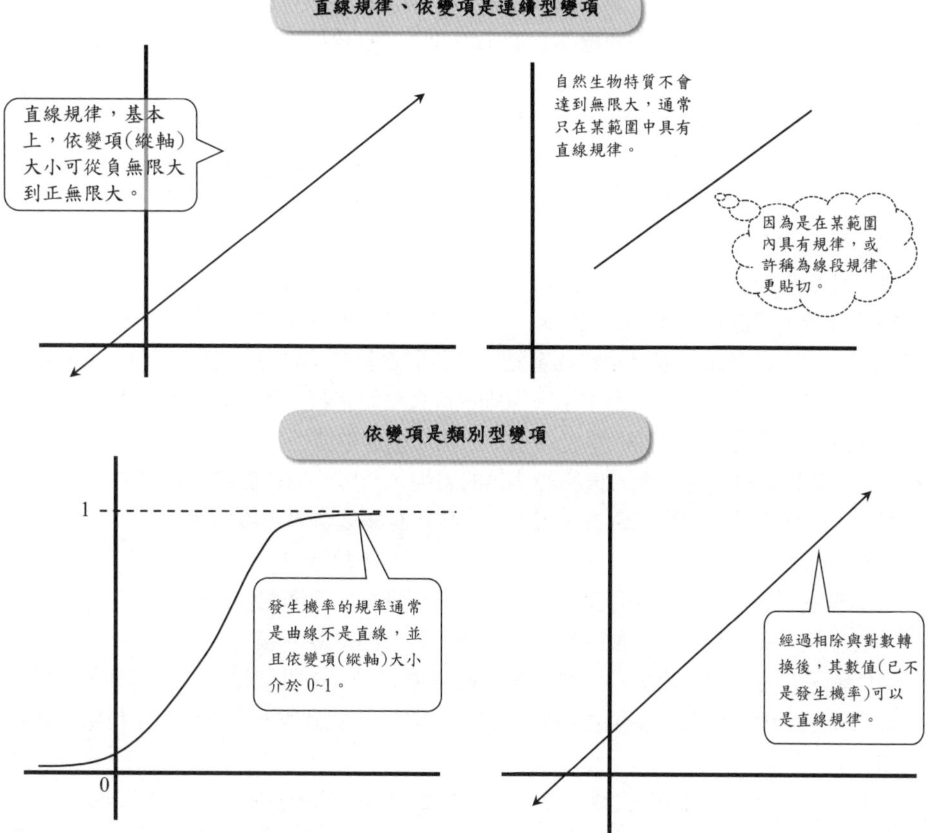

類別型變項規率在實用上不易轉換成直觀可理解意義，需經過數學運算來轉換。下表以 *A* 病發生率為例，假定只與體重、年齡有關，且規率如表中所列：

$\ln \dfrac{\text{發生}A\text{病機率}}{\text{不發生}A\text{病機率}} = 0.2^{*}\text{體重} + 0.3^{*}\text{年齡} - 20$ (體重單位為公斤，年齡單位為歲)
30 歲、體重 60 公斤，依左頁最下方公式可算出發生 *A* 病機率=**73.11%**
30 歲、體重 61 公斤；發生 *A* 病機率=**76.85%**，比上面多了 **3.74%**
30 歲、體重 62 公斤；發生 *A* 病機率=**80.22%**，比上面多了 **3.37%**
同樣 30 歲的情況，體重每多一公斤，發生 *A* 病機率增加的量不一樣。 讀者可自行驗算在不同年齡時，體重由 60 增加為 61 公斤，發生 *A* 病機率增加的量也會不一樣。

單元92　各種變項的特質

這幾個單元探討並比較了連續型變項與類別型變項之間規律的關係，並且由於測量技術的限制，在實用上連不連續對我們來說並不是很重要，因此以下將常見的資料分成三個類型：

- 數值型資料：可以進行數學運算，不論其連不連續。
- 順序型資料：可以用數字代表其大小順序，但這些數字不能運算。
- 類別型資料：可以用文字或數字代表類別，但這些數字或文字都不能運算也無大小順序。

這三種類型的資料在分析時，格式不同，請參見右頁列表比較。在描述一群資料時，若數量不多，我們可以每筆資料都逐一詳細描述；若數量很多，難以逐一細述時，可以用簡短的字詞來描述整群資料的重點。而整群資料的重點是什麼，可由使用該資料的人來決定；右頁表中所列出常用來描述資料重點的字詞，其意義說明如下：

- 平均值、標準差：已於前面單元提過，只用於描述數值型資料。
- 全距：整組資料數據中最大值與最小值的差拒，只用於描述數值型資料。
- 眾數：出現最多次的那項資料，可用於描述所有類型資料，舉例如下：
  「1、1、2、3、5、7、7、7、7、666666、9」的眾數 = 7
  「不滿意、普通滿意、普通滿意、很滿意、很滿意、很滿意」的眾數 = 很滿意
  「紅、紅、黃、靛、靛、靛、白、綠、綠、紫」的眾數 =靛
- 中位數、四分位數：用於描述順序型與數值型資料。將數值從小到大排列，此排列順序裡正中間那個數值稱為中位數；若正中間是兩個數值，其平均為中位數，舉例如下：
  「1、2、3、4、5」的中位數 = 3　　「1、2、3、4」的中位數 = 2與3的平均 = 2.5
  「1、1、3、7、100」的中位數 = 3　「0、1、99、100」的中位數 = 1 與 99 的平均 = 50

而關於四分位數，其意義為數值從小到大排列後，將這些數值**的個數**四等分的位點。例如「1、9、40、60、100」5 **個**數值中的四分位數，不是將 1~100 四等分，而是將 5 四等分（參見右頁圖 A）。四分位數等分的是**順序**，而不是數值本身的大小，如圖 A 中，1 與 9 的順序距離 = 9 與 40 的順序距離 = 差距一個順序。

生物統計學上四分位數的定義（註 23）並不統一，本書以 5 **個**數值為例，列舉 3 種不同定義法與其各自對應的算法圖示說明於右頁圖 B ~ D。要將一線段四等分會有 3 個分割點，稱為第 1 分位數、第 2 分位數、第 3 分位數，其中第 2 分位數也就是中位數。讀者請注意各圖中分割點位置，數學運算式附於右側，有興趣者可參考。

	數值型資料	順序型資料	類別型資料
例	身高 169、170、171 公分	學歷 小學、中學、大學	罹病狀態 有病、無病、未確診
常見初始資料紀錄格式	第 1 個人 165 公分 第 2 個人 172 公分 ⋮	第 1 個人　大學 第 2 個人　中學 ⋮	第 1 個人　無病 第 2 個人　有病 ⋮
資料整理後待分析格式	第 1 個人 165 公分 第 2 個人 172 公分 ⋮	小學 共有…個人 中學 共有…個人 大學 共有…個人	有病　共有…個人 無病　共有…個人 未確診 共有…個人
常用來描述資料的方式	平均值、標準差、最大值、最小值、全距	中位數、百分位數、四分位數、眾數	眾數
備註	身高數值幾公分與幾公分之間可以數學運算	小學、中學、大學3個學歷不能運算，然而屬於各個學歷的**人數**可以運算	有病、無病、未確診3種罹病狀態不能運算，但屬於各種罹病狀態的**人數**可以運算

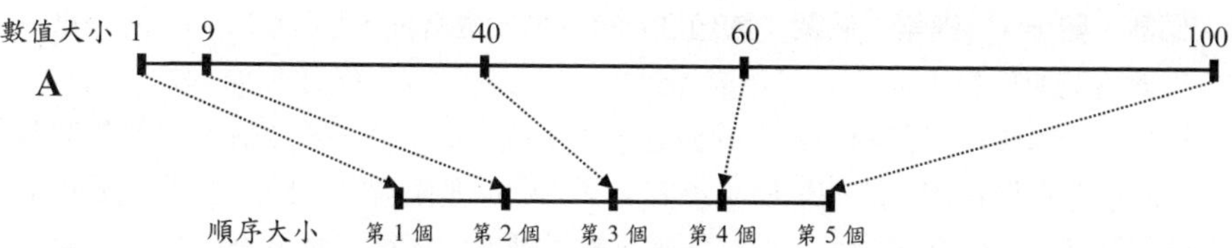

B

想法：
直接將 5 個數 4 等分

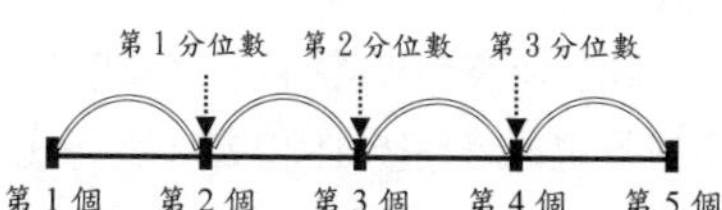

n個數中第k分位數
$=$第$k(\frac{n-1}{4})+1$個數

C

想法：
將前後各多加一個間距
再將總距 4 等分

第 1 分位數 第 2 分位數 第 3 分位數
第 1 個 第 2 個 第 3 個 第 4 個 第 5 個

n個數中第k分位數
$=$第$k(\frac{n+1}{4})$個數

D

想法：
將前後各多加半個間距
再將總距 4 等分

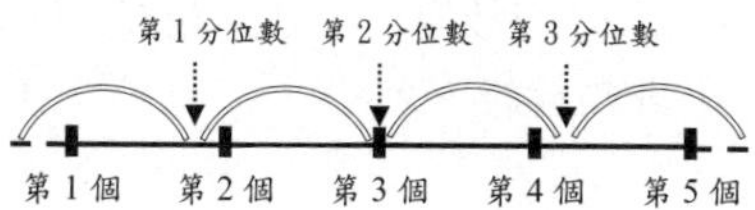

n個數中第k分位數
$=$第$\frac{kn}{4}+\frac{1}{2}$個數

單元93　變項特質的實用意義

上個單元最後提到了 3 種不同四分位數的算法，除了四分位數，常用的還有百分位數，其原理相同，只是將四等分改為百等分，本書便不再贅述。而它們在實質運用上，比如說前述的 3 種不同四分位數算法，用哪個比較好呢？其實 3 種都有人使用，其分割想法就如前單元圖所示，只要明白使用的是哪種分割法，了解各自代表的意義就可；並且在數值的個數很多的時候，這 3 種分割法所分出的位點會很接近，亦沒必要去詳究那其間些微的差異了。

更應注意到的一點是：將數值大小排序後，這些分割法是在等分順序，當某個分割位點不是整數的時候，到底代表什麼實質上的意義呢？上單元圖 C 中的第 1 分位數由圖中公式算出來後是第 1.5 個數，而圖 D 中的第 1 分位是第 1.75 個數，中位數都是第 3 個數；再次強調並非是數值 1.5、1.75 或 3，而是在大小排序後從小算起第 1.5 個數、第 1.75 個數與第 3 個數。若對照上單元圖 A，第 3 個數也就是數值 40，然而並不存在第 1.5 個數與第 1.75 個數；雖在生物統計學上有定義其算法，**例如第 1.5 個數就是第 1 個數（數值 1）與第 2 個數（數值 9）的平均，也就是 5**。但基於下列的考量，本書不推薦這種運算想法：

- 資料排序後重視的是其順序大小的概念，第 1 個、第 2 個、第 3 個 ...... 這些形容所表達的重點在於它們之間的順序；將其之間的順序差距視為等距（上單元圖 B~D）來精細運算各分位點處於第幾點幾個數，難以轉換回實質意義（請見右頁表 A 說明比較）而似是捨本逐末。
- 只有數值型資料可以進行數值的運算（上面粗體字），然而中位數與四分位數的概念更常運用於順序型資料，順序型資料的數字只代表順序，並不代表某個數值。

本書推薦這樣描述：當各個分位數（包含中位數），不是剛好落在第幾個人時，而是落於兩個人之間時，直接說出哪兩個之間；優點是淺顯易懂其實質意義，並且在數值型資料時提供更多的資訊（請見右頁表 B 說明比較）而且並不會多費你太多口水或墨水。

此外，一般情況下，對於數值型資料通常會以平均數及標準差來描述；當研究者選擇以中位數來描述時，其描述重點為大小順序，或是認為依大小排列後，每個數值之間的差距有相當程度的不同。右頁圖 C 中依大小排列後每個數值之間的差距相同，圖 D 中則差距不同，圖中以點線與虛線示意出每個數值之間差距變動的趨勢，一般中位數的算法所求為圖中點線所圈出來的數值。（註：圖 C、D 中虛線或點線僅為說明每個數值變化趨勢的示意圖，並非規律線。）

A

原始資料	平均	實質意義
1 個、2 個	1.5 個	實例如昨天 1 個人生病、今天 2 個人生病。 若這狀況持續下去，平均每天會有 1.5 個人生病，約略 2 天就會有 3 個人生病。有實質意義，此預測可讓醫院事先準備適量的醫療資源。
第 1 個、第 2 個	第 1.5 個	難以說明

B

以中位數為例

描述方法	原始資料	中位數位置	中位數數值
一般定義	10、20、30、40、50、60	第 3.5 個	35
本書推薦	10、20、30、40、50、60	第 3、第 4 個之間	30、40 之間
一般定義	11、19、34、36、41、47	第 3.5 個	35
本書推薦	11、19、34、36、41、47	第 3、第 4 個之間	34、46 之間

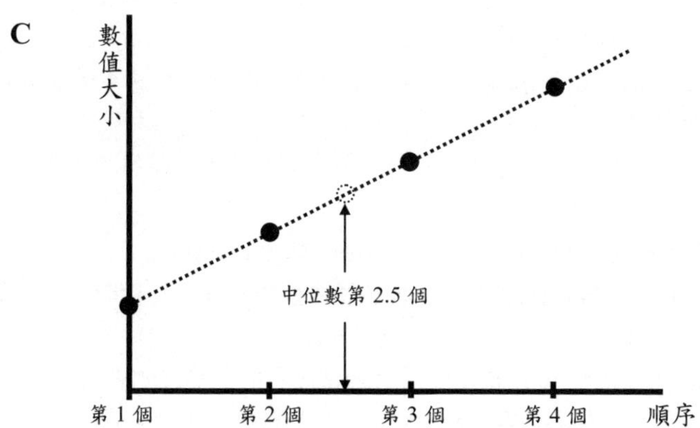

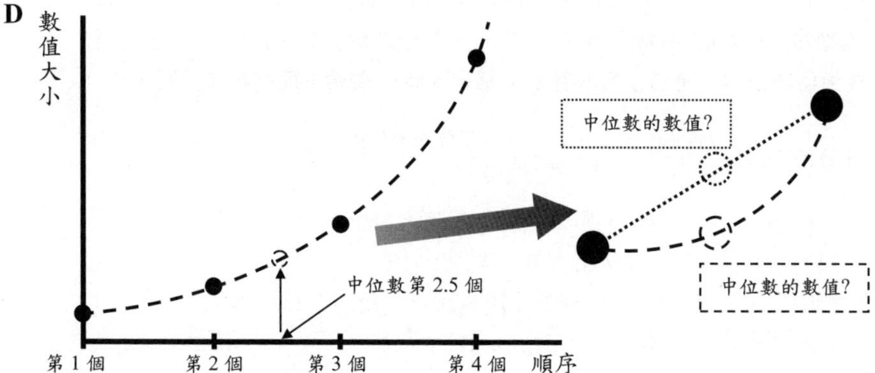

單元94　一個類別變項資料的卡方捏造

在很多情境下，我們對某些事物的重點只在於類別，日常生活中例如某一類商品，其品質、價格、美觀等等要素可能具有不同的數值或等級，但也許賣家重視的就是顧客**買**或**不買**；研究上例如某些疾病與藥，可能有各種評量療效的方式，但有時只區分成**治癒**或**沒治癒**；有些癌症患者其存活時間是數值型變項，但醫療上常有 5 年存活率的評估，也就是看患者存活時間**多於**或**少於** 5 年。

類別變項的資料中，能夠進行運算的是屬於各個類別的個數（請參閱單元 92 表），而資料常整理成如右頁表中所列的形式以進行分析。右頁表 A 與表 B 是兩組樣本，每組樣本中都有 4 種類型的樣本：「白色、黑色、灰色、斑點」，而右頁甲、乙代表兩個母群體，每個母群體中也都有這 4 種類型的個體。

右頁表 A 樣本與母群體甲「白色、黑色、灰色、斑點」4 種類型的數量比約是「1：1：1：1」，而表 B 樣本與母群體乙「白色、黑色、灰色、斑點」4 種類型的數量比約是「1：2：3：4」。從母群體甲隨機抽出 40 個樣本的話，此樣本像表 A 的機會很大，而像表 B 的機會較小；相反地，若從母群體乙隨機抽出 40 個樣本的話，此樣本像表 B 的機會很大，而像表 A 的機會較小。

當我們有這種類別型樣本，想要猜它是否來自某個母群體時，怎麼看該樣本在那某個母群體中極不極端呢？捏造法如下：

①從一個**已知各個類型數量比例**的母群體中一次隨機抽取出 n 個樣本。

②算出這 n 個樣本中**各個類型數量比例**與母群體**各個類型數量比例**一樣時，這 n 個樣本中**各個類型**應該要有的數量。

「例」若從右頁母群體甲抽出 40 個樣本時，各類型應有的數量就如表 A 所列；
若從右頁母群體甲抽出 100 個樣本時，各類型應有的數量就如表 C 所列。
若從右頁母群體乙抽出 40 個樣本時，各類型應有的數量就如表 B 所列；
若從右頁母群體甲抽出 100 個樣本時，各類型應有的數量就如表 D 所列。

- **在每個類別的「應該要有的數量」都≧ 5 時，繼續下面的捏造流程。**

③計算每個類別 $\frac{(\text{實際抽到的數量}-\text{應該要有的數量})^2}{\text{應該要有的數量}}$ 的數值。

④將每個類別③所計算出的數值加總，將總合算出並標記為 χ^2 。

⑤重複①②③④無限多次，得到無限多個 χ^2 值。

這無限多個 χ^2 會形成近似**編號**（**類別數** -1）號的**卡方分佈**。

以右頁所舉為例，總共有「白色、黑色、灰色、斑點」4 種類別，4-1 ＝ 3，所捏造出的是近似**編號** 3 **號**的**卡方分佈**。

A

類別	白色	黑色	灰色	斑點
個數	10	10	10	10

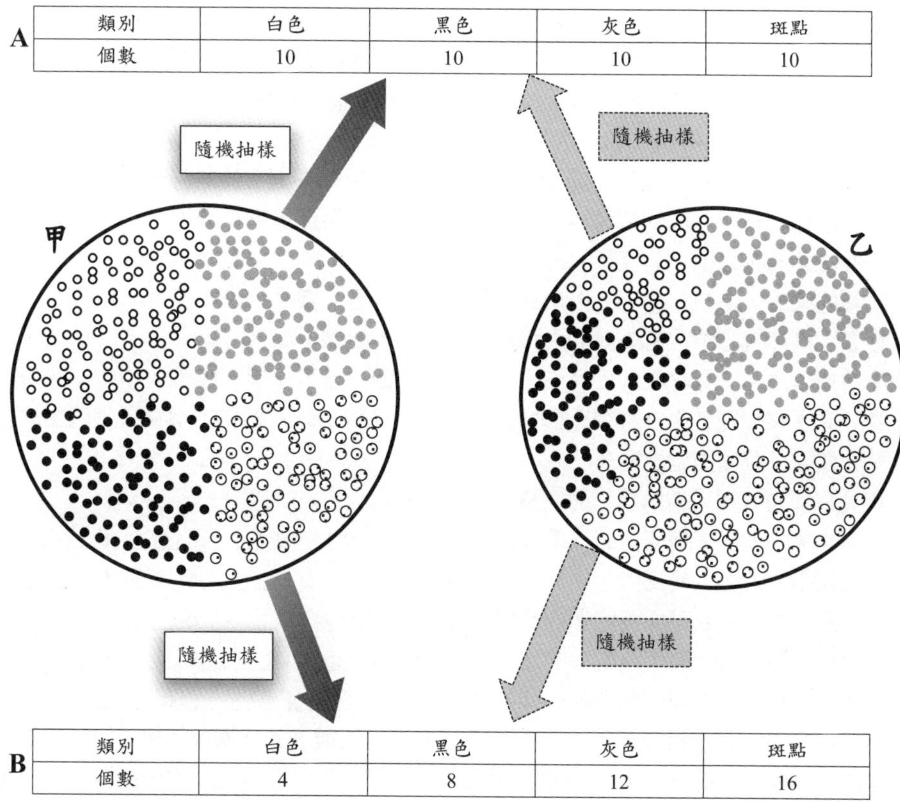

B

類別	白色	黑色	灰色	斑點
個數	4	8	12	16

C

類別	白色	黑色	灰色	斑點
個數	25	25	25	25

D

類別	白色	黑色	灰色	斑點
個數	10	20	30	40

單元95　兩個類別變項資料之間的數量分佈

上個單元裡討論的類別變項資料運算處理，只有 1 個類別（顏色），而該類別中有 4 種變化（白色、黑色、灰色、斑點）。在生物醫學領域中，常研究 2 種類別變項之間的關係，且多針對各只有 2 種變化的 2 種類別，因而資料常以右頁表 A 的形式呈現並分析。以吃藥與疾病為例，若資料為〔200 名病患中，有吃藥而病癒者有 90 人，有吃藥仍病痛中者有 10 人，沒吃藥病癒者有 50 人，沒吃藥仍病痛中者有 50 人〕，以表格呈現則為右表 B 的樣子，簡潔表示出 200 名病患吃藥與疾病狀況的分佈。

對於這種表格所呈現的資料形式，主要有兩大分析目標，第一是：

「有吃藥的人之中，病癒者與病痛者的**比例**」與

「沒吃藥的人之中，病癒者與病痛者的**比例**」是否一樣。

或是「病癒者之中，有吃藥的人與沒吃藥的人的**比例**」與

「病痛者之中，有吃藥的人與沒吃藥的人的**比例**」是否一樣。

在只有 2 種類別各有 2 種變化的情況下，此兩分析角度在數學上與實質意義上的話也是一樣的（雖然描述不同）。

對於右頁表 B~F，請填答下面空格：

①「有吃藥的人裡，病癒與病痛的**比例**」B<u>9:1</u>　C<u>9:1</u>　D______E______F______

②「沒吃藥的人裡，病癒與病痛的**比例**」B<u>5:5</u>　C<u>9:1</u>　D______E______F______

③「病癒者中，有吃藥與沒吃藥的**比例**」B<u>9:5</u>　C<u>9:9</u>　D______E______F______

④「病痛者中，有吃藥與沒吃藥的**比例**」B<u>1:5</u>　C<u>5:5</u>　D______E______F______

①與②的比例或**③與④的比例**一樣嗎？B<u>不一樣</u> C<u>一樣</u> D______E______F______

讀者填答完上面空格後，可以發現在表 C~F 中，**①與②的比例**或**③與④的比例**都是一樣的。以表 C 而言，若表格中是一組樣本的數目，則該樣本從一個與此樣本相同比例的母群體（「**①②比例相同**都是 9:1」且「**③④比例相同**都是 1:1」）隨機抽樣而來的機會**較大**；而從其他比例的母群體隨機抽樣而來的機會較小。

相反地，若表 B 中是一組樣本的數目，則該樣本從一個與此樣本相同比例的母群體（「**①②比例不同**」且「**③④比例不同**」）隨機抽樣而來的機會較大；反而從一個「**①②比例相同**」且「**③④比例相同**」的母群體隨機抽樣而來的機會**較小**。而這個**較小**的機會是否小到讓我們猜此樣本並非來自那樣的母群體，則是如前述中看樣本**極端率**的概念了。

一個問題是，若表 B 是來自「**①②比例相同**」且「**③④比例相同**」的母群體，那麼這兩個**相同的比例**是多少呢？把表 B 中病癒者、病痛者、有吃藥者、沒吃藥者 4 類型的總人數算出如右頁表 G 灰底標示，在這 4 類型的總人數都不變的情況下，要「**①②比例相同**」且「**③④比例相同**」，則表中各格數目應該如右頁表 H 所示。

A

	類別 1 變化 1	**類別 1** 變化 2
類別 2 變化 1	個數	個數
類別 2 變化 2	個數	個數

B

	疾病狀況 病癒	**疾病狀況** 病痛中
治療狀況 有吃藥	90	10
治療狀況 沒吃藥	50	50

C

	疾病狀況 病癒	**疾病狀況** 病痛中
治療狀況 有吃藥	90	10
治療狀況 沒吃藥	90	10

D

	疾病狀況 病癒	**疾病狀況** 病痛中
治療狀況 有吃藥	50	50
治療狀況 沒吃藥	50	50

E

	疾病狀況 病癒	**疾病狀況** 病痛中
治療狀況 有吃藥	90	10
治療狀況 沒吃藥	45	5

F

	疾病狀況 病癒	**疾病狀況** 病痛中
治療狀況 有吃藥	50	50
治療狀況 沒吃藥	20	20

G

	疾病狀況 病癒	**疾病狀況** 病痛中	
治療狀況 有吃藥	90	10	有吃藥 共 100
治療狀況 沒吃藥	50	50	沒吃藥 共 100
	病癒者 共 140	病痛者 共 60	

H

	疾病狀況 病癒	**疾病狀況** 病痛中	
治療狀況 有吃藥	70	30	有吃藥 共 100
治療狀況 沒吃藥	70	30	沒吃藥 共 100
	病癒者 共 140	病痛者 共 60	

單元96　兩個類別變項資料的卡方捏造

延續上個單元中討論的資料形式，若母群體「①②**比例相同**」時，自然也會「③④**比例相同**」，這種情形兩個類別變項之間彼此互不干擾，彼此**獨立**。以上單元表 E 為例來說，就是有無吃藥與疾病是否治癒無關；雖然從表 E 中有吃藥的人之中 9 成的人病癒，但沒有吃藥的人之中也是 9 成的人都病癒，有可能是那個病原本就大多能自然痊癒，吃藥並沒能讓更多人病癒。

對於此點，舉例如右頁表 A 所示：吃藥的人之中比起沒吃藥的人，**多了 1 個病人被治癒**了，如果這**多 1 個**並不是因為隨機抽樣引起的誤差，而是其母群體中的所具有的特質（吃藥的人病癒率比沒吃藥者病癒率高），那麼可以合理推論這**多出的 1 個被治癒的病人**應該**可以歸因**為吃藥的效果（註 24）。右頁表 B 中是類似表 A 的情形，可以看到有吃藥的人本來就比沒吃藥的人少，導致有吃藥的病癒人數也比沒吃藥的病癒人數少，但是有吃藥的人之中病癒的比例是比較高的；因此我們是看是否有**可以歸因**為吃藥所多出的病癒**率**，而不是看是否有**可以歸因**為吃藥所多出的病癒**數量**。

然而，表 A 與表 B 中在吃藥者所多出的病癒**率**可能是隨機抽樣引起的誤差，它們可能是來自吃藥與疾病狀態彼此**獨立**的母群體。那麼當有這樣子的樣本資料時，怎麼看極端率來猜呢？首先要確認我們是要猜樣本來自哪個母群體，以上個單元表 G 的樣本為例，要猜的是該樣本是否來自各類數量比例如上個單元表 H 的母群體；以右頁表 C 的樣本為例，則要猜的是該樣本是否來自各類數量比例如右頁表 D 的母群體。

確認了要猜樣本是來自哪個的母群體之後，捏造法如下：

①從一個**已知各個類型數量比例**的母群體中一次隨機抽取出 n 個樣本，依母群體**各個類型數量比例**算出這 n 個**各類別總合**（右頁表灰底處）與**各個類型**（4 格中）應該要有的數量。

「例」若從表 D 比例的母群體抽出 400 個樣本時，各類型應有的數量就如表 D 所列。
若從表 D 比例的母群體抽出 16 個樣本時，各類型應有的數量如表 E 所列。
若從表 D 比例的母群體抽出 200 個樣本時，各類型應有的數量如表 F 所列。

- **在每個類別的「應該要有的數量」都≧ 5 時，繼續下面的捏造流程。**

②若這 n 個樣本中**各類別總合數量**（右頁表灰底處）與①算出應該要有的數量不都相同，從①重抽；都相同繼續下面步驟。

③計算每個類別 $\frac{(\text{實際抽到的數量}-\text{應該要有的數量})^2}{\text{應該要有的數量}}$ 的數值。

④將每個類別③所計算出的數值加總，將總合算出並標記為 χ^2 。

⑤重複①②③④無限多次，得到無限多個 χ^2 值。

這無限多個 χ^2 會形成近似**編號（類別甲變化數 -1）*（類別乙變化數 -1）號的卡方分佈**。

A

	疾病狀況 病癒	**疾病狀況** 病痛中
治療狀況 有吃藥	91	9
治療狀況 沒吃藥	90	10

B

	疾病狀況 病癒	**疾病狀況** 病痛中
治療狀況 有吃藥	21	19
治療狀況 沒吃藥	50	50

C

	類別甲 變化 1	**類別甲** 變化 2	
類別乙 變化 1	60	40	共 100
類別乙 變化 2	240	60	共 300
	共 300	共 100	

D

	類別甲 變化 1	**類別甲** 變化 2	
類別乙 變化 1	75	25	共 100
類別乙 變化 2	225	75	共 300
	共 300	共 100	

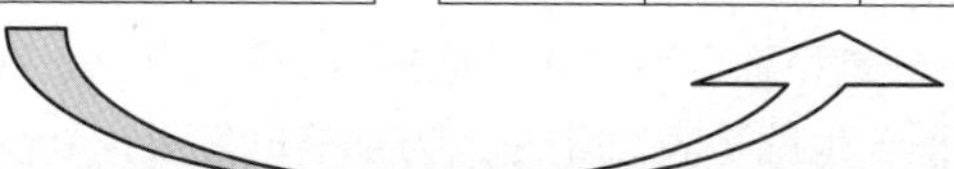

應有的數量計算原理為在保持4個灰底數量一樣之下，
讓 4 格中橫向、縱向的比例與灰底數量橫向、縱向的比例一樣。

E

	類別甲 變化 1	**類別甲** 變化 2
類別乙 變化 1	3	1
類別乙 變化 2	9	3

F

	類別甲 變化 1	**類別甲** 變化 2
類別乙 變化 1	37.5	12.5
類別乙 變化 2	112.5	37.5

此頁所舉例的表格中，類別甲有 **2** 個變化，類別乙有 **2** 個變化，這種形式的表格一般稱為 **2** 乘 **2** 表格。兩類別變化的數量比例如 **2** 乘 **2** 表格所示母群體，在左頁捏造法最最後所形成近似**編號(類別甲變化數-1)*(類別乙變化數-1)號**的卡方分佈也就是**編號1號**的卡方分佈：**(類別甲變化數-1)*(類別乙變化數-1)=(2-1)*(2-1)=1**。

單元97　兩個類別變項資料的精確計算

在個單元 94 與 96 中的捏造過程中有一個〔**在每個類別的「應該要有的數量」都 ≧ 5 時，繼續下面的捏造流程**〕的觀察點，如果有任一個類別變化裡（2 乘 2 表格中的任何一格）的數量＜ 5 時，最後無限多個 χ^2 所形成的分佈就不太會近似卡方分佈。

在這種其況下有兩個建議，一是增加隨機抽取的樣本數總數 n，總數 n 變多的話，各個類別變化裡應該有的數量也會跟著增多；另一是使用其他方法來算出極端率，我們不使用捏造的分佈是因為數量太少，既然數量很少，那就方便逐一精確來計算其發生的機率。

首先來看看 2 乘 2 表格的資料形式的一個特點，請見右頁表 A，只記錄了**類別甲變化 1 且類別乙變化** 1 的數量是 1，但已知各類別變化的數量和如表 A 灰底所示，請讀者試著將表 A 中剩下 3 格中的數量填上。

想必在你很輕易地填上各格數量後立即就發現：在知道 4 個類別變化的數量和（表 A 灰底）時，2 乘 2 表格中只需要有任何一格的數量，就能代表各格數量的分配情形。

而由表 A 灰底處 4 個類別變化的數量和，可算出預期中各格的應有數量，如表 B 所示，其中有一格的應有數量＜ 5，因此我們不用上個單元的捏造法捏造資料庫，改為一一地來精確計算所有可出現的情況的機率。

在 4 個類別變化數量和確定為表 A 灰底所示的數量下，2 乘 2 表格裡的數量分配情形全部只會有 11 種，也就是表 C 中左上方那格的數量從 0 個到 10 個共 11 種；而左上方那格的數量為 1 的表 A 是其中的一種。

極端的概念是：越罕見、越不可能出現的就是越極端。我們可以把所有 11 種數量分配出現的機率都算出來，11 種分配情形裡凡是出現的機率比左上方那格的數量出現是 1 的機率還要小的，就是比表 A 的分配更為極端的分配。

精確機率的數學算式如下（無意鑽研數學層面者可略過）：

在右頁表 D 中數量和固定為 a + b、a + c、c + d、b + d 的情況下：

$$2 \text{ 乘 } 2 \text{ 表格裡的數量各為 a、b、c、d 的機率} = \frac{(a+b)!(a+c)!(c+d)!(b+d)!}{(a+b+c+d)!a!b!c!d!}$$

右頁表 E 列出 4 個類別變化的數量和固定如表 C 灰底所示時，所有可能的 11 種分配表與每種分配情形出現的機率。為簡潔易讀，表 E 只列出其中 2 乘 2 表格的部分，且只標出左上格的數量，讀者若有興趣可自行填上其他格應有的數量。

表 A（左上格是 1）的分配情形，其出現的機率為 0.0194 左右，出現機率比 0.0194 更低的有左上格為 0、8、9、10 這四種分配情形。

A

	類別甲 變化 1	**類別甲** 變化 2	
類別乙 變化 1	1		共 12
類別乙 變化 2			共 18
	共 10	共 20	

B

	類別甲 變化 1	**類別甲** 變化 2	
類別乙 變化 1	4	8	共 12
類別乙 變化 2	6	12	共 18
	共 10	共 20	

C

	類別甲 變化 1	**類別甲** 變化 2	
類別乙 變化 1	0~10		共 12
類別乙 變化 2			共 18
	共 10	共 20	

D

	類別甲 變化 1	**類別甲** 變化 2	
類別乙 變化 1	a	b	a + b
類別乙 變化 2	c	d	c + d
	a + c	b + d	

E

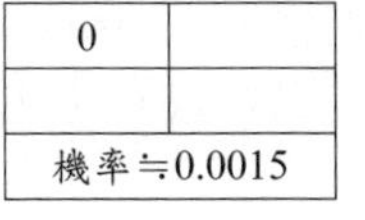

0	
機率≒0.0015	

1	
機率≒0.0194	

此分配情形就是表 A 的情形

2	
機率≒0.0961	

3	
機率≒0.2330	

4	
機率≒0.3058	

5	
機率≒0.2259	

6	
機率≒0.0941	

7	
機率≒0.0215	

8	
機率≒0.0025	

9	
機率≒0.0001	

10	
機率≒0.000002	

出現左上格為 1 的機率 -（極端率）= 出現左上格為 1 的機率 -（出現比它更極端狀況的機率）

= 0.0194 + (0.0015 + 0.0025 + 0.0001 + 0.000002) ≒ 0.0235 ← 可用此機率和來進行猜測。

（註：在此之前所談及的樣本資料分析中，樣本數值出現的機率幾乎為 0（請回顧單元 19），因此只以極端率大小來做猜測。）

單元98　兩個類別變項資料的對比分析

在個單元 95 中，說到對於以表格所呈現的資料形式，主要有兩大分析目標，第一就是前面所談的「所有樣本**數量**分佈在各個不同類型、不同變化下**分佈的比例**是否一樣（單元 95 中①**與**②**的比例**或③**與**④**的比例**）」。如果**分佈的比例**一樣，則表示這些不同類型變項之間彼此互不影響（相互獨立），反之則表示這些不同類型變項之間有某種關聯；如果有關聯，這關聯的程度大小就常是研究者第二個主要的分析目標。

單元 94 與 96 中所說的，利用捏造出近似卡方分佈來進行猜測的分析法，可以適用在 n 乘 m 表格的資料記錄格式，像單元 94 中的例子是 1 乘 4 表格，單元 94 中的例子是 2 乘 2 表格。2乘 3、3 乘 3 以上的表格在實際研究中便較少見了；因為與其分析繁多的資料，大多的研究設計會在資料收集上控制某些變數，以清楚地辨別其研究標的（請回顧單元 26 見著知微）。因此接下來將針對 2 乘 2 表格的資料記錄格式來思考其分析方式。

2 乘 2 表格的資料記錄格式如右頁表 A 所示，表 A 中左上格的數量除以右上格的數量，是**具有「類別乙變化 1」特質的個體**在「類別甲變化 1」與「類別甲變化 2」數量分佈上的**比值**。

以實例來說明以便於了解，請見右頁表 B 例子：想分析有無抽菸與是否罹患肺癌之間的關聯，首先我們看有抽菸者們罹患肺癌的情形，110 人中有 10 人罹患肺癌，100 人不罹患肺癌，10/100 就是抽菸者罹癌與不罹癌的**比值**；只看到這裡時，下結論「抽菸者不容易罹患肺癌」是適當的。然而再看沒抽菸者們罹患肺癌的情形，10100 人中有 100 人罹患肺癌，10000 人不罹患肺癌，100/10000 就是沒抽菸者罹癌與不罹癌的**比值**，下結論「沒抽菸者不容易罹患肺癌」也是適當的。

既然抽菸者**不容易**罹患肺癌，沒抽菸者**也不容易**罹患肺癌，那就需要來比看看誰比較不容易，因此就把兩個**比值**再比一次，這兩個**比值**的相除得到的**比值**可稱為**相對的比值**，簡稱**對比值**。我們可以看到表 B 中「抽菸者不容易罹患肺癌」，但要是跟沒抽菸者比，具有 10 倍的罹患肺癌的**對比值**；罹患肺癌是一種危險，因此可說是具有 10 倍的罹患肺癌的**危險對比值**（註 9）。

請注意，「抽菸者不容易罹患肺癌」這個說法仍然沒錯，只是沒抽菸者**更不容易**罹患肺癌。然而，我們可以看到若不與沒抽菸者相比，得到的結論容易誤導或掩蓋真正的重點，如此便是欠缺全盤考量了（請回顧單元 25，該單元中的例子與上例都是一樣的觀念）。

A

	類別甲 變化 1	**類別甲** 變化 2
類別乙 變化 1	a	b
類別乙 變化 2	c	d

a / b

c / d

$$\frac{a/b}{c/d}$$

比值　　對比值

B

	罹患肺癌	沒罹患肺癌
抽菸	10	100
沒抽菸	100	10000

10 / 100 = 0.1

100 / 10000 = 0.01

$$\frac{\mathbf{0.1}}{\mathbf{0.01}} = 10$$

C

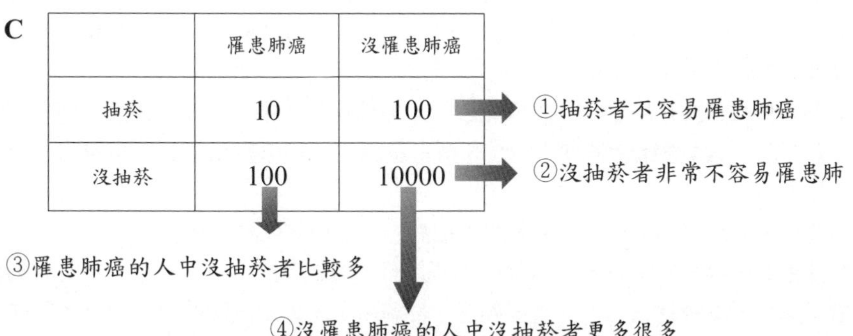

④沒罹患肺癌的人中沒抽菸者更多很多

請注意，上面①②③④四句話都是**正確**的！但如果只摘錄其中①與③來說，是不是會讓人覺得越有抽菸越不會有得肺癌的感覺呢？然而這並不是騙術，因為並沒有用任何不正確的話來騙人，應該可說是高明的話術吧。

這就是沒有全盤考量的後果，因此在這種 2 乘 2 表格型式的資料時，4 格中的數量都要納入考量，將兩兩的**比值**再相比得到**對比值**的分析方式，才算對這 2 乘 2 表格中的資料有全盤考量到了。

單元99　對比值的實際意義

請先練習填答由右頁表 A 與表 B 表格中的數量計算出表格右方的**比值**與**對比值**。當你正確計算並填答完後，表 A 與表 B 的**對比值**應該都是 10。接下來的重點是這**對比值**的數字 10 的實用意義到底是什麼呢？

很遺憾地，對於此，我們無法用簡單的敘述精確地說出來，要精確說明**對比值**的數值大小的實際意義；以右頁表 A 與表 B 的例子來講，其精確意義的說法是：

「抽菸者罹患肺癌與不得肺癌**的比例**，是不抽菸者罹患肺癌與不得肺癌**的比例的 10 倍**」。

這個敘述差不多是把**對比值**的計算方式整個用白話文表達出來了，但唯有這樣才能完整表達這對比值 10 的精確意思，如果簡化為下面的說法都是不正確的：

① 「抽菸者有 10 倍罹患肺癌的危險」：沒有說明是與什麼比較，10 倍。

② 「抽菸的話，罹患肺癌的危險是不罹肺癌的 10 倍喔」：以右頁表 A 數據來講，我們可以看到即使是抽菸者也不容易得肺癌，並且剛好相反，沒得肺癌的機會是得肺癌的 10 倍。

③ 「抽菸罹患肺癌的危險是不抽菸的 10 倍」：以右頁表 B 數據來講，抽菸者得肺癌的機會是 100/120，約為 0.833，不抽菸者得肺癌的機會是 200/600，約為 0.333，抽菸罹患肺癌的危險只有不抽菸的 0.833/0.333，約為 2.5 倍（以表 A 數據來算，則約是 9.2 倍）。

真的要簡化敘述於實用上，大概只能說成「抽菸比起不抽菸，有比較大得肺癌的危險」，此說法已捨棄**對比值**的數字 10 的精確意義，只知道**對比值**的數字越大，這個危險就越大。

而當**對比值**的數字為 1 時，「抽菸跟不抽菸，得肺癌的危險一樣」。

當**對比值**的數字小於 1 時，「抽菸比起不抽菸，得肺癌的危險比較小」，並且**對比值**的數字越小，危險就越小；因為罹癌是一件壞事，所以用危險形容，而當危險較小時，常見用**保護來形容**：「對於罹患，肺癌比起不抽菸，抽菸有**保護**效果」。

危險對比值的實質意義及數學運算其實與單元 89~91 所提到的對數回規是一致的：

對數回規式 $\ln\left(\frac{\text{發生}y\text{的機率}}{\text{不發生}y\text{的機率}}\right) = b_1x_1 + b_2x_2 + b_3x_3 + \ldots\ldots + b_nx_n + a$ 中

若 y 為右頁例中的肺癌、$x_1 = 1$ 代表有抽菸、$x_1 = 0$ 代表沒抽菸，則：

抽菸相較於沒抽菸對於罹患肺癌的**危險對比值** $= e^{b_1}$ （e 為自然底數≒ 2.72）

此外，上述③所提到的表示法，在流行病學上亦有其意義與用處，因為主要用來針對疾病或負面的事物，其算法所算出的比值稱為發生風險（risk），與相對風險（relative risk）或風險對比值（risk ratio），請見右頁表 C；另外還有風險差值，同樣參見右頁表 C。研究者可選擇適當的來表達比例之間的關係。

A

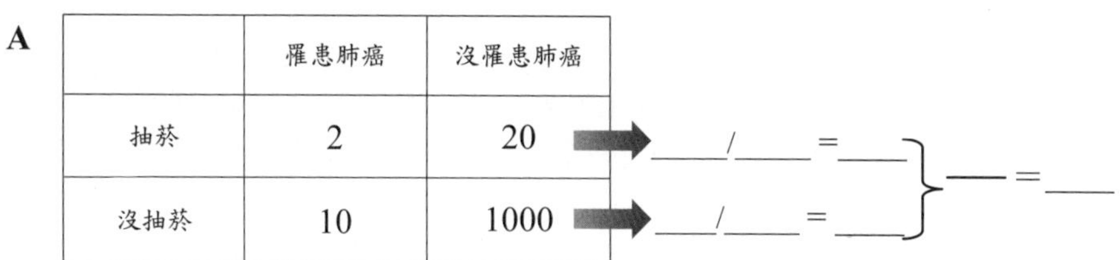

	罹患肺癌	沒罹患肺癌
抽菸	2	20
沒抽菸	10	1000

B

	罹患肺癌	沒罹患肺癌
抽菸	100	20
沒抽菸	200	400

___/___ = ___

___/___ = ___

—— = ___

C

	罹患肺癌	沒罹患肺癌	
抽菸	a	b	a + b
沒抽菸	c	d	c + d

對於罹患肺癌

抽菸勝算(odds) $= \frac{a}{b}$

沒抽菸勝算(odds) $= \frac{c}{d}$

危險對比值(odds ratio) $= \dfrac{\frac{a}{b}}{\frac{c}{d}}$

抽菸風險(risk) $= \frac{a}{a+b}$

沒抽菸風險(risk) $= \frac{c}{c+d}$

風險對比值(risk ratio) $= \dfrac{\frac{a}{a+b}}{\frac{c}{c+d}}$

風險差值(risk difference)

$$= \frac{a}{a+b} - \frac{c}{c+d}$$

單元100　三個類別變項資料的分析

若有三個類別變項，依前述的表格方式呈現資料時，會像是個立體表格。以抽菸、喝酒、生病三個類別變項為例，並簡化各個類別變項只有兩個變化（有跟無），表格形式會如右頁圖 A 所示的 2 乘 2 乘 2 立體表格；但為了容易觀看，通常以右頁表 B 分成兩個 2 乘 2 表格的方式來呈現。

在分析三個類別變項之間的關係時，前面單元所提到過的**對變項的干擾**與**對作用的干擾**仍然是必須注意的；這兩種影響變項間關係的觀念與前述相同，實例上請見右頁表 C、D：

表 C 中：

有喝酒的人中，抽菸相對於沒抽菸得病的危險對比值為 1；

沒喝酒的人中，抽菸相對於沒抽菸得病的危險對比值為 1；

不分有無喝酒，抽菸相對於沒抽菸得病的危險對比值為 3.5。

此現象為「喝酒」對「抽菸與疾病**變項**間」的**干擾**現象，請回顧單元 82、83 並作比較。

表 D 中：

有喝酒的人中，抽菸相對於沒抽菸得病的危險對比值為 10；

沒喝酒的人中，抽菸相對於沒抽菸得病的危險對比值為 1；

不分有無喝酒，抽菸相對於沒抽菸得病的危險對比值為 2。

此現象為「喝酒」對「抽菸對疾病**作用**」的干擾（**交互作用**）現象，請回顧單元 84 並作比較。

對於表 D 中呈現**對作用的干擾**的三個變項之間處理的方式，就是分開分析。以表 D 為例，也就是左方（有喝酒）與中間（沒喝酒）表格的數據分別分析出危險對比值各為 10 與 1，分開討論與運用。以表 D 數據而言，合理的推論是「對於有喝酒的人，抽菸有很高的危險會生病；但是沒在喝酒的人，抽菸對於生病沒有影響」。請注意，**額外發表「不分有無喝酒整體來看的話，抽菸還是較有生病危險的**（**危險對比值為 2**）**」是沒有意義的**，既然有喝酒的人與沒喝酒的人，抽菸所造成的影響不同，**就不應該整體來看**。

對於表 C 中呈現**對變項的干擾**，我們知道「不管有無喝酒，抽菸對生病的影響都是一樣的」；但是重點是，都一樣是危險對比值為 1，或是都一樣是危險對比值為 3.5 呢？請讀者仔細想一想，如果你沒能很確定的話，請回顧單元 24；比較右頁表 C 的數據與單元 24 圖 C 的數據。在這兩個單元中會發生這種看似矛盾的情形，主要是因為**要合併的兩類資料**（此單元是有無喝酒，單元 24 是已婚、未婚）**中，兩類的總數量有差異，使得合併後總數量小的該類數量的運算效果變得微弱**；單元 24 圖 C 中可輕易看出此變微弱的效果，右頁表 C 中有喝酒的幾十人數量被沒喝酒的上千人數量給稀釋了。

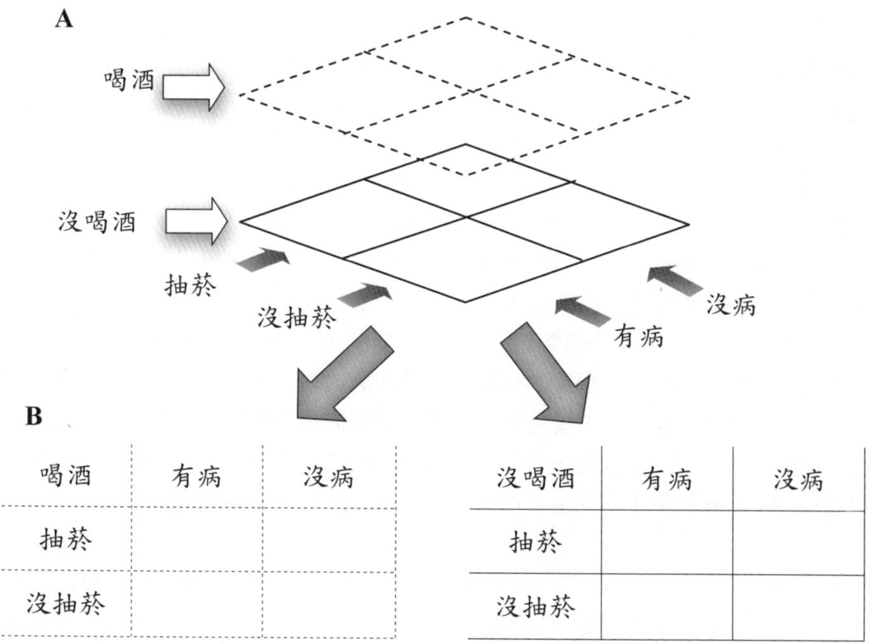

C

	有喝酒		沒喝酒		全部	
	有病	沒病	有病	沒病	有病	沒病
抽菸	5	15	1	99	6	114
沒抽菸	5	15	10	990	15	1005
危險對比值	$\frac{5/15}{5/15}=1$		$\frac{1/99}{10/990}=1$		$\frac{6/114}{15/1005}\doteqdot 3.5$	

D

	有喝酒		沒喝酒		全部	
	有病	沒病	有病	沒病	有病	沒病
抽菸	50	10	10	30	60	40
沒抽菸	10	20	20	60	30	80
危險對比值	$\frac{50/10}{10/20}=10$		$\frac{10/30}{20/60}=1$		$\frac{60/40}{30/80}=4$	

單元101　三個類別變項資料的分層處理

在上個單元表 C 中，我們知道「不管有無喝酒，抽菸對生病的影響都是一樣的」，而且應該都一樣是危險對比值為 1。由於該表數據中有無喝酒者，抽菸得病的危險對比值都剛好是 1，所以很好判斷；然而請見右頁表 A 的數據，有無喝酒的人數與上個單元表 C 中一樣，但有無抽菸與生病的人數略有差異：

- 有喝酒的人中，抽菸相對於沒抽菸得病的危險對比值約為 1.12；
- 沒喝酒的人中，抽菸相對於沒抽菸得病的危險對比值約為 0.91。

我們**假定**這並非變項間對作用的干擾效果，而只是取樣的隨機誤差，它的來源母群體可能是與上個單元表 C 的來源母群體相同，也就是危險對比值是 1。但它也可能是來自危險對比值是 0.99 的母群體，也可能是來自危險對比值是 1.01 的母群體 ......，我們必須決定一個運算方式來**預測**其來源母群體的危險對比值，而這個運算方式必須能夠解決前述**因為不同兩類別的總數量有差異所導致的矛盾情形**。既然矛盾點起因於**總數量小的類別在合併後的運算裡會被數量大的給稀釋**，那麼要解決這個問題至少需在運算過程中，將**總數量小的**數值給**加強**一些，讓該類別在合併運算中仍佔有相當的地位。

右頁表 B 所列稱為 Mantel-Haenszel 運算法，是廣受認同的運算方式。右頁表 B 最下一列中，列出危險對比值從原本算式經由數學移項轉換成 $\frac{a*d}{b*c}$ 的型式，此轉換仍保有其實質意義：a 或 d 的數量越多，危險對比值越大；b 或 c 的數量越多，危險對比值越小。Mantel-Haenszel 運算法中將 a*d 與 b*c 分別除以各類的總數（n_1 與 n_2）後，就有了「將**總數量小的**數值給**加強**」的作用了。Mantel-Haenszel 運算法能推廣使用於喝酒的類別變化在 2 以上的資料型態（例如 4 個變化情形：沒喝酒、喝白酒、喝紅酒、喝啤酒），其運算方式與原理是一樣的，本書主要還是討論 2 個類別變化的情形。

接著來思索，如果「喝酒」對「抽菸與疾病之間」有**對變項或作用的干擾**，那麼「抽菸」對「喝酒與疾病之間」也會有**對變項或作用的干擾**嗎？答案是不一定。

右頁表 C 與上個單元表 C 中的數據完全一樣，只是排列方式不一樣：兩個表格中有無喝酒與**有無抽菸**的分類位置互換（在表中為兩變項所處的欄、列互換）。我們可以看到右頁表 C 裡有抽菸、沒抽菸、全部一起看，喝酒相對於沒喝酒得病的危險對比值都是 33；因此「抽菸」對「喝酒與疾病變項間」**沒有**干擾（請注意，**並非**「抽菸」對「疾病」沒有影響）。

請讀者以上個單元表 D 中的數據仿照上述，當場練習填答右頁表 D，並比較兩表的結果。

A

	有喝酒		沒喝酒		整體	
	有病	沒病	有病	沒病	有病	沒病
抽菸	6	15	1	108	?	?
沒抽菸	5	14	10	981	?	?
危險對比值	$\frac{6/15}{5/14} \fallingdotseq 1.12$		$\frac{1/108}{10/981} \fallingdotseq 0.91$		$\frac{?/?}{?/?} = ?$	

B

	有喝酒		沒喝酒		Mantel-Haenszel 運算法
	有病	沒病	有病	沒病	$n_1 = a_1 + b_1 + c_1 + d_1$ $n_2 = a_2 + b_2 + c_2 + d_2$
抽菸	a_1	b_1	a_2	b_2	
沒抽菸	c_1	d_1	c_2	d_2	
危險對比值	$\frac{a_1/b_1}{c_1/d_1} = \frac{a_1d_1}{b_1c_1}$		$\frac{a_2/b_2}{c_2/d_2} = \frac{a_2d_2}{b_2c_2}$		$\frac{\frac{a_1d_1}{n_1} + \frac{a_2d_2}{n_2}}{\frac{b_1c_1}{n_1} + \frac{b_2c_2}{n_2}}$

C

	抽菸		**沒抽菸**		全部	
	有病	沒病	有病	沒病	有病	沒病
有喝酒	5	15	5	15	10	30
沒喝酒	1	99	10	990	11	1089
危險對比值	$\frac{5/15}{1/99} = 33$		$\frac{5/15}{10/990} = 33$		$\frac{10/30}{11/1089} = 33$	

D

	抽菸		**沒抽菸**		全部	
	有病	沒病	有病	沒病	有病	沒病
有喝酒						
沒喝酒						
危險對比值						

提醒：這裡只需仿照上個單元單純加總計算喔，並不是要使用 Mantel-Haenszel 運算法。

單元102　分層處理下的猜測

在上個單元提到 Mantel-Haenszel 運算法之前，曾經**假定**那並非交互作用，而只是抽樣的隨機誤差；若我們不強勢地**假定**，那就是要客觀地來**猜**了。具有三個類別變項的資料，以其中一個（甲）來分層看剩下兩個變項（乙、丙）之間的關係時，這乙、丙兩個變項之間的關係在甲的各個分層中是否一樣？下面的捏造法可以讓我們求得極端率以便猜測（請參考右頁圖示）：

①從一個「**以變項甲的不同變化來分層，各層中乙對丙之危險對比值都相同**」的母群體中一次隨機抽取出 N 個樣本，其中各層樣本數為 $n_1 \sim n_k$，各層在 2 乘 2 表格中之樣本數為 $a_1 \sim a_k$、$b_1 \sim b_k$、$c_1 \sim c_k$、$d_1 \sim d_k$。每一層的這些數量標記為 a_i、b_i、c_i、d_i、n_i（$a_i + b_i + c_i + d_i = n_i$），i 為 1~k，一共有 k 層。

②算出各層的 $\dfrac{1}{\dfrac{1}{a_i}+\dfrac{1}{b_i}+\dfrac{1}{c_i}+\dfrac{1}{d_i}}$，將此數值標記為 w_i。

③計算 $\displaystyle\sum_{i=1}^{k} w_i\left(\ln\frac{a_i d_i}{b_i c_i}\right)^2-\frac{\left(\displaystyle\sum_{i=1}^{k} w_i \ln\frac{a_i d_i}{b_i c_i}\right)^2}{\displaystyle\sum_{i=1}^{k} w_i}$，將此數值標記為 χ^2。

④重複①②③無限多次，得到無限多個 χ^2 值。

這無限多個 χ^2 形成的分佈，會近似**編號**（k-1）號的**卡方分佈**。

接著便可將樣本數值依照上面捏造過程算出樣本的 χ^2 值，然後查得該 χ^2 值的極端率來進行猜測了。

若猜測樣本是來自「**以變項甲的不同變化來分層，各層中乙對丙之危險對比值不都相同**（請注意並非**都不相同**）」的母群體時，則應該**分開來計算**變項甲各個不同變化下的**危險對比值**，在之後的實際運用上也是分開適用。

當猜測樣本是來自「**以變項甲的不同變化來分層，各層中乙對丙之危險對比值都相同**」的母群體時，使用上單元所提到的 Mantel-Haenszel 運算法來算出各分層**相同的危險對比值**才有意義。

危險對比值為 1 的 2 乘 2 表格，其在欄與列的數量分佈上會有相同的比例（也就是欄、列**獨立**，請思考危險對比值的比較原理與單元 95 中所提到的比例）。在單元 96 所提的卡方捏造用來幫我們猜「**不考慮甲變項的分層**狀況時，乙、丙之間的數量分佈是否**獨立**」，其原理也可用來幫我們猜「以甲變項分層時，**單一個分層**裡乙、丙之間的數量分佈是否**獨立**」；而前述 Mantel-Haenszel 運算法「將**總數量小的**數值給**加強**」的這個中心思想，也能發展出一個卡方捏造法來幫我們猜「以甲變項分層時，考量**所有分層**中乙、丙之間的數量分佈是否**獨立**」，請見下個單元詳述。

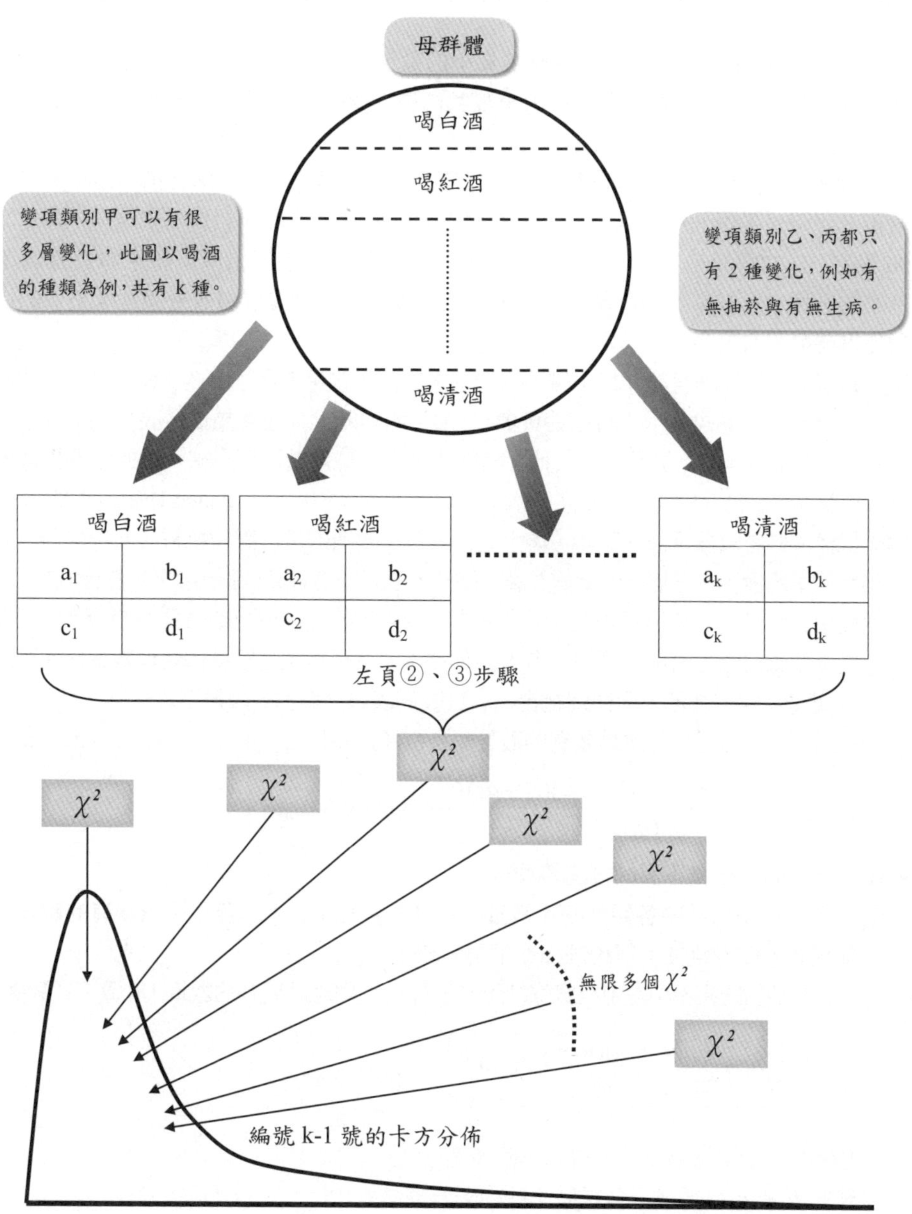

母群體
喝白酒
喝紅酒
喝清酒
變項類別甲可以有很多層變化，此圖以喝酒的種類為例，共有k種。
變項類別乙、丙都只有2種變化，例如有無抽菸與有無生病。
喝白酒
a1
b1
c1
d1
喝紅酒
a2
b2
c2
d2
喝清酒
ak
bk
ck
dk
左頁②、③步驟
χ2
無限多個χ2
編號 k-1 號的卡方分佈

單元103　分層下類別變項資料的卡方捏造

除了加進 Mantel-Haenszel「將**總數量小的數值給加強**」的這個中心思想所用的運算程序之外，跟單元 96 所提的只用來幫我們猜「單一個分層裡乙、丙之間的數量分佈是否**獨立**」的卡方捏造法很像。

同樣地，首先要確認我們是要猜樣本來自哪個母群體，要先知道要猜的母群體以甲變項分層時，各個分層裡分佈乙、丙變項之間的數量的比例。右頁的表 A、B 與單元 96 表 C、D 的數據是一樣的，只是把類別甲、乙改為類別乙、丙；如果右頁表 A 是樣本的數據，而其來源母群體乙、丙變項彼此**獨立**，那麼母群體該分層裡 4 格中的數量比例就會如右頁表 B。

其數量的計算原理是讓 4 格中欄、列的數量比例與各類總合（表 A、B 灰底處）比例相同，若要以數學式表示，請見右頁表 C、D。如前所述，在各類總合固定的情況下，4 格中只要算出其中 1 格數目，其他 3 格數量可由該格數量衍算出來；因此當要捏造個分佈來幫助猜測時，只需用到任何一格中的數量就可以。以下為 Mantel-Haenszel 捏造法：

◎先從樣本各層數量分佈的數據，如上述方式算出要猜的母群體的特質。此母群體以變項甲的不同變化來分層，一共有 k 層（每一層標記為第 i 層，i 從 1~k），各層中在乙、丙變項間數量分佈都**相互獨立**，其各層中數量分佈的比例標記如右頁表 D 所示。

①從這個母群體各層中各隨機抽取出 n_i 個樣本。依母群體各層**各個類型數量比例**算出各層 n_i 個樣本**在乙、丙類別總合**（右頁表灰底處）與**乙、丙類型變化**中（4 格中）應該要有的數量，這**應該要有的數量**即為右頁表 D 所示，其中 $a_i + b_i + c_i + d_i = n_i$。

計算 $\sum_{i=1}^{k}\frac{(a_i+b_i)(a_i+c_i)(b_i+d_i)(c_i+d_i)}{n_i^2(n_i-1)}$，標記為 V。

- **在 V ≧ 5 時，繼續下面的捏造流程。**

②若各層 n_i 個樣本中**各類別總合數量**（右頁表灰底處）與①算出**應該要有的數量**不都相同，從①重抽；都相同繼續下面步驟。

③將各層抽出的樣本中左上格實際抽到的數量（a_i）與應該要有的數量，計算下列數值：

計算 $\frac{\left(\left|\sum_{i=1}^{k}a_i-\sum_{i=1}^{k}\frac{(a_i+b_i)(a_i+c_i)}{n_i}\right|-0.5\right)^2}{V}$，標記為 χ^2。

④重複①②③④無限多次，得到無限多個 χ^2 值。

這無限多個 χ^2 會形成近似**編號 1 號的卡方分佈**。

將實際樣本同樣算出其 χ^2 值，便可查得該 χ^2 值的極端率，以幫助我們猜測此樣本是否來自上述◎中所說的的母群體。

上述流程中在 V ＜ 5 時，將需要像單元 97 所述進行精確計算極端率，但更為複雜；建議增加各層樣本數（在 4 格數量比例不變時，總樣本數增加會讓 V 變大）。

A

	類別丙 變化 1	類別丙 變化 2	
類別乙 變化 1	60	40	共 100
類別乙 變化 2	240	60	共 300
	共 300	共 100	

B

	類別丙 變化 1	類別丙 變化 2	
類別乙 變化 1	75	25	共 100
類別乙 變化 2	225	75	共 300
	共 300	共 100	

C

	類別丙 變化 1	類別丙 變化 2	
類別乙 變化 1	a_i	b_i	$a_i + b_i$
	c_i	d_i	$c_i + d_i$
	$a_i + c_i$	$b_i + d_i$	

D

	類別丙 變化 1	類別丙 變化 2	
類別乙 變化 1	$\frac{(a_i+b_i)(a_i+c_i)}{a_i+b_i+c_i+d_i}$	$\frac{(a_i+b_i)(b_i+d_i)}{a_i+b_i+c_i+d_i}$	$a_i + b_i$
類別乙 變化 2	$\frac{(c_i+d_i)(a_i+c_i)}{a_i+b_i+c_i+d_i}$	$\frac{(c_i+d_i)(b_i+d_i)}{a_i+b_i+c_i+d_i}$	$c_i + d_i$
	$a_i + c_i$	$b_i + d_i$	

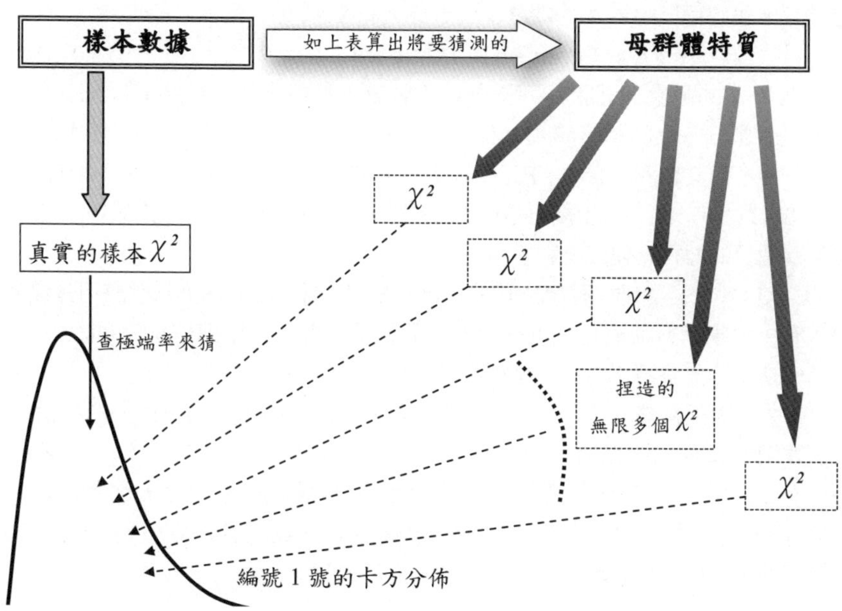

單元104 捉對處理下類別變項的資料格式

在單元 46~50 中，討論了連續型資料中捉對處理的概念；在類別型資料中，也會有類似的樣本資料型態；這種資料常是兩個類別變項各有兩個變化，以 2 乘 2 表格形式呈現，舉例如下並說明如何捉對處理類別型資料：

〔**例題**〕 ЖK 是個珍貴但不易種植成功的植物，其種植成功與否與土地、氣候、栽種技巧、肥料等因素有關。今有兩種肥料，遣人在同一土地同一天候下栽種，欲比較兩種肥料對 ЖK 的**種植成功率是否有差異**，於是準備了 200 顆種子：

①請 1 位栽種者將其中 100 顆種子使用甲肥料種植，另 100 顆種子使用乙肥料種植。

請參考右頁表 A，在①的情況下，可以將表 A 各格中的數量依單元 96 所提的卡方捏造法來幫助分析猜測。

不過考量到一點：要是因為這 1 位栽種者的栽種技巧太高超，無論哪種肥料都能種植成功，或是這 1 位栽種者的栽種技巧太拙劣，無論哪種肥料都會種植失敗的話，你可能需請更多的不同的人來種植看看更為妥切，畢竟這肥料上市後將會賣給各式各樣的栽種者，於是：

②請 100 位栽種者，每人種植 2 顆種子，其中 1 顆使用甲肥料，另 1 顆使用乙肥料。

而在②的情況下，可以將資料右頁表 A 的呈現方法，呈現出總共 200 **株** ЖK 的成敗，另外還能以右頁表 B 的呈現方法，呈現出總共 100 **人**的成敗。

請注意到，我們可以由表 B 的數量，填出表 A 的數量：

$A = a + c$，$B = b + d$，$C = a + b$，$D = c + d$

而同一個表 A 的數量，可能有不同表 B 的數量。我們簡化人數以 4 個人為例，舉例標出人名以區分各人的種植成敗如右頁表 D、F、H，可看出表 D、F、H 中的表格記錄很不一樣，而其相對的表 C、E、G 以數量來看的話，都一樣每一格是 2 株。

雖然表 B（D、F、H）的記錄格式，可以提供更多的資訊，但對於比較甲、乙兩肥料的優劣這個目的而言，並沒有影響：

表 C、E、G：甲、乙兩肥料種植成功的株數各都是 2 株，因此兩肥料應該不分優劣。

表 D：有 1 人兩肥料都成功，也有 1 人兩肥料都失敗，1 人甲成功乙失敗，1 人卻甲失敗乙成功；因此整體比起來也難辨優劣。

表 F：有 2 人兩肥料都成功，另 2 人兩肥料都失敗，這看起來應是個人的種植能力不同，而非肥料問題，所以也比不出甲、乙兩肥料的優劣。

表 H：有 2 人甲成功乙失敗，對這 2 人來說甲肥料比較好；但另 2 人卻甲失敗乙成功，這看情形合理的推論應該是各人有各自善用的肥料（如仁者樂山，智者樂水一樣，山水無分好壞），因此也判別不出甲、乙兩肥料的優劣。

A (左頁例中，A＋B＋C＋D＝**200 株**)

	種植成功	種植失敗
甲肥料	A	B
乙肥料	C	D

B (左頁例中，a＋b＋c＋d＝**100 人**)

	甲肥料 種植成功	甲肥料 種植失敗
乙肥料 種植成功	a	b
乙肥料 種植失敗	c	d

C

	種植成功	種植失敗
甲肥料	小華、ㄚ龍	大明、阿芬
乙肥料	小華、大明	ㄚ龍、阿芬

D

	甲肥料 種植成功	甲肥料 種植失敗
乙肥料 種植成功	小華	大明
乙肥料 種植失敗	ㄚ龍	阿芬

E

	種植成功	種植失敗
甲肥料	小華、ㄚ龍	大明、阿芬
乙肥料	小華、ㄚ龍	大明、阿芬

F

	甲肥料 種植成功	甲肥料 種植失敗
乙肥料 種植成功	小華、ㄚ龍	
乙肥料 種植失敗		大明、阿芬

G

	種植成功	種植失敗
甲肥料	小華、ㄚ龍	大明、阿芬
乙肥料	大明、阿芬	小華、ㄚ龍

H

	甲肥料 種植成功	甲肥料 種植失敗
乙肥料 種植成功		大明、阿芬
乙肥料 種植失敗	小華、ㄚ龍	

單元105　捉對處理類別變項的差異度分析

回到上單元例②中請 100 位栽種者的情況，甲乙有優劣之分的例子如右頁表 B 所列（讀者可練習依表 B 數目填回表 A 格式中各格的數目）：

左上格與右下格是兩種肥料都成功或都失敗的人，**這些數量無論多少都與甲、乙兩肥料的優劣無關**；有關的是剩下兩格中的數目：左下格的人越多表示甲肥料越好，反之右上格的人越多表示乙肥料越好。因此比較這兩格數量的差異，就能比出哪個肥料較佳；以表 B 例中的數量來看，是乙肥料比較好。

然而這以 100 人為樣本測試結果的差異，是否為甲、乙兩肥料真正優劣差異所造成，或是隨機誤差？以右頁圖表 C、D 為例，下面為 McNemar's（Normal-Theory）卡方捏造流程：

- 以全世界所有的栽種 Ж 植物的人為母群體，甲、乙兩肥料若功效相同，則此母群體種植 Ж 植物的成敗情形應該為右頁圖 C，其中「甲成功而乙失敗」與「甲失敗而乙成功」的數量比例為 1：1，而標示為？的部分可以為任意數量比例，與甲、乙兩肥料的優劣無關。

  ①從這個母群體各層中各隨機抽取樣本（人），將樣本的種植結果依右頁表 D 的格式填入其對應位置，一直抽取樣本直到填入表 D 左下格與右下格的總合人數為 b + c 人為止；如此為一次抽樣。

  ②計算 $\frac{(|b-c|-1)^2}{b+c}$，標記為 χ^2。

  ③重複①②無限多次，得到無限多個 χ^2 值。

當 b + c ≧ 20 時，這無限多個 χ^2 會形成近似**編號 1 號的卡方分佈**。

將實際樣本同樣算出其 χ^2 值，便可查得該 χ^2 值的極端率，以幫助我們猜測此樣本是否來自依上述中甲、乙兩肥料功效無差異的母群體。

當 b + c ＜ 20 時，將如前所述需要另外的方式計算精確的極端率，但本書建議在實際研究上遇此狀況時，宜增加總樣本數看是否能讓 b + c ≧ 20。若 b + c 一直達不到 20，可預見樣本中的人的種值結果都是落在左上格「兩種肥料都能成功」與右下格「兩種肥料都失敗」，研究者可以考慮以結果直接推論兩種肥料功效沒有差異，並非一定要為了符合生物統計學上的分析法而大幅增加樣本數，請記得生物統計學只是提供一個做為猜測參考的數值。

此外，還有一點請你仔細思量，請見右頁表 E 與表 F，當場練習計算這兩組樣本的 χ^2 值。右頁列出此例的計算解答，然而重點是無論最後算出的 χ^2 值、極端率是多少，猜測的結果是什麼，在表 E 與表 F 都是一樣的。因為此分析法只看 b 與 c 的數量，在表 E 的 25 人中，乙肥料結果較好的人就比甲肥料結果較好的人多了 10 人，而表 F 在 20000 人樣本中才有相同 10 人的差距。當你確認在你的研究中，像這兩種差異極大的資料對你研究目的及往後運用沒有差別時，才使用此分析法。

A

	種植成功	種植失敗
甲肥料		
乙肥料		

B

	甲肥料 種植成功	甲肥料 種植失敗
乙肥料 種植成功	15	**70**
乙肥料 種植失敗	**10**	5

C

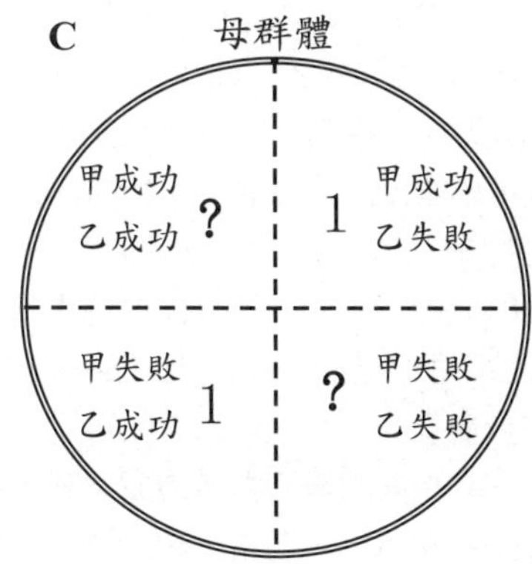

D

	甲肥料 種植成功	甲肥料 種植失敗
乙肥料 種植成功	a	**b**
乙肥料 種植失敗	**c**	d

E

	甲肥料 種植成功	甲肥料 種植失敗
乙肥料 種植成功	3	**15**
乙肥料 種植失敗	**5**	2

F

	甲肥料 種植成功	甲肥料 種植失敗
乙肥料 種植成功	9990	**15**
乙肥料 種植失敗	**5**	9990

當場練習解答

$$\chi^2 = \frac{(|b-c|-1)^2}{b+c} = \frac{(|15-5|-1)^2}{15+5} = \frac{(9)^2}{20} = 4.05$$

編號1號的**卡方分佈**中卡方值4.05的極端率經查得約為0.044，若你選邊猜的界限值為0.05，則你猜此樣本**不是**來自兩種肥料種植結果無差異的母群體。

單元106　捉對處理類別變項的相同度分析

與前兩個單元幾乎一樣的資料型態，然而有些時候研究目的恰巧與前例相反，著重於前面不納入分析的**相同**部分，舉例說明如下：

〔**例題**〕　ㄨ 是個珍貴但不易種植成功的植物，其種植成功與否與土地、氣候、栽種技巧、肥料等因素有關，而其中最珍貴難得的是人才。今有兩種肥料，欲知道它們對於鑑別優劣的栽種者是否有**相同的鑑別力**。於是請 100 位栽種者，每人種植 2 顆種子，其中 1 顆使用甲肥料，另 1 顆使用乙肥料，觀察 ㄨ 種植成功或失敗。

此例的研究目的並非看兩肥料對於讓 ㄨ 種植成功的優劣比較，而是在於使用甲肥料種植成功的人，使用乙肥料是否也種植成功；使用甲肥料種植失敗的人，使用乙肥料是否也種植失敗。也就是右頁表 A 中 A 與 D 的數目，這兩個數量和越大，代表兩肥料對於栽種者有相同鑑別的程度越高（用甲種不出來的人用乙也種不出來，用甲種得好的人用乙也種得好）。

請注意我們要看的是表中 A 與 D 兩格的數量和，像右頁表 C 與表 D 中的兩格數量和都是 80，這兩種情況下甲、乙鑑別相同的程度都是一樣的；只是表 C 的樣本裡善於種植的人較多，而表 D 樣本裡善於種植的人較少罷了。

而這以 100 人為樣本的結果，是否為甲、乙真正有相同的鑑別力所造成，或是隨機抽樣的誤差？如果甲、乙沒有相同的鑑別力，右頁表 A 為例，各格中因隨機分佈所應該有的數量如表 B 所示，計算式之原理如前面單元所述，就是各格中的數量比例與各欄、列總合的數量（灰底處）比例相同。表 C 與 D 中若為隨機分佈，其所應該有的數量如表 E 與 F（只列出重點的兩格數量）。

下面為 Kappa 捏造流程，可提供極端率做為猜測的參考：

①沒有相同鑑別力的甲、乙兩肥料種植結果母群體中隨機抽取 n 個樣本，記錄如表 A 格式，其中 n = A + B + C + D。

②計算 $\dfrac{(A+B)(A+C)}{n^2}+\dfrac{(B+D)(C+D)}{n^2}$，標記為 P_E。

③計算 $\dfrac{A}{n}+\dfrac{D}{n}$，標記為 P_O。　　④計算 $\dfrac{P_O-P_E}{1-P_E}$，標記為 κ。

⑤計算 $\sqrt{\dfrac{P_E+P_E^2-\dfrac{(A+B)(A+C)(A+B+A+C)}{n^3}+\dfrac{(B+D)(C+D)(B+D+C+D)}{n^3}}{n(1-P_E)^2}}$，標記為 V_κ。

⑥計算 $\dfrac{\kappa}{V_\kappa}$，標記為 z。

⑦重複①②③④⑤⑥無限多次，得到無限多個 z 值，這無限多個 z 會近似 Z 分佈。

將實際樣本同樣算出其 z 值，便可查得該 z 值在 Z 分佈的極端率，做為猜測該樣本是否來自依上述中兩肥料鑑別力不同的母群體。

A

	甲 成功	甲 失敗
乙 成功	**A**	B
乙 失敗	C	**D**

B

	甲 成功	甲 失敗	
乙 成功	$\frac{(A+B)(A+C)}{A+B \quad C+D}$		A + B
乙 失敗		$\frac{(B+D)(C+D)}{A+B \quad C+D}$	C + D
	A + B	B + D	

C

	甲 成功	甲 失敗
乙 成功	**60**	10
乙 失敗	10	**20**

D

	甲 成功	甲 失敗
乙 成功	**20**	10
乙 失敗	10	**60**

E

	甲 成功	甲 失敗
乙 成功	**49**	
乙 失敗		**9**

F

	甲 成功	甲 失敗
乙 成功	**9**	
乙 失敗		**49**

注意事項

此單元之例子與分析法是在看[甲、乙鑑別的相同程度]，但**不是**在看[甲、乙鑑別的**正確**程度]；左頁捏造流程③所算出的 K值越大，甲、乙的鑑別越相同……可能相同的好，或是相同的爛。下面兩個表格是甲、乙的鑑別百分之百相同，相同的爛的例子的程度：

左邊的兩肥料都太強大，栽種技術再爛的傢伙也能成功種出 Ж———→沒有鑑別力

右邊的大概是兩個毒藥，栽種技術再好的大師也只有失敗一途———→沒有鑑別力

	甲 成功	甲 失敗
乙 成功	**100**	0
乙 失敗	0	0

	甲 成功	甲 失敗
乙 成功	0	0
乙 失敗	0	**100**

單元107　黑白比多少

接下來的幾個單元將說明對於類別與順序型資料的分析方式。先是最簡單的**兩邊**數量比多少的情況，以黑、白球為例，如果從一個有很多黑球與白球袋子裡隨機抽出幾個球，抽出的球中黑球比較多時，那是隨機的抽樣誤差，或是袋子中本來黑球就比較多呢？

下面是一個生物統計學上名為符號猜測（Sign Test）的方法，一般以正、負號表示**兩邊**，相當於上例中的黑、白；然而不論是正、負或黑、白，此法的重點是針對 2 分的事物。讀者請注意下述捏造流程的條件，右頁的當場練習中，不是設計例題來讓讀者練習生統運算，而是已寫好運算式，請你練習設計個例題能符合這個運算與使用此捏造法。如此的反向思考也許能幫你，從另外一個角度熟悉與了解捏造法適用的時機。

請參考右頁圖示：

①一個有很多黑球與白球的袋子，此袋子中黑球與白球的數量相等。從這個袋子隨機抽出 n 個球。

②數一數抽到的黑球的數目。

③計算 $\dfrac{\text{黑球的數目} - \frac{n}{2}}{\sqrt{\frac{n}{4}}}$，標記為 z。

④重複①②③無限多次，得到無限多個 z 值。

如果每次抽的球數 n ≧ 20，這無限多個 z 會近似 Z 分佈。

瞭解了上述的捏法後，請看右頁「運算過程」框框中的運算過程，請當場練習試著舉適用此捏造法與所列運算流程的例子。在右頁最下方的框框中，本書舉了幾個例題供你做為練習的參考，並說明如下：

▲ 此例中**病癒**如同上述捏造法中的黑球，相對地**沒病癒**為白球。而捏造法中黑球與白球的數量相等，也就是此例中未用藥或是 M 藥無效時，病人**病癒**（自然痊癒）**率**與**沒病癒率**要相等，才符合此捏造法。然而此舉例中並未言明，所以此例狀況是不適宜用此捏造法來運算分析以及猜測的。

◆ 此例中**五年內死亡**如同上述捏造法中的黑球，相對地**五年內存活**為白球。而捏造法中黑球與白球的數量相等，也就是此例中未用藥或是 M 藥無效時，病人**五年內死亡率**與**五年內存活率**要相等；此舉例中 Z 型肺炎患者五年內死亡率剛好為 50%。實際運用時，若非剛好 50%，仍不適宜用此捏造法來運算分析以及猜測。

● 此例中無論 Z 型肺炎的自然痊癒或因藥治癒率如何，療效又是用何種方式評估，只要 A、B 兩藥對所有 Z 型肺炎患者都具有相同的療效，那麼 **A 藥治療效果較好**與 **B 藥治療效果較好**的配對數應該要相等；即如同上述捏造法中的黑球與白球。此例不受**病癒率**的限制，只要有適當配對，便適用上述捏造法來運算分析以及猜測；這也是實際研究上主要使用此捏造法的狀況。

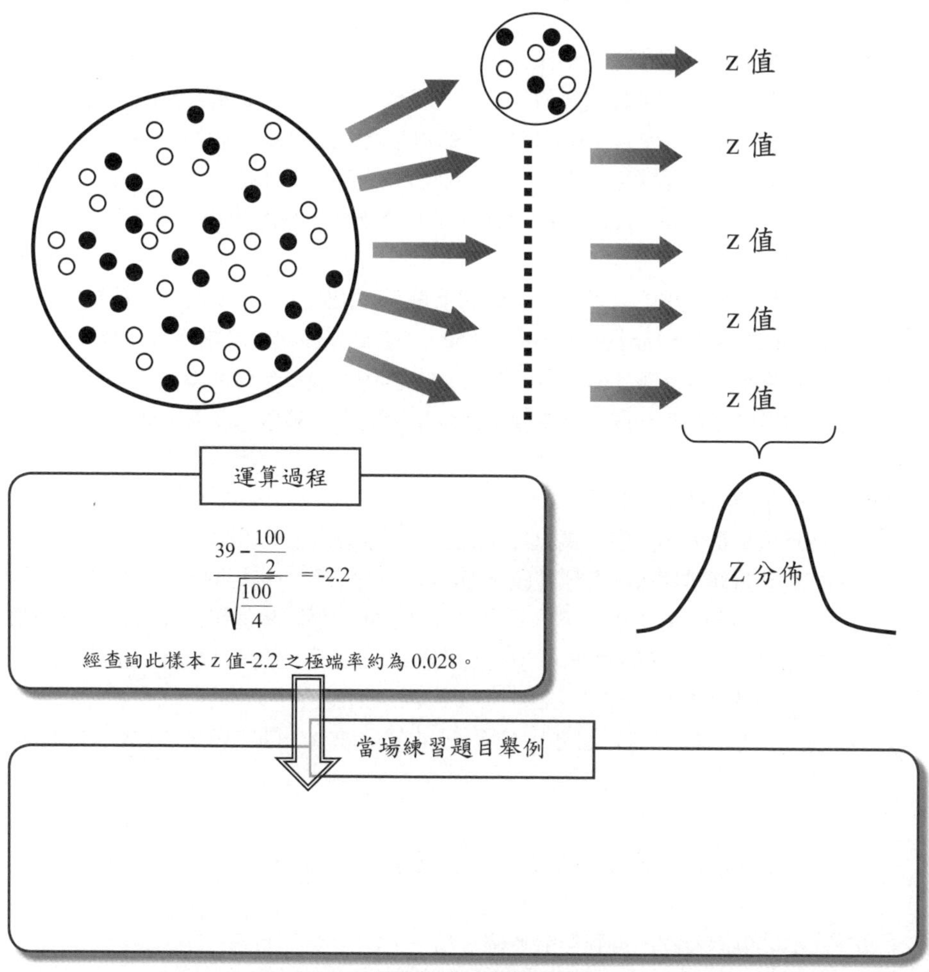

參考例題

▲在所有 X 型肺炎患者中隨機找了 100 名給予 K 藥治療，結果其中 39 人治癒。想猜 K 藥對所有 X 型肺炎患者是否具有實質療效。

◆已知所有 Z 型肺炎患者五年內死亡率為 50%，隨機找了 100 名給予 M 藥治療，結果其中 39 人五年內病死。想猜M藥對所有Z型肺炎患者是否具有實質療效。

●有 100 對 Y 型肺炎患者，每一對的 2 位患者病況極為相近，每對患者中一位給予 A 藥，另一位給予B藥治療，結果其中39對藥治療效果較好，61對B藥治療效果較好。想猜兩藥對所有Z型肺炎患者是否具有不同的療效。

單元108　黑白比大小

承續上單元的例子，但來看看稍微複雜一點的情況：現在的袋子裡裝的黑白球有了不同的重量，如果從中隨機抽出幾個球，抽出的球中黑球的重量總合比較大時，你猜那是隨機的抽樣誤差，或是袋子中本來黑球的重量總合就比較大呢？

當袋中的球重既不是呈常態分佈，抽出的球數又少時，下面是一個生物統計學上名為序號和猜測（Wilcoxon Signed-Rank Test）的揑造方法，來幫助我們猜測。

請參考右頁圖示：

- 一個有很多黑球與白球的袋子，每個球的重量不盡相同，但將所有球依重量大小排序後，**黑球的總序號和等於白球的總序號和**。符合此條件的黑白球分佈有無限多種，且並不一定需要符合常態分佈；右頁圖 A 中為其中一種符合條件黑白球分佈，每一重量序位的黑白球各有一個（圖中數字是球重量的大小**順序**的序號，而不是球的重**量數值**）。

①從這個袋子隨機抽出 n 個球。

②將這些球依重量大小排序，標記各球的順序。序號標記規則與注意事項如下：

⑴抽出的球**重新**排序後，各球在圖 A 與 B 中的序號不一定相同。

⑵抽出的球中若有同重的（不分黑白），以序號的平均數當作共同序號。例如圖 B 中原本排第 5、6 的兩球，均標記序號為 5.5；原本排第 9、10、11 的三球，均標記序號為 11。

⑶同重的球稱為**團**，例如圖 B 中排第 5、6 的兩球為一**團**，排第 9、10、11 的三球也是一**團**。

③計算 $\dfrac{\text{黑球序號的總合} - \dfrac{n(n+1)}{4}}{\sqrt{\dfrac{n(n+1)(2n+1)}{24} - \dfrac{\sum\left(\text{各團球數}^3 - \text{各團球數}\right)}{48}}}$，標記為 T。

④重複①②③無限多次，得到無限多個 T 值。

如果每次抽的球數 n ≧ 16，這無限多個 T 會近似 Z 分佈。

請注意此揑造法排序時，黑白兩色只是用以區分兩種類別，**只**以其重量順序大小排序；若是以正負號來區分類別，排序時仍**只**以其重量順序大小排序，與正負號無關（可把正、負看成黑、白：+5、-7 →黑 5、白 7）。

此揑造法原理是如果袋中黑、白兩球所有重量序位的數量相同，那麼隨機抽得的樣本中，黑球序號和應該也佔了所有球總序號和的一半（見上面揑造流程③中的分子部分與右頁圖 C）。

註：n 個球的序號和 ＝ $1 + 2 + ... + n$ ＝ $\dfrac{n(n+1)}{2}$，序號和的一半即為 $\dfrac{n(n+1)}{4}$。

不論有無同重的球形成團，都不會影響上列的序號和。

請注意上面計算式③中是各團的球的**數量**，而不是各團的球的**序號**。

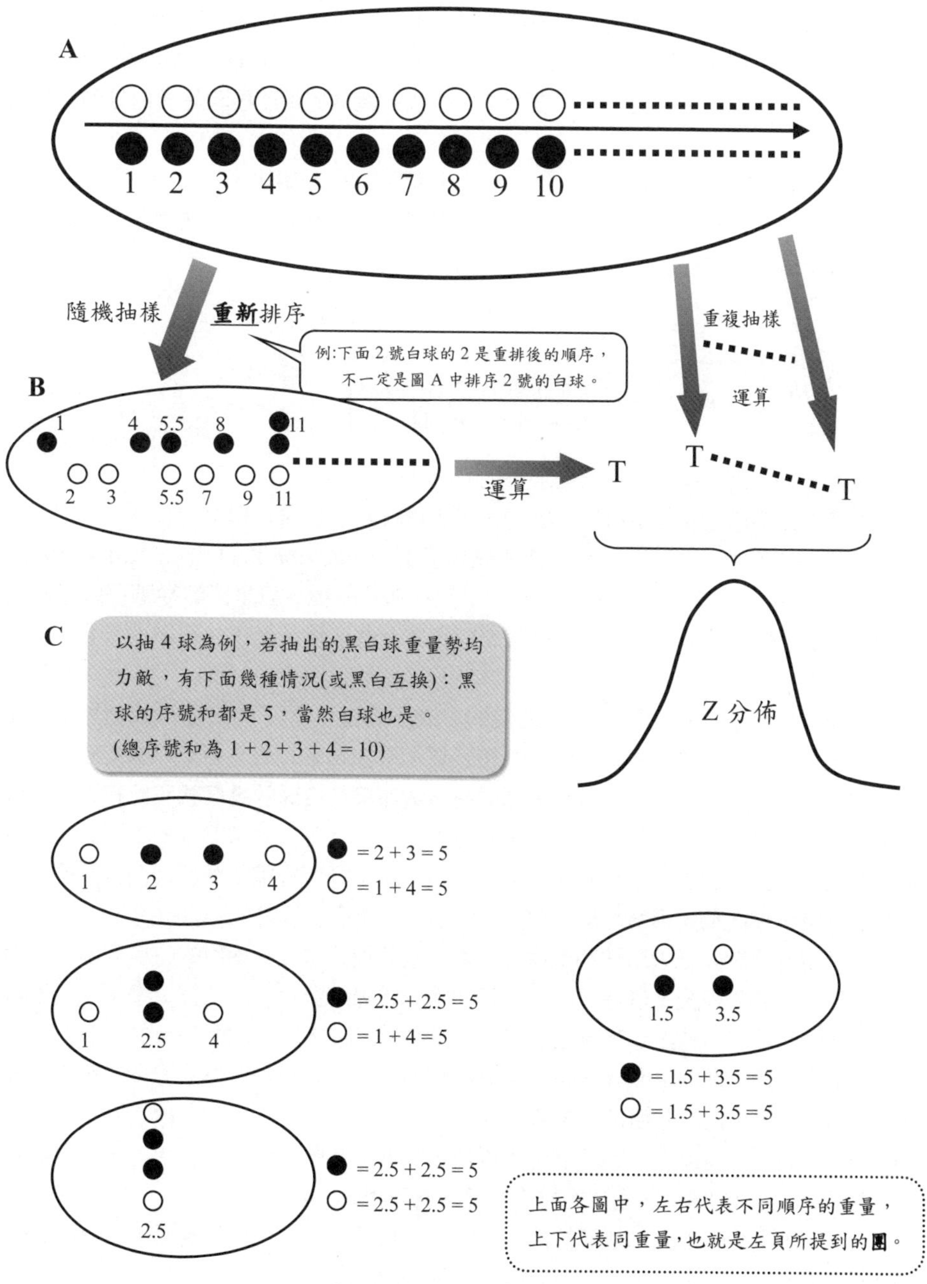
A
1 2 3 4 5 6 7 8 9 10
隨機抽樣
重新排序
例:下面 2 號白球的 2 是重排後的順序，
不一定是圖 A 中排序 2 號的白球。
B
1 4 5.5 8 11
2 3 5.5 7 9 11
運算
T
重複抽樣
運算
T
T
Z 分佈
C
以抽 4 球為例，若抽出的黑白球重量勢均力敵，有下面幾種情況(或黑白互換)：黑球的序號和都是 5，當然白球也是。
(總序號和為 1 + 2 + 3 + 4 = 10)
1 2 3 4
● = 2 + 3 = 5
○ = 1 + 4 = 5
1 2.5 4
● = 2.5 + 2.5 = 5
○ = 1 + 4 = 5
2.5
● = 2.5 + 2.5 = 5
○ = 2.5 + 2.5 = 5
1.5 3.5
● = 1.5 + 3.5 = 5
○ = 1.5 + 3.5 = 5
上面各圖中，左右代表不同順序的重量，
上下代表同重量，也就是左頁所提到的圈。

單元109　黑、白比大小

接著再來看一個類似上單元所提的揑造法，主要差別在於從兩個袋子抽球：

- 有兩個袋子，黑球袋中有很多黑球，白球袋中有很多白球。每個球的重量不盡相同，但將兩袋所有球混在一起，依重量大小排序後，**黑球的總序號和等於白球的總序號和**。

①從黑球袋中隨機抽出 n 個球，從白球袋中隨機抽出 m 個球。

②將這些球依重量大小排序，標記各球的順序。序號標記規則、注意事項與團的定義跟上個單元中揑造流程第②步所說明的一樣。

③計算 $\dfrac{\text{黑球序號的總合}-\dfrac{n(n+m+1)}{2}}{\sqrt{\dfrac{m}{12}\left[n+m+1-\dfrac{\sum\left(\text{各團球數}^3-\text{各團球數}\right)}{(n+m)(n+m-1)}\right]}}$，標記為 U。

④重複①②③無限多次，得到無限多個 U 值。

如果每次抽的球數 n ≧ 10 且 m ≧ 10，那這無限多個 U 會近似 Z 分佈。

此揑造法在生物統計學上名為雙序號和猜測（Wilcoxon Rank-Sum Test 或 Mann-Whitney U Test），其計算原理也跟上個單元揑造法一樣，只是因應從兩個袋子分別抽出 n、m 數量的黑、白球，而使得數學計算式有些改變，最後計算出的是會近似 Z 分佈的數值。

實際樣本的數值經過相同運算處理後的 U 值，便能依 Z 分佈來查得其極端率，而需要注意的是依這極端率所猜測的母群體特質。當極端率大於心中的界限值時，我們猜樣本來源是如上面 • 所述，具有**黑球的總序號和等於白球的總序號和**此特質的兩個袋子。請注意符合此條件的黑白球分佈有無限多種，且不一定常態分佈；所以我們所猜得的樣本來源母群體，也只有兩母群體中組成份子排序後**總序號和**相同的特質，至於其他特質如平均數或標準差是否相同，則不在此揑造法所猜測的範圍內。

關於這兩個單元以**總序號和**為處理運算方式的揑造法，其適用的時機請讀者仔細回顧並比較揑造流程後，依右頁的運算解答過程當場練習舉例。在練習舉例時，不需要設計精確的數值，請讀者著重在研究設計與揑造法的對應合適關係。

右頁參考例題以難有清楚區分是否治癒的疾病為例，此類多以醫學專業的評量方式評估其治癒程度，此評分通常為**順序**型資料：

⑴若 XX 藥無任何療效，則母群體治療前後分數相減應該正負分各半，正分與負分如同單元 108 • 中的黑球與白球，排序後**總序號和相等**。

⑵若 A、B 兩藥效相同，則母群體治療後的分數相減應該正負分各半，正分與負分如同單元 108 • 中的黑球與白球，排序後**總序號和相等**。

⑶若 A、B 兩藥效相同，則其來源母群體如同此單元 • 中的黑球袋與白球袋，排序後**總序號和相等**（樣本**序號和**則依各組樣本數而變動，參見上面揑造流程③中的分子部分）。

運算過程

$$\frac{155-\frac{20(20+1)}{4}}{\sqrt{\frac{20(20+1)(40+1)}{24}-\frac{(3^3-3)+(2^3-2)+(4^3-4)}{48}}} \fallingdotseq 2.056$$

經查詢此樣本z值2.056之極端率約為0.040。

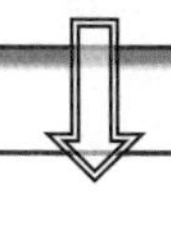

當場練習題目舉例

〔**參考例題**〕

⑴有20位病況不太一樣的甲型動作遲緩患者，給予XX藥治療。治療前後對40位患者的動作靈活度依專業評分，詳細分數為……，每人前後分數相減後得到差值，全部20個差值排序後，其中差值為正分的分數序號和為155。想猜XX藥是否能對病人動作有所改善。

⑵有20對乙型動作遲緩患者，每一對的2位患者病況相近並隨機分別給予A藥與B藥治療。治療後將20對患者進行專業評分，詳細分數為……，每對A藥分數減B藥分數得到差值，全部20個差值排序後，其中差值為正分的分數序號和為155。想猜A、B兩藥是否具有不同的療效。

運算過程

$$\frac{277-\frac{15(15+25+1)}{2}}{\sqrt{\frac{15*25}{12}\left[15+25+1-\frac{(7^3-7)+(5^3-5)}{(15+25)(15+25-1)}\right]}} \fallingdotseq -0.855$$

經查詢此樣本z值-0.855之極端率約為0.392。

當場練習題目舉例

〔**參考例題**〕

⑶對40位病況相近的丙型動作遲緩患者，隨機分成兩組，其中一組15人給予A藥，另一組25人給予B藥治療。治療後對40位患者的動作靈活度依專業評分，詳細分數為…(其中排序後A藥治療組總分數序號和為227)。想猜A、B兩藥是否具有不同的療效。

單元110　紅、橙、黃、綠、藍、靛、紫比大小

類似上單元所提的捏造法，然而球的顏色多了一些些，當從三個以上的袋子抽球時：

- 有 K 個袋子，每一袋內有很多同樣顏色的球，每袋之間球色都不一樣。每袋中的每個球的重量不盡相同，但將所有袋子的所有球混在一起依重量大小排序後，**每一種顏色的球的序號和都相等**。

①從上述各個球袋隨機抽出 n_i 個球，$i = 1 \sim K$。全部共N個球：$n_1 + n_2 + \cdots\cdots + n_k = N$。

②將這 N 個球依重量大小排序，標記各球的順序。序號標記規則、注意事項與**團**的定義跟單元 108 中捏造流程第②步所說明的一樣。

③計算每一種顏色的球的**序號和**，標記為 R_i。

④計算 $\dfrac{\dfrac{12}{N(N+1)} * \sum_{i=1}^{K} \dfrac{R_i^2}{n_i} - 3(N+1)}{1 - \dfrac{\sum(\text{各團球數}^3 - \text{各團球數})}{N^3 - N}}$，標記為 χ^2。

⑤重複①②③④無限多次，得到無限多個 χ^2 值。

如果每個顏色抽的球數 n_i 都≧ 5，那這無限多個 χ^2 值會近似編號 K-1 號的卡方分佈。

此捏造法在生物統計學上稱為 Kruskal–Wallis 分析法，其中心思想原理與單元 53 的變異數分析類似，變異數分析比較的是樣本**數值**的**組間**變異數與**組內**變異數：

$$F = \frac{\text{組間變異數}}{\text{組內變異數}}$$（請回顧單元 53、54）

而 Kruskal–Wallis 分析法，比較的是樣本數值的**序號**的**組間**變異數與**總**變異數：

$$\chi^2 = \frac{\text{組間變異數}}{\text{總變異數}}$$（以數學代數表示就是上面捏造流程中的④）

雖然有點差異，但主要就是組間變異數越大、組內變異數越小，上面兩式中的 F 值或 χ^2 值都會越大。當各組之間越沒有差異時，上面兩式中的 F 值或 χ^2 值則就會越接近 0。

如同變異數分析，上述的捏造法可以幫我們在多組比較時猜測各組大小**全部都一樣**，或是**不全都一樣**；若是猜**不全都一樣**，則也是需要進行事後比較，找出到底是哪兩組不一樣。當你選定兩組，下面是一常用的事後比較方式，稱為 Dunn 事後比較法：

從上面袋子中選定第 g 袋與第 f 袋比較：

計算 $\dfrac{\dfrac{R_g}{n_g} - \dfrac{R_f}{n_f}}{\sqrt{\dfrac{N(N+1)}{12} * \left(\dfrac{1}{n_g} + \dfrac{1}{n_f}\right)}}$，標記為 z；重複整個流程得到無限多個 z 值會近似 Z 分布。

可查詢樣本如此算出之 z 值的極端率來猜測選定的兩組是否有差異。

若進行了多次的兩組比較，在猜測時請加上單元 60 所提到的 Bonferroni 調整。

〔**當場練習**〕一珠寶店進口了隨機來自世界各地橙、靛、紫三種罕見顏色的寶石共25顆，寶石的價值來自人為的評鑑；各寶石被鑑定後的價值等級列於下表，請依此猜測世上所有橙、靛、紫三種顏色寶石的價值是否有差。

橙	靛	紫
1	1	5
1	2	5
2	3	6
2	4	7
3	5	8
3	6	9
4	7	9
4	8	9
	9	

〔**運算處理過程**〕將所有25筆資料排序後，各筆資料相對應的序號如下表所列：

橙		靛		紫	
原始喜愛	排序後序號				
1	2.0	1	2.0	5	14.0
1	2.0	2	5.0	5	14.0
2	5.0	3	8.0	6	16.5
2	5.0	4	11.0	7	18.5
3	8.0	5	14.0	8	20.5
3	8.0	6	16.5	9	23.5
4	11.0	7	18.5	9	23.5
4	11.0	8	20.5	9	23.5
		9	23.5		
序號和	**52**		**119**		**154**

上列的序號資料經由左頁計算式④所算出的 x^2 值約是 7.754，其在編號 2 號的卡方分佈中的極端率為 0.021；若猜測界限值為 0.05，則猜此三種顏色寶石的價值並非全都一樣。

若選定紫色與橙色寶石來進行事後比較，則：

$$\text{計算 } z=\frac{\frac{R_{紫}}{n_{紫}}-\frac{R_{橙}}{n_{橙}}}{\sqrt{\frac{N(N+1)}{12}*\left[\frac{1}{n_{紫}}+\frac{1}{n_{橙}}\right]}}=\frac{\frac{154}{8}-\frac{52}{8}}{\sqrt{\frac{25(25+1)}{12}*\left[\frac{1}{8}+\frac{1}{8}\right]}}\fallingdotseq 3.46$$

查詢得 z 值 3.46 之極端率<0.001，若猜測界限值為 0.05，則猜紫色與橙色寶石價值不一樣。

〔**讀者可嘗試自行練習事後比較橙與靛或紫與靛色寶石的價值**〕

單元111　排序比大小，注意序號

當我們使用任何捏造法來幫助猜測時，請注意：

- 了解捏造的整個流程與其中心思想、捏造原理。
- 認同自己的樣本資料符合該捏造流程的運算處理原理與運算法。
- 我們的猜測是**依據該捏造法**得到的極端率所做的猜測，依猜測得到結論與之後的運用時，尤其不要忘了這點。

這幾點在使用序號進行運算處理的捏造法時特別容易忽略，因此關於這幾個單元將資料依大小排列順序後以序號進行的捏造法，特別提醒注意下列幾點：

①請分清楚樣本的**數值**與排列大小後的**序號**。捏造法中，**序號**的**計算**是為了捏造出近似可供查詢極端率的分佈，此**計算**是為了提供樣本可能來自某個母群體的機率，並非表示樣本的特質能以其序號進行計算；例如序號 1+ 序號 4 的樣本**數值**不一定會＝序號 2 + 序號 3 的樣本**數值**（請見右頁圖 A）。

②請分清楚**序號**與**中位數**。本書在這幾個單元中完全沒有提到中位數這個詞或相關的概念，但讀者可能會聯想到單元 92~93 提到的中位數，因為中位數的概念也是先將數值經過大小排序後得來的；但是請大家務必分清楚（請見右頁圖 B）：

序號是指依大小排列後的**順序**，沒有單位。

中位數是依大小排列後，**順序**在正中間的那個**數值**，可以有單位。

③單元 108~110 所提的捏造法，都是在運算**序號**，而不是在運算具有該序號的**數值**，並且主要拿來運算的都是各色球的序號和（各組的序號和）。當以這樣的運算處理所得到的極端率來做為猜測依據時，請記住你是以大小排序後的**序號和**來代表各組之間的大小。

兩群數值之間的大小比較，需要先決定以什麼來比較，數值總合、平均數、中位數、序號和等等都可以，但必須記住自己用來比較的事項，可不要在運算處理時使用**中位數**或**序號和**來比較，而在下結論時說成哪一組**平均**而言比哪一組大（或小）了。

④單元 107~110 所提的捏造法都只是捏造出**近似**的分佈，樣本數越大越近似，如果小於 • 所提到的數目，將會不夠近似，需如單元 97 般精確計算每一種可能情形以算出極端率；各個運算處理情況要精確計算每一種可能情形的數學計算公式不同且較為複雜，本書在此省略，實際上也都交由電腦運算。

⑤為了讓不連續的序號更近似原本以連續數值所捏造出來的 Z 分佈，在單元 108~110 所提的捏造法中視情形加減 0.5，請見右頁圖 D：不連續數值是斷開的，方格為虛擬出來示意每個數值假想成連續時所佔有的區域。圖中代表 2 的方格佔據了橫軸 1.5~2.5 的位置，方格 2 以左的區域就像對應到連續圖形中 2.5 以左的區域。（為了讓捏造過程簡潔易懂，本書在上述捏造法中均已省略這加減 0.5 的調整）。

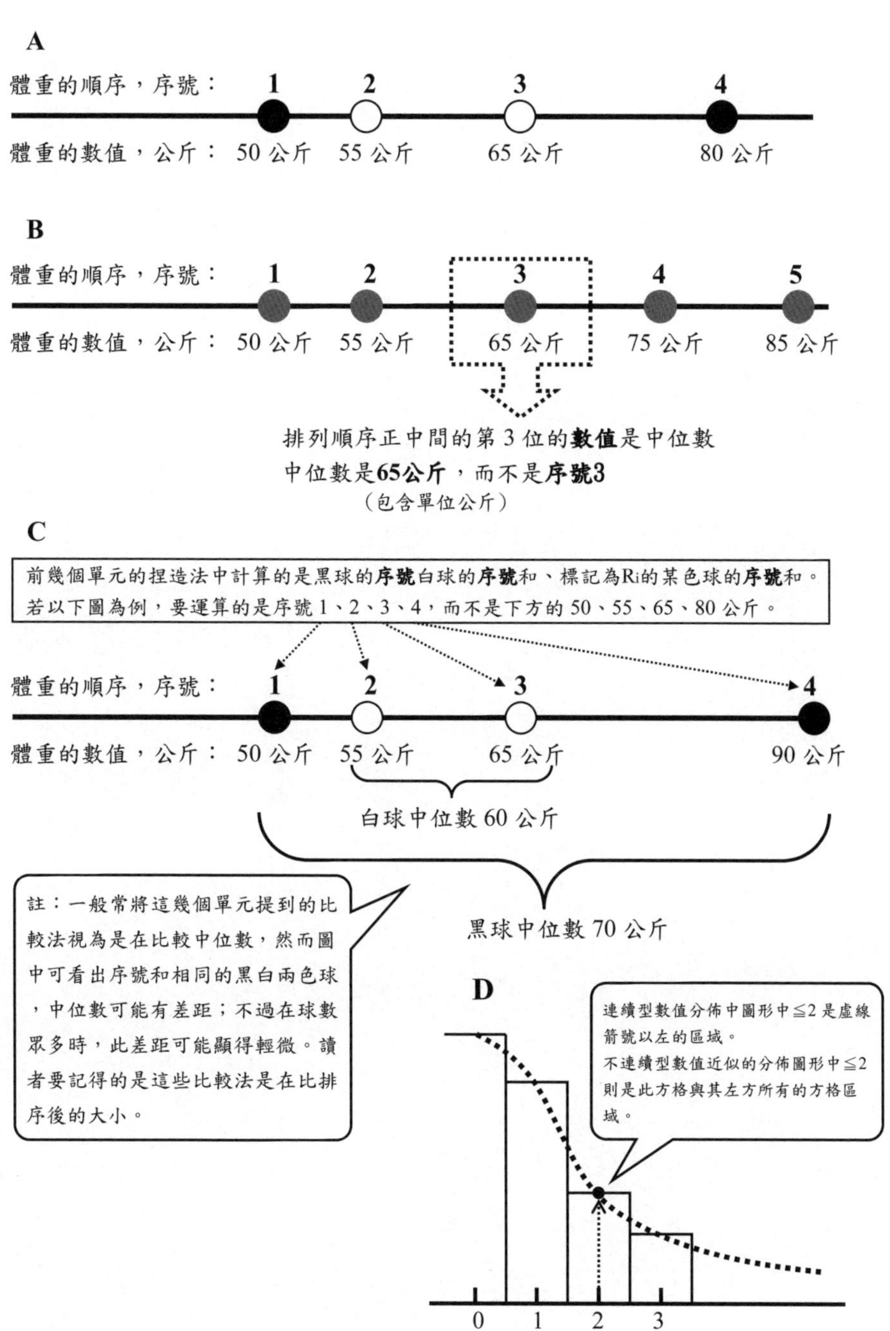
A
體重的順序，序號：
1
2
3
4
體重的數值，公斤：
50 公斤
55 公斤
65 公斤
80 公斤
B
體重的順序，序號：
1
2
3
4
5
體重的數值，公斤：
50 公斤
55 公斤
65 公斤
75 公斤
85 公斤
排列順序正中間的第 3 位的**數值**是中位數
中位數是**65公斤**，而不是**序號3**
（包含單位公斤）
C
前幾個單元的捏造法中計算的是黑球的**序號**白球的**序號**和、標記為Ri的某色球的**序號**和。
若以下圖為例，要運算的是序號 1、2、3、4，而不是下方的 50、55、65、80 公斤。
體重的順序，序號：
1
2
3
4
體重的數值，公斤：
50 公斤
55 公斤
65 公斤
90 公斤
白球中位數 60 公斤
黑球中位數 70 公斤
註：一般常將這幾個單元提到的比較法視為是在比較中位數，然而圖中可看出序號和相同的黑白兩色球，中位數可能有差距；不過在球數眾多時，此差距可能顯得輕微。讀者要記得的是這些比較法是在比排序後的大小。
D
連續型數值分佈中圖形中≦2 是虛線箭號以左的區域。
不連續型數值近似的分佈圖形中≦2則是此方格與其左方所有的方格區域。
0
1
2
3

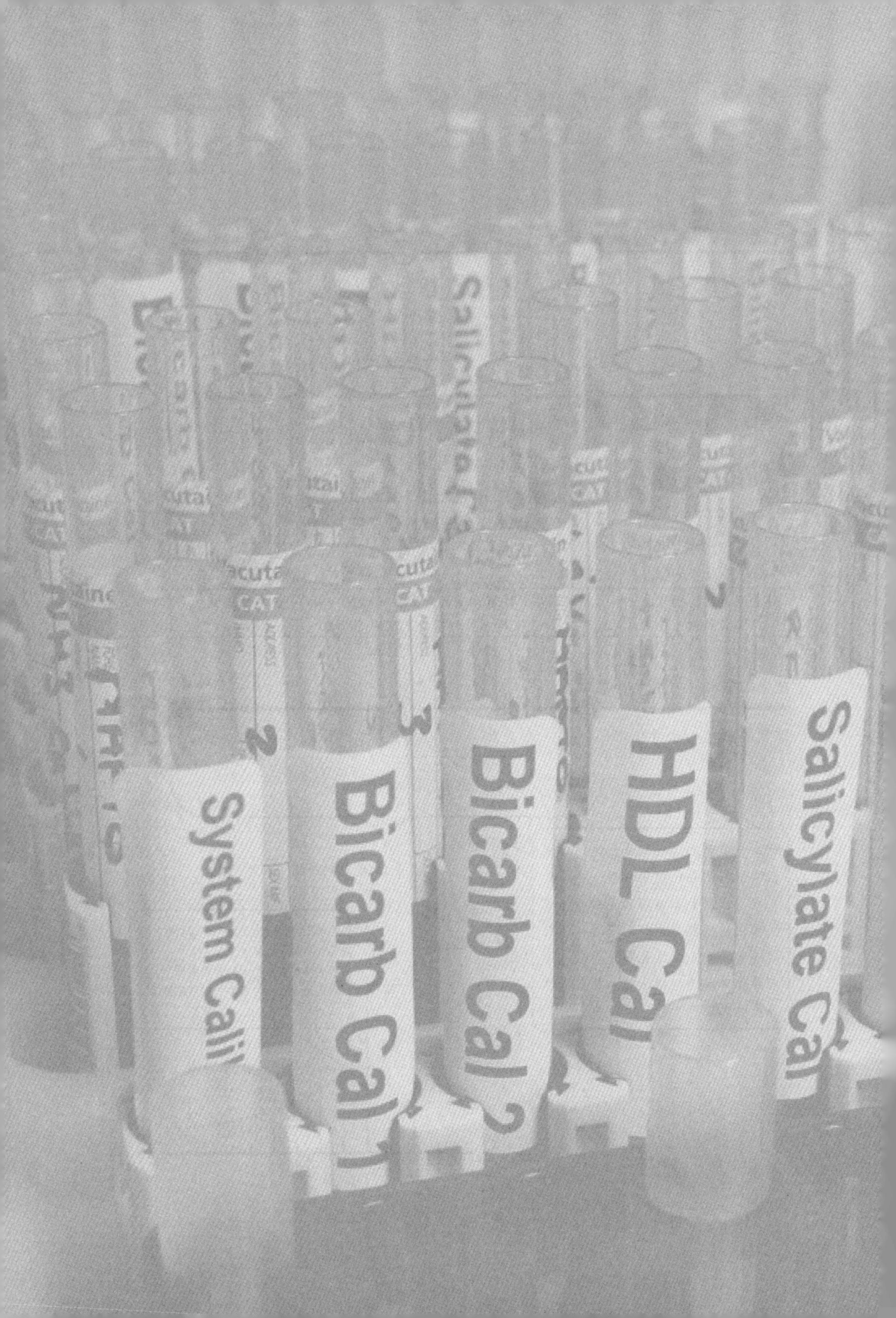

System Cal
Bicarb Cal 1
Bicarb Cal 2
HDL Cal
Salicylate Cal

第 6 章
時間分析

單元112　作用時間

到目前為止所討論的例題與各種狀況，都尚未包含**作用時間**的概念。例如比較組別之間有沒有差異時，比的是測量或收集得到資料的那一刻的數據；在看身高與體重之間的相關或回規關係時，也是以測量或收集得到資料的那一刻身高與體重的數據來分析。

想像一個日常的例子：有一治療便秘的神奇口服藥，假定它真的能治療世上所有種類的便秘，但要是研究者讓所有的便秘患者服藥後一秒就測量或觀察結果，想必會得到該藥完全無效的結果；畢竟口服一秒後，藥可能才在患者的喉嚨或食道而已，根本還沒發揮效用沒錯吧？若是服藥後 12 小時才測量或觀察，則可能會得到藥有效的結果。

進一步細思，若有兩個治療便秘的口服藥，一個在服藥後 12 小時就有效，另一個要在服藥後 24 小時才有效；雖然最後都達到一樣的效果，但在作用時間上不一樣。這在實際醫療應用上很重要，除了看有無效用之外，還要看該治療多久後有效果，或是效果可以持續多久。

以分析**作用時間**為主要目的，我們簡化思考，只考量兩件事情：〔**時間**〕與〔**發生事件**〕，也就是在甚麼時候發生了事件。在簡化的情況下，事件沒有區別，只有發生與沒有發生。以上面的例子來說，如果把〔**發生事件**〕設定為〔**解除便秘**〕，則沒有排解了部分的便秘、排便稍微順暢、非常順暢的差別，只有〔有**解除便秘**〕與〔沒有**解除便秘**〕兩種事件。

此外，在研究這個會**發生的事件**，主要研究它**第一次**發生的時間；實際上更常的是，研究**只會發生一次**的事件，例如**死亡**；也就是在醫學上，研究病人存活時間的存活分析。然而，在數學上及分析原理上，以下要討論的分析方法，可以適用在眾多〔**時間**〕與〔**發生事件**〕之間關係的研究。

接下來便以存活與死亡為例，〔**發生事件**〕設定為〔**死亡**〕，逐步來思考如何分析時間與死亡的關係。首先考慮一個重症患者的情況，〔**時間**〕設定為從患病的那一刻開始計算，也就是患病到死亡的時間，請見右頁圖 A、B：圖 A 的患者在患病後 2 年多死亡，圖 B 的患者在患病後 3 年多死亡；這種情形我們可以輕易地比較 A 跟 B 的患者存活的狀況。

接著再看圖 C、D 的情形：圖 C 的患者存活超過 4 年，但研究已經結束不再繼續觀察，因此圖 C 中標記黑點處為觀察截止點（censored observation）。圖 D 的患者存活超過 3 年，雖然研究仍想繼續觀察，但在該時刻患者可能因為任何原因失去聯絡，因此圖 D 中標記黑點處也是對患者 D 的觀察截止點。

再回顧圖 A、B，只要不會復活，患者死亡後不需要再繼續觀察，所以死亡的時刻也是觀察截止點，請見右頁圖 E、F。

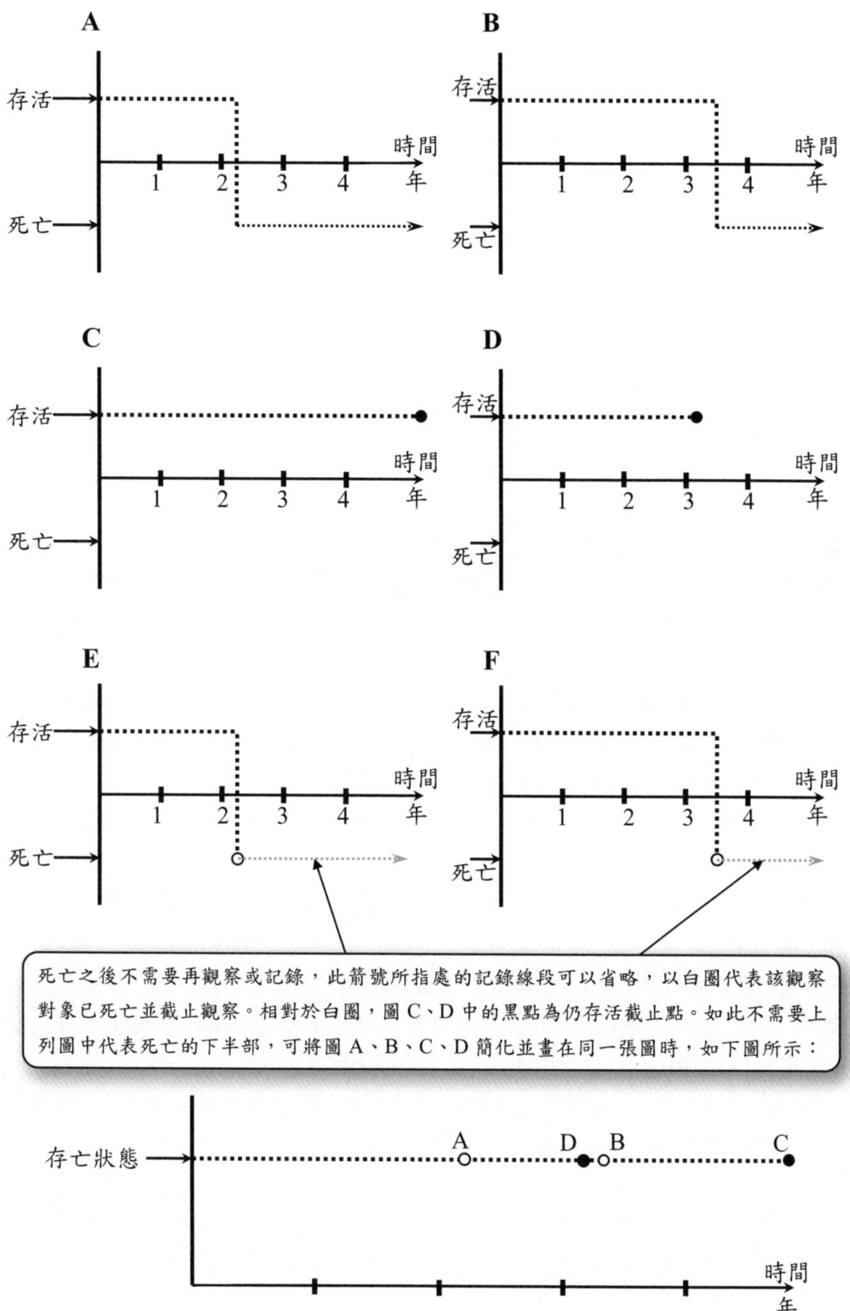
A
存活
死亡
時間
年
1
2
3
4
B
存活
死亡
時間
年
1
2
3
4
C
存活
死亡
時間
年
1
2
3
4
D
存活
死亡
時間
年
1
2
3
4
E
存活
死亡
時間
年
1
2
3
4
F
存活
死亡
時間
年
1
2
3
4
死亡之後不需要再觀察或記錄，此箭號所指處的記錄線段可以省略，以白圈代表該觀察對象已死亡並截止觀察。相對於白圈，圖 C、D 中的黑點為仍存活截止點。如此不需要上列圖中代表死亡的下半部，可將圖 A、B、C、D 簡化並畫在同一張圖時，如下圖所示：
存亡狀態
A
D
B
C
時間
年
0
1
2
3
4

單元113 存活率

在上個單元最後的圖解中，把 A、B、C、D 四個人的存活狀態一起看，畫在同一張圖時，便有了**存活率**的概念，也就是看什麼時候有多少人還活著，相對於整體人數就是什麼時候有多少比例的人還活著。請見右頁圖甲，把上單元圖中的存活狀況改為**存活率**對應於縱軸；然而此圖還需進一步的修正：首先因為代表死亡觀察截止點（圖中白圈），在縱軸為存活率的圖中，已經造成存活曲線的下降，所以不需要再標示，修改後請見右頁圖乙。

接著，來思考存活率怎麼計算，在圖甲、乙中，在 A 死亡前的那一段時間，整體存活率是 100%，而 A 死亡的那一刻開始整體存活率是 75%，相當於 A 的死亡讓存活率降低了 25%（右頁圖乙）。在沒有「仍然存活卻觀察截止（圖中標記為黑點的截止點）」的情況下，存活率很簡單定義：

$$\text{某一時刻的存活率} = \frac{\text{某一時刻仍活著的人數}}{\text{一開始全部的人數}}$$

◎而當發生「仍然存活卻觀察截止」的情況後，對存活率的認定可能就有所不同了。

右圖乙中，在 A 死亡後 D 因為失去聯絡而觀察截止，之後 B 死亡；如果像圖中認為 B 的死亡讓存活率降低了 25%，此想法為 B 是一開始全部 4 人中的 1 人，佔了一開始全部人數的 25%，所以他的死亡自然降低了整體存活率的 25%。

★但是如果從另一個角度去思考：因為 D 失聯了，在其之後的存活資料的評估中應該將 D 給剔除，也就是在 B 死亡時，B 是具有完整存活資料的 3 人中的 1 人，因此 B 的死亡應該是讓存活率降低了 33.3%；如右頁圖丙所示。

☆還有其他角度的看法：在 D 失聯後，仍然存活且具有資料的只有 B、C 二人，B 是 2 人中的 1 人，因此 B 的死亡應該是讓 B 還存活時的存活率直接降了一半；右頁圖例中 B 還存活時的存活率是 75%，因此 B 的死亡應該是讓存活率降了 37.5%；如右頁圖丁所示。

上述各種存活率的認定方式中沒有絕對的對錯，端看研究者對存活率的看待方式與實際應用，其中☆的存活率概念在生物統計學上稱為 Kaplan-Meier 評估法，是目前很多研究學者認同且採用的存活率評估方式；其數學運算公式如下：

從右圖可以清楚知道，在沒有發生死亡事件的期間，存活率都是一樣的，只有發生死亡事件後，才會讓存活率變動，因此 Kaplan-Meier 評估法，

$$\textbf{某一時間點}\text{的存活率} = \frac{\text{第 1 起死亡後活著的人數}}{\text{第 1 起死亡前活著的人數}} \times \frac{\text{第 2 起……}}{\text{第 2 起……}} \times \ldots\ldots \times \frac{\text{該時間點前 1 起……}}{\text{該時間點前 1 起……}}$$

（註：上式中的人數都是指發生死亡事件前一瞬間及後一瞬間仍觀察到的人數。）

第一起死亡事件前的存活率是 100%。

同一起死亡事件可以有多個人死亡（多人同時死亡）。

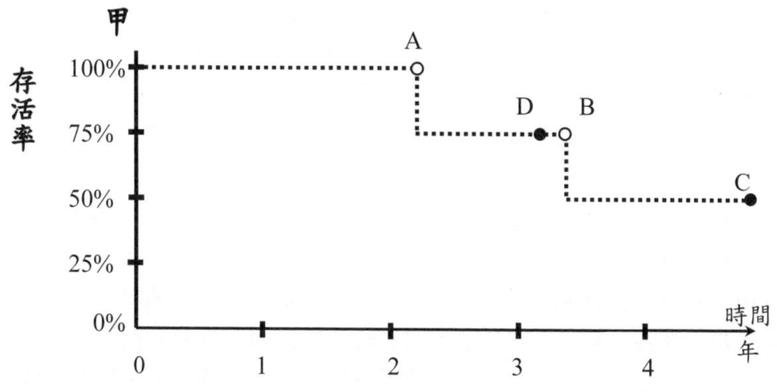
甲
存活率
100%
75%
50%
25%
0%
A
D
B
C
時間
年
0
1
2
3
4

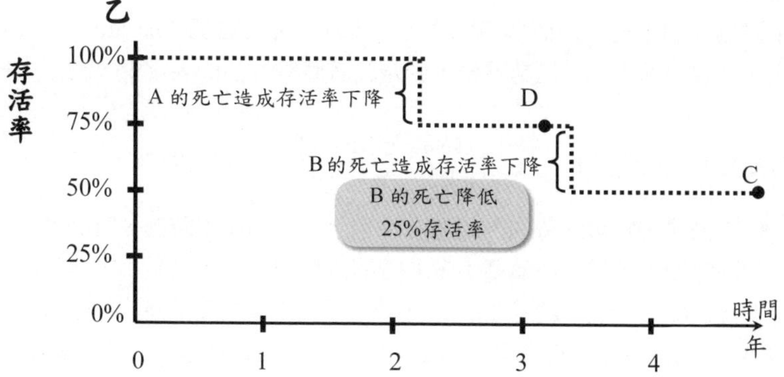
乙
存活率
100%
75%
50%
25%
0%
A 的死亡造成存活率下降
D
B 的死亡造成存活率下降
C
B 的死亡降低
25%存活率
時間
年
0
1
2
3
4

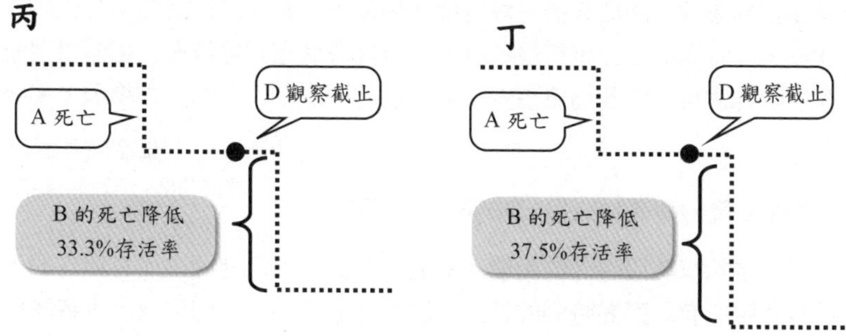
丙
A 死亡
D 觀察截止
B 的死亡降低
33.3%存活率
丁
A 死亡
D 觀察截止
B 的死亡降低
37.5%存活率

單元114　死亡趨勢

不論研究者決定使用哪種方式來評估存活率，重要的要了解自己使用的評估方式的思想原理，根據研究需求，讀者也可以發展出適合自己使用的評估方式。以前例來說，也許你會認為在 D 截止觀察的那一刻，存活率就應該有所改變，不一定要有死亡事件發生才算改變存活率：

⊕如右頁圖 A 所示：D 截止觀察前，每個人都是佔了一開始全部 4 人中的 1 人，也就是 25%，所以 A 的死亡降低了整體存活率的 25%，但是當 D 截止觀察後，應該視為只有 3 人處於受觀察狀態，A 的死亡應變成降低了 3 人中存活率的 33%；之後 B 的死亡也同樣是降低了 3 人中存活率的 33%。

右表中列出了幾個存活時間的數據，雖然實用上都是交由電腦運算，不過因計算簡單，讀者可以自行練習計算存活率，並且可以經由實際運算感受到前述各種存活率算法之間想法的差異。建議大家至少練習計算最常用的☆存活率（表中最右一欄請讀完下面及下個單元後再練習）。

接著，來討論一個相對於存活率的概念，本書稱為**死亡趨勢**（hazard），這個概念很簡單，任何一個時刻的死亡趨勢就是，就是在該時刻存活的人當中，在下一瞬間死亡的比例：

$$\textbf{某一個時間點的}\text{死亡趨勢} = \frac{\text{在下一瞬間死亡的人數}}{\text{該時間點活著的人數}}$$（右頁圖 B）

原本這是用來描述非常短的時間內的概念，也因此上面使用時刻、時間點、一瞬間等形容極短暫的時間；請想像在連續不斷的時間流程中，一小段極小、無限小的時間區段。然而即使實際上時間連續不斷的，但是人為能測量並做紀錄的卻是有間斷的時間單位，例如一年、一天、一秒等等，因此我們修正上面的概念為（右頁圖 C）：

$$\text{在某一個時間點}\textbf{之後一段時間中}\text{的死亡趨勢} = \frac{\text{在其後一段時間死亡的人數}}{\text{該時間點活著的人數}}$$

我們可以輕易想像，那個**其後一段時間**如果越長，則在該段時間中死亡的人數會越多，因此該一段時間中死亡趨勢也會越大。雖然我們在實際技術上是測量與記錄**一段時間**的存活狀態資料，但若仍然想表達某一個時間點其瞬間的死亡趨勢，那麼可以如下表示：

$$\odot\text{某一個時間點}\textbf{之後一段時間中任何一刻的瞬間}\text{死亡趨勢} = \frac{\left(\dfrac{\text{在其後一段時間死亡的人數}}{\text{該時間點活著的人數}}\right)}{\text{該段時間的長度}}$$

上式之所以會除以**該段時間的長度**，意義近似於將那段時間中所有死亡的人數，均分給那段時間中所有的**瞬間時刻**的意思，請參考右頁圖 D；圖中為示意將**該段時間的長度**畫得有些長，但仍是現實上很短的一段時間，例如 1 秒罷了。為簡化用詞，本書以後所提到的死亡趨勢皆是指上式⊙所函義的死亡趨勢。

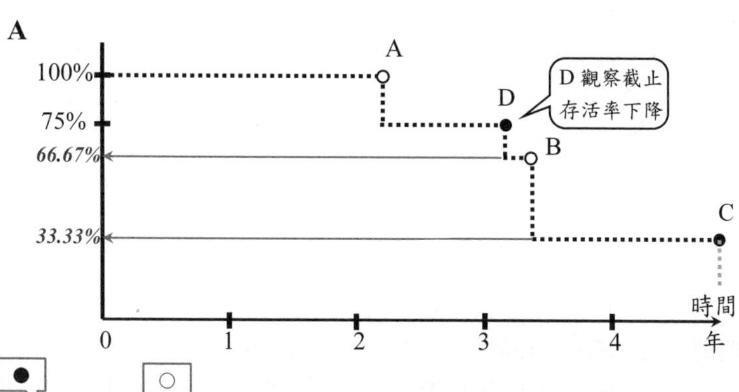

時間點	● 存活但截止觀察人數	○ 死亡人數	存活且仍受觀察人數	存活率 ◎	存活率 ★	存活率 ⊕	存活率 ☆	死亡趨勢
一開始	0	0	100	100%	100%	100%	100%	0%
1	0	10	90	90%	90%	90%	$\frac{90}{100}$	10%
2	5	0	85				$\frac{90}{100}$	
3	0	5	80				$\frac{90}{100}*\frac{80}{85}$	
4	5	5	70				$\frac{90}{100}*\frac{80}{85}*\frac{70}{80}$	
5	10	0	60					
6	0	10	50					
7	10	20	20					

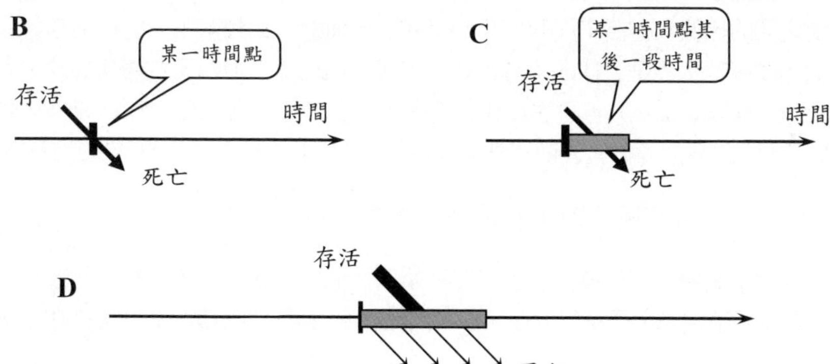

單元115　死亡趨勢比

在 Kaplan-Meier 的存活率評估法中，只有發生死亡事件時才會改變存活率，這點跟**死亡趨勢**的概念一致：在沒有發生死亡事件的時間區段中任何一刻的死亡趨勢都是 0，只有在發生死亡事件時才有＞ 0 的**死亡趨勢**，請見右頁圖 A。因此死亡趨勢可以使用 Kaplan-Meier 存活率來計算，數學運算式如下：

$$\text{死亡趨勢} = \frac{\left(\dfrac{\text{某時間點的存活率} - \text{其後一段時間後的存活率}}{\text{某時間點的存活率}}\right)}{\text{該段時間的長度}}$$

實際計算時，分母的**該段時間的長度**是 1 **段極短的時間**，數值部分是 1，單位是**段極短的時間**；因此在**死亡趨勢**數值上的計算主要是計算分子部分就可以了，分母部分主要是要完備式中極短時間的瞬時概念。讀者可用上式練習計算上個單元存活率計算表中的最右一欄。

自單元 113 以來，所談到的存活率與死亡趨勢都只有在發生觀察截止（無論死亡或仍存活）的事件時，才有變動；這是指我們對**樣本**數據進行計算與評估時的狀況。**事實上**，世上所有的人每一分每一秒每一刻都有可能死亡，可能因為疾病、意外、天災等各種因素，也就是任何人在**未來**的任何時間都具有非 0 的死亡趨勢；而前述所提到的存活率與死亡趨勢計算式，是對**已發生**的**樣本**資料所進行的評估。

但我們對**樣本**資料所進行的評估，目的是為了要猜測其**母群體**未來未知的存活率與死亡趨勢。請參考右頁圖 B、C，左圖為樣本的實際存活數據，右圖為假想預測的母群體存活率與死亡趨勢圖；圖 B 樣本的存活率圖看起來像是存活階梯，而母群體的存活率圖則像是個存活曲線，圖 C 樣本的死亡趨勢圖只在有死亡事件時，突兀地在那一刻上升，隨即又下降，而母群體的死亡趨勢圖是個時時都 >0 的直線。圖 C 母群體的死亡趨勢為直線只是個舉例，事實上有可能是各種更複雜的曲線。

當我們確認了存活率與死亡趨勢的概念以後，接著可以來探討兩組人的存活率與死亡趨勢之間的比較。存活率與死亡趨勢是相對的概念，比較兩組人的存活率與比較兩組人的死亡趨勢意義是一樣的；為此我們定義一個比值，稱為**死亡趨勢比**或是**死亡趨勢對比值**（hazard ratio）。請注意死亡趨勢本身已經是一個比值，死亡趨勢比是兩個比值的比值，此概念類似於先前提到的危險對比值（請比較右頁表 D、E 的列表格式）：

$$\text{甲、乙兩群人的死亡趨勢比} = \frac{\text{甲的死亡趨勢}}{\text{乙的死亡趨勢}}$$

以下在數學式中，以代號 h 來表示死亡趨勢，並請注意死亡趨勢是在形容**某一時間點**的瞬間率（請回顧上個單元的⊙式），因此以 h（t）來表示**某一時間點**的死亡趨勢：

$$\text{甲、乙兩群人的死亡趨勢比} = \frac{h_{\text{甲}}(t)}{h_{\text{乙}}(t)} \quad \text{（簡記為 hazard ratio 或 HR）}$$

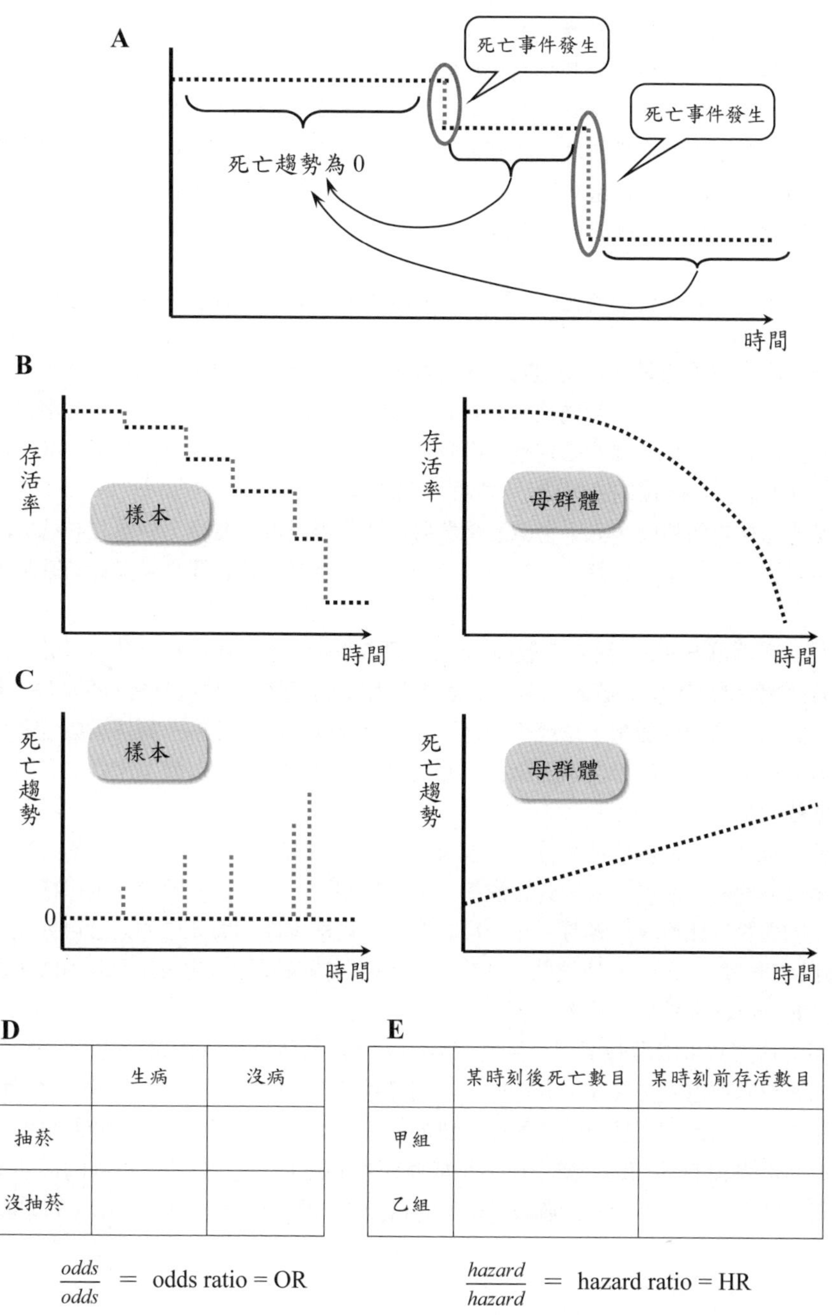

D

	生病	沒病
抽菸		
沒抽菸		

$$\frac{odds}{odds} = \text{odds ratio} = \text{OR}$$

E

	某時刻後死亡數目	某時刻前存活數目
甲組		
乙組		

$$\frac{hazard}{hazard} = \text{hazard ratio} = \text{HR}$$

單元116 比較存活曲線

上單元圖 C 母群體的死亡趨勢為直線只是個舉例，事實上有可能是各種更複雜的曲線。然而為了簡化分析，我們反而常常**假定**母群體的死亡趨勢是個更簡單的直線，像是右頁圖 A 中的水平直線，死亡趨勢雖不是 0，但卻一直是同一個值。

其實這個**假定**不太合乎常理，我們都知道時間越久也就是人的年紀越大，死亡趨勢應該越大才對，因此我們進一步假定得稍為合理一些的事情，也就是假定兩個群體的**死亡趨勢比**時時都是同樣的固定數值：

$$\text{甲、乙兩群人的死亡趨勢比} = \frac{h_{\text{甲}}(t)}{h_{\text{乙}}(t)} = \text{固定數值} = \text{HR 無論在任何的 } t \text{ 時間點}$$

這可以發生在不只是死亡趨勢為水平直線的情況，請見右頁圖 A ~ D。當兩組人的存活率圖一樣時，其**死亡趨勢比**時時都是同樣的固定數值而且等於 1；而當兩組人的**死亡趨勢比**時時都是同樣的固定數值而且等於 1 時，其存活率兩組時時都一樣，但可能是同樣的曲線、同樣的直線或是同樣的階梯線等等。

當有兩組樣本資料時，先不考慮其母群體存活曲線長得怎麼樣，而重在其母群體存活曲線是否相同的話，也就等同於猜測此兩組樣本母群體是否**死亡趨勢比**時時都等於 1。

請見右頁圖例 F、G。圖 F 中最後的存活率虛線組比雙線條組好一點，但從其存活率隨時間進展的過程，卻讓人很難下定論哪組比較好；圖 G 中兩組最後的存活率一樣，但從時間進展的過程看來，是雙線條組一直維持有較高的存活率。到底這些差異是因為從具有相同存活曲線母群體隨機抽樣的誤差，還是因為其母群體本來就具有不同的存活曲線呢？

我們可以把存活曲線切成幾段，分析每一段時間內兩組樣本存活與死亡的人數，如果兩組母群體的存活率（或說**死亡趨勢**）時時都相同，則每一段時間內兩組樣本存活與死亡的人數的比例應該相等。每一段時間內兩組樣本存活與死亡的人數可列成 2 乘 2 表格，如同單元 94、95 所述的方式來分析，而各段時間綜合起來如單元 103 所述的 Mantel-Haenszel 揑造法來分析。

利用上述方式來處理時間與存活的資料時，通常又稱為 Log-Rank 分析法。此分析方式的資料處理重點主要在時間切段，當切段較多、各段時間**內**母群體的真實**死亡趨勢**都相同時，以此法所猜測的效果是不錯的。但在某些樣本死亡事件的時間點與分析切段的時間點沒有適切地對應上時，可能會產生 Log-Rank 分析法所得到的極端率給你的猜測參考方向與存活曲線**直觀**上給你的猜測方向會不同，請見下個單元的圖解。

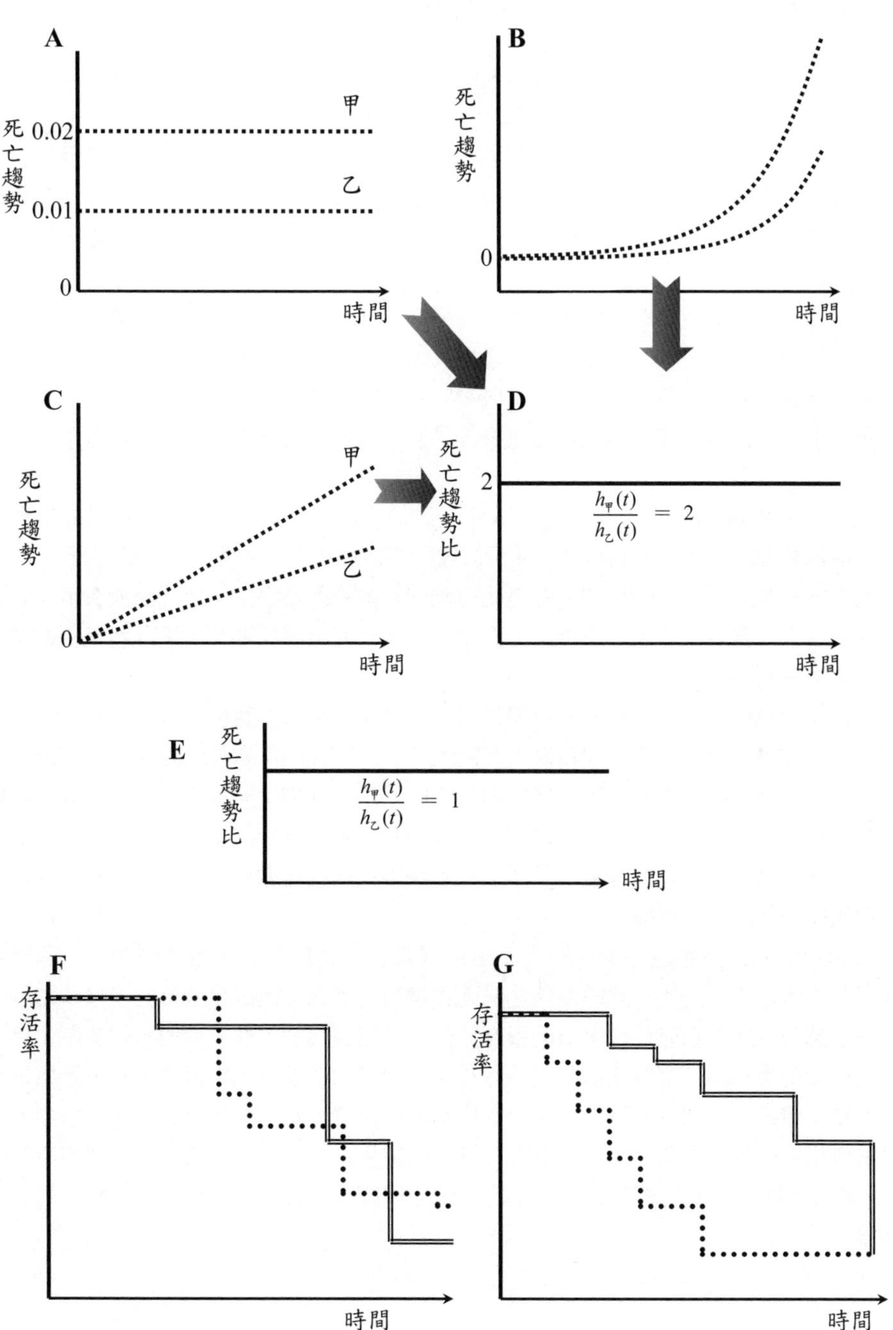
A
B
死亡趨勢
0.02
0.01
0
甲
乙
時間
C
D
死亡趨勢比
2
$\frac{h_{甲}(t)}{h_{乙}(t)} = 2$
E
$\frac{h_{甲}(t)}{h_{乙}(t)} = 1$
F
G
存活率

單元117　考慮多個變項的死亡趨勢

右頁為兩組樣本存活狀態與 Log-Rank 分析方式舉例，例中數據經過特別設計，刻意營造出分析結果可能與**直觀**上矛盾的狀況。右頁上表中為甲、乙、丙三組人的資料，一開始各組人數都是 28 人，表中列出各組在各時間點死亡的人數，為簡化數據，此例中沒有仍存活但卻截止觀察的事件發生。左邊圖表為甲、乙兩組樣本的存活曲線比較，右邊則為甲、丙兩組樣本的存活曲線比較；右頁所示為使用 SPSS 軟體所做的圖與分析結果。

不管從表中**數據**或是**存活曲線圖**來看，甲、乙兩組樣本的存活狀況**直觀**上有較大的差距，而甲、丙兩組樣本的存活狀況**直觀**上幾乎一模一樣，兩條存活曲線也幾乎貼在一起；**直觀**上我們會猜測甲、丙兩組樣本的母群體的存活曲線是相同的，至於甲、乙兩組樣本的母群體的存活曲線可能還不容易猜，畢竟兩組樣本的存活曲線並不是分得很開、差得很多。

然而 Log-Rank 分析法所得的極端率建議你猜測的方向是甲、乙兩組樣本的母群體存活曲線相同，而甲、丙兩組樣本的母群體的存活曲線是不同的；與**直觀**相反。

因為在研究資料實際分析時，都是使用電腦軟體進行運算的，所以研究者須注意分析結果是否與**直觀**上有所矛盾，以上例而言，研究者發現此點後，可以看是否能變更軟體中預設的時間切段。

不限於上例狀況，對於任何資料與任何分析，研究資料的**直觀**其實是分析資料的重要部分，如果任何分析方式與**直觀**上有明顯矛盾，研究者應該謹慎思考是否**直觀**太粗糙，漏掉了某些應注意的事項，須找出這造成矛盾的地方；若找不出來，則該懷疑使用的分析方式是否不適宜，或是自己的資料剛好是那個分析法不適用的特例。如前所說的，研究者請盡量**全盤考量**，千萬**不要一味地只相信直觀**感覺，但**也不要一味地只依賴數學分析**而忽略**直觀**。

回到存活率或**死亡趨勢**的比較上，兩個群體的**死亡趨勢比**，也就是以某一個變項來區分出兩群不同的人，比較他們之間**死亡趨勢**的異同。而跟很多事物一樣，每個人的**死亡趨勢**可能不只受一個變項的影響而已，可能與疾病有關、也與年紀有關、更與生活飲食習慣有關、還跟遺傳基因等等有關。當我們考量到諸多因素，而不是只以某一個變項將人分成兩個群體來比較時，那麼就會像單元 66~78 所提到的回規概念，只是依變項換成**死亡趨勢**。而死亡趨勢又是一種發生死亡與不死亡的二分類別變項的概念，讀者可察覺到**死亡趨勢比**與其他變項的回規關係，會類似單元 89~91 所說的對數回規。

甲組 vs 乙組				甲組 vs 丙組			
甲組		乙組		甲組		丙組	
時間點	死亡人數	時間點	死亡人數	時間點	死亡人數	時間點	死亡人數
1	2	1.99	2	1	2	0.99	2
2	4	2.99	12	2	4	1.99	4
3	18	3.99	10	3	18	2.99	18
4	4	4.99	4	4	4	3.99	4

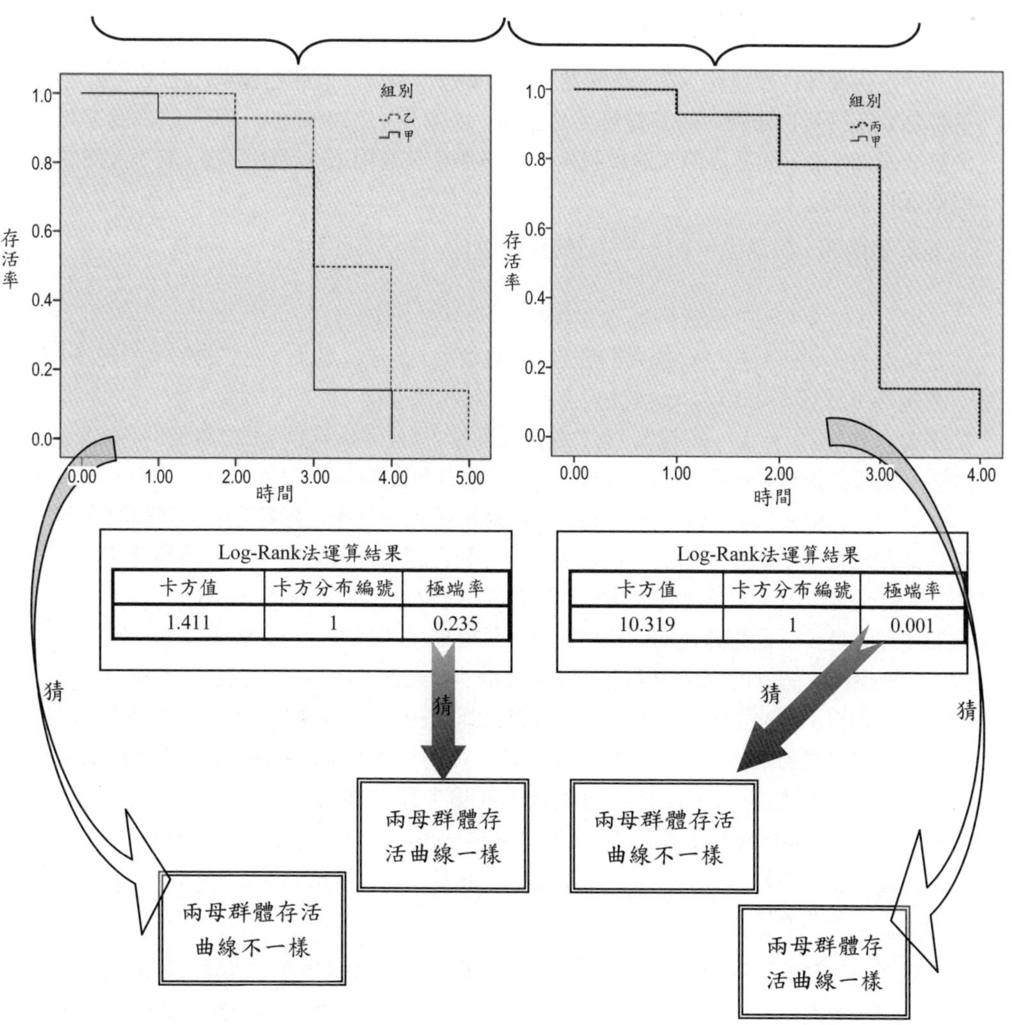

單元118　死亡趨勢比回規

死亡趨勢比與其他變項的回規關係，最常以下列數學關係式表示，請對照並比較 89~91 所提到的對數回規（下列回規關係式稱為 Cox Proportional-Hazards Model）：

$$\frac{h_x(t)}{h_{x=0}(t)} = e^{b_1x_1 + b_2x_2 + b_3x_3 + ...b_nx_n}$$

或者表示為下式（由上式在數學運算上取對數後轉換而成）：

$$\ln\left(\frac{h_x(t)}{h_{x=0}(t)}\right) = b_1x_1 + b_2x_2 + b_3x_3 + ... + b_nx_n$$

式中左側的**死亡趨勢比**為在 t 時間點，各個 x 數值情況下的**死亡趨勢**比上 $x_1 \sim x_n$ 全部都為 0 時的**死亡趨勢**。而其實質上的意義，如單元 91 中所說的一樣，已經過複雜的數學運算轉換，而難以簡潔地說明 $b_1 \sim b_n$ 各數值在實用上的精確意義，其不太簡潔但精確的意義是：

當 x_n **每**增加 1 個單位，$h\left(\frac{h_x(t)}{h_{x=0}(t)}\right)$就會增加 b_n。

簡單但非精確來說的話就是：

當 $b_n > 0$（$e^{b_n} > 1$）：x_n 越大，死亡趨勢也越大；並且 b_n 越大，死亡趨勢大得越多；

當 $b_n = 0$（$e^{b_n} = 1$）：x_n 無論大小，死亡趨勢都一樣；

當 $b_n < 0$（$e^{b_n} < 1$）：x_n 越大，死亡趨勢反而越小；並且 b_n 越小，死亡趨勢小得越多。

（上面所提到的 e 是數學上的自然底數，其值約是 2.72）

除了上面各變項與其係數（$b_1 \sim b_n$）所解釋對應到的為**死亡趨勢**之外，其餘概念與之前提到的回規概念是相同的，這也包括了在**死亡趨勢比**的回規中，也需考量各個變項之間的干擾作用，而處理的方式也跟前述的差不多，請回顧單元 81~90。

要注意的是，**死亡趨勢比**的回規也有很多種數學式可以表示，就像單元 66~70 所提醒的，要選擇一適當的規律線來進行回規分析。在之前的回規中，我們常**選擇**一次方的規律，當作出這個選擇時，表示我們已**假定**母群體中的真實規律就是一次方的規律。

而在**死亡趨勢比**的回規中，一般最常選擇上述的 Cox Proportional-Hazards Model；同樣的，當選擇用它時，也就等同**假定**母群體中**死亡趨勢比**的真實規律就是 Cox Proportional-Hazards Model 所呈現的規律。在這個規律中一個很重要的特點是：

死亡趨勢比$\frac{h_x(t)}{h_{x=0}(t)}$不管在任何時間都等於 $e^{b_1x_1 + b_2x_2 + b_3x_3 + ...b_nx_n}$，不隨時間而變動。

若要考量時間的不同而有不同的死亡趨勢比時，則規律式會更為複雜，本書不深入討論，請讀者比較右頁例題的兩種回規分析結果，先了解這個較為簡單的**死亡趨勢比**回規模式。

〔**例題**〕有一顯而易見的疾病，在一發病時就能被診斷出並進行治療，研究人員追蹤觀察了20位患者病後的狀態，如下表所列。目前該病有5個不同程度的治療法，強度越高的治療效果可能越高，但也可能有越強的副作用，研究者想知道治療強度是否與預後有關；研究人員打算以死亡趨勢與治療後疾病嚴重度指標來評估，並且同時考量兩個可能與預後有關的變項：性別與發病年紀。(下表性別標記：1為男性，2為女性)

死亡事件發生時間點	疾病嚴重度指標	性別	治療強度	發病年紀
1.50	55	1	1	39
5.50	56	1	2	37
2.50	57	1	3	41
0.50	59	1	4	40
1.00	60	1	5	50
2.00	61	1	5	52
5.00	66	1	4	57
3.50	77	1	3	66
2.00	99	1	2	70
2.00	55	1	1	67
1.50	55	0	1	69
4.50	72	0	1	42
5.50	50	0	2	36
6.50	50	0	2	51
7.00	51	0	3	55
2.50	75	0	3	72
2.50	90	0	4	59
6.00	90	0	4	67
3.00	47	0	5	51
4.00	49	0	5	46

〔**分析結果**〕該病的母群體患者的規律預估如下：

①疾病嚴重度指標 ＝ 3.70*性別 ＋ 0.38*治療強度 ＋0.72*發病年紀 ＋22.1

極端率≒0.56　　極端率≒0.86　　極端率≒**0.014**

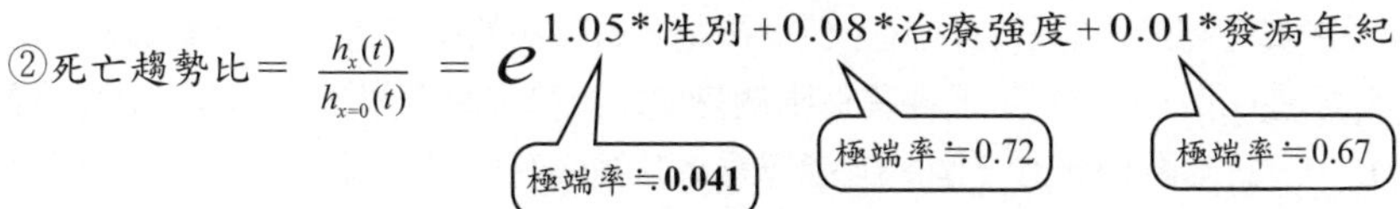

單元119　規律內與規律外的變項

上個單元的例題分析結果中，若以猜測界限值（ α ）設定為極端率 0.05，則猜測是：

性別、治療強度、發病年紀三個變項中，只有**發病年紀**與**疾病嚴重度指標**有規律關係，其關係為「發病年紀每增加 1 個單位，疾病嚴重度指標增加 0.72 個單位」；而只有**性別**與**死亡趨勢比**有規律關係，其關係為「男性比上女性的**死亡趨勢比**為 e1.05（≒ 2.8）」。

既然已經猜測性別、治療強度、發病年紀三個變項中，只有**發病年紀**與**疾病嚴重度指標**有規律關係，那麼在回規計算時，就不管性別、治療強度兩個變項的資料，只以**發病年紀**與**疾病嚴重度指標**兩項資料重新計算回規關係式的話，結果如右頁所示；同樣地，在**死亡趨勢比**的回規關係評估上，不管治療強度、發病年紀兩個變項的資料，只以**性別**與**疾病嚴重度指標**兩項資料重新計算，請見右頁的計算結果。

比較三個變項資料均納入計算，與只將一個變項資料納入回規關係的計算結果，可以看到兩結果有微小的差異，就以**發病年紀**與**疾病嚴重度指標**來說，其中「發病年紀每增加 1 個單位，疾病嚴重度指標從**增加 0.72 個單位**變為**增加 0.70 個單位**」，極端率從 0.014 變為 0.011。

這些微的差異主要是來自於原本**疾病嚴重度指標的增減，同時受到性別、治療強度、發病年紀三個變項的影響**，其中「男性比上女性疾病嚴重度指標多了 3.70 個單位」、「治療強度每增加 1 個單位，疾病嚴重度指標增加 0.72 個單位」，但是這兩項的影響因為其極端率太高，被認為那是隨機誤差造成看起來有 3.70 與 0.72 的影響。在捨棄這兩項會因隨機誤差的而造成干擾的變項後，**疾病嚴重度指標的增減全部只算在發病年紀這個變項的頭上**時，**發病年紀**對**疾病嚴重度指標**的影響就應該是「發病年紀每增加 1 個單位，疾病嚴重度指標增加 0.70 個單位」。

死亡趨勢比的情況也是一樣，請讀者自行比較差異。不論哪種回規關係式，精確地選對真正有關係的變項是很重要的，請見右頁圖示，圖中：

大圈圈：代表依變項。

實線小圈圈：代表與依變項**真的有關係**的變項。

虛線小圈圈：代表與依變項**真的無關係**的變項。

雙箭號：代表我們選擇認為有關係的規律。

圖 A 中真正有關係的只有一個，但選擇認為有關係的有三個；此情況下，真正有關係的影響被分散，被認為是透過其他兩個變項的規律去影響依變項（圖中虛線箭號）。

圖 B 中真正有關係的有三個，但選擇認為有關係的只有一個；此情況下，所有變項各自的影響力都被算成是那一個變項的影響（圖中虛線箭號）。

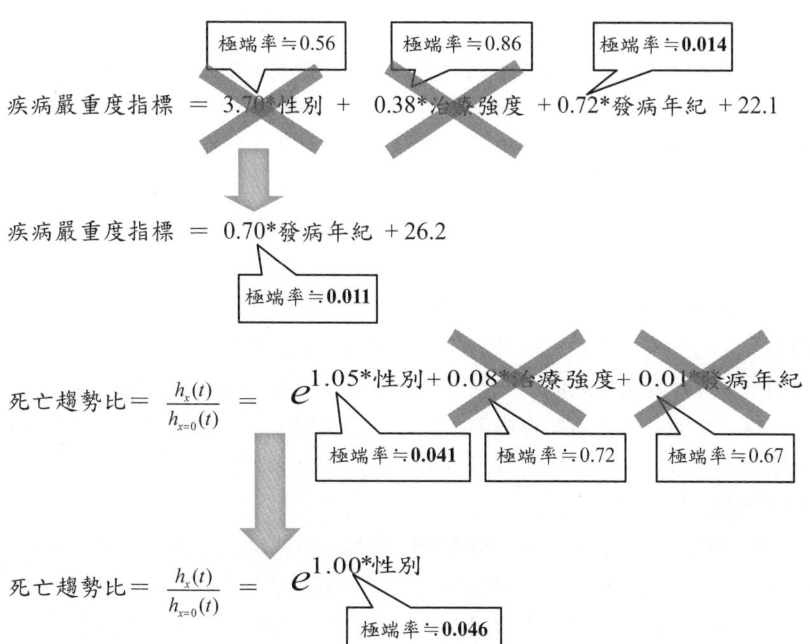
極端率≒0.56
極端率≒0.86
極端率≒0.014
疾病嚴重度指標 ＝ 3.70*性別 ＋ 0.38*治療強度 ＋0.72*發病年紀 ＋22.1
疾病嚴重度指標 ＝ 0.70*發病年紀 ＋26.2
極端率≒0.011
死亡趨勢比＝ $\frac{h_x(t)}{h_{x=0}(t)}$ ＝ $e^{1.05*性別+0.08*治療強度+0.01*發病年紀}$
極端率≒0.041
極端率≒0.72
極端率≒0.67
死亡趨勢比＝ $\frac{h_x(t)}{h_{x=0}(t)}$ ＝ $e^{1.00*性別}$
極端率≒0.046

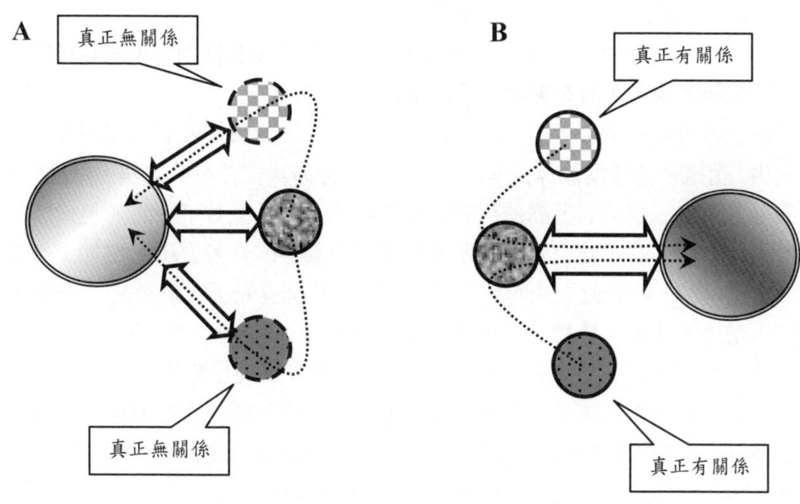
A
真正無關係
真正無關係
B
真正有關係
真正有關係

單元120　回規變項的選擇

找出真正有關係的變項很重要，但是要在一堆不知哪個才是真正有關係的變項裡（右頁圖 A），精確地分辨有無規律關係並不是那麼容易。請注意考量加入任何一個變項或剔除任何一個變項，都可能會影響其他變項在回規式中的**規律**與**極端率**。上個單元例子中的影響雖然較小（只差異了小數點第 2 位以下），但在其他情況下有可能有較大的影響。下面提供一個找出真正有關係的變項的方法（請參考右頁圖示）：

此法以**極端率**來做為辨認是否有真正規律關係的變項。猜測的**極端率**界限值設定為 α。

①先將樣本所有的變項都納入計算，算出回規關係式並查得每一個變項的**極端率**。

②把**極端率**最大的那一個變項（也就是最不可能真正有規律關係的變項）剔除，將剩下的變項重新計算其回規關係式，並查得新回規式中每一個變項的**極端率**。

③對於新回規式中與各變項新的**極端率**，重複②的過程，一直重複到回規式中所有變項的極端率都≧ α。（如果①時就所有變項的極端率都大於 α，即保留所有變項，不需下面步驟。）

④在剔除的變項裡，選一個加進來，再重新計算其回規關係式。若該變項在新回規式的**極端率**≧ α，保留該變項，若**極端率** α，再度剔除它。

⑤在剔除的變項裡，選另一個加入回規分析，重複④的過程，一直重複到所有被剔除的變項都經過此篩選過程。

⑥對於⑤最後保留的所有變項，再重複②③。

⑦對於⑥最後保留的所有變項，再重複④⑤。

反覆進行上面剔除與重新加入的流程，一直到**再也沒有任何變項可以被加入或是被剔除，而能讓回規式中所有變項的極端率都≧ α** 為止 。

請瞭解上述只是一個理論方式，並非保證經由此法找出的就必定在現實中是具有關係的變項；也還有各種其他尋找變項的方式，每種方式也各有其原理、用意與優缺點，研究者可以視自己需求來選擇使用。在實際研究上，甚至有不少研究是武斷選定而不經過數學運算篩選的，若有強大的學理依據或是豐富的參考文獻，再加上適當的研究設計，也可以在一開始就先決定好某些主要觀察的關鍵變項一定要進入回規分析。

（註：是決定要進入分析，不代表決定的變項就一定有回規關係，其可能在分析後具有非常大的極端率，而在猜測階段猜測其與依變項無規律關係。）

不論是經由何種方式來選定變項，當一個規律式中包括越多的變項時，會需要越多的樣本資料。請記得資料分析與研究設計是要並重且相互契合的，若能在研究設計中就能消去某些變項的干擾，在分析時就會更簡潔有效益。

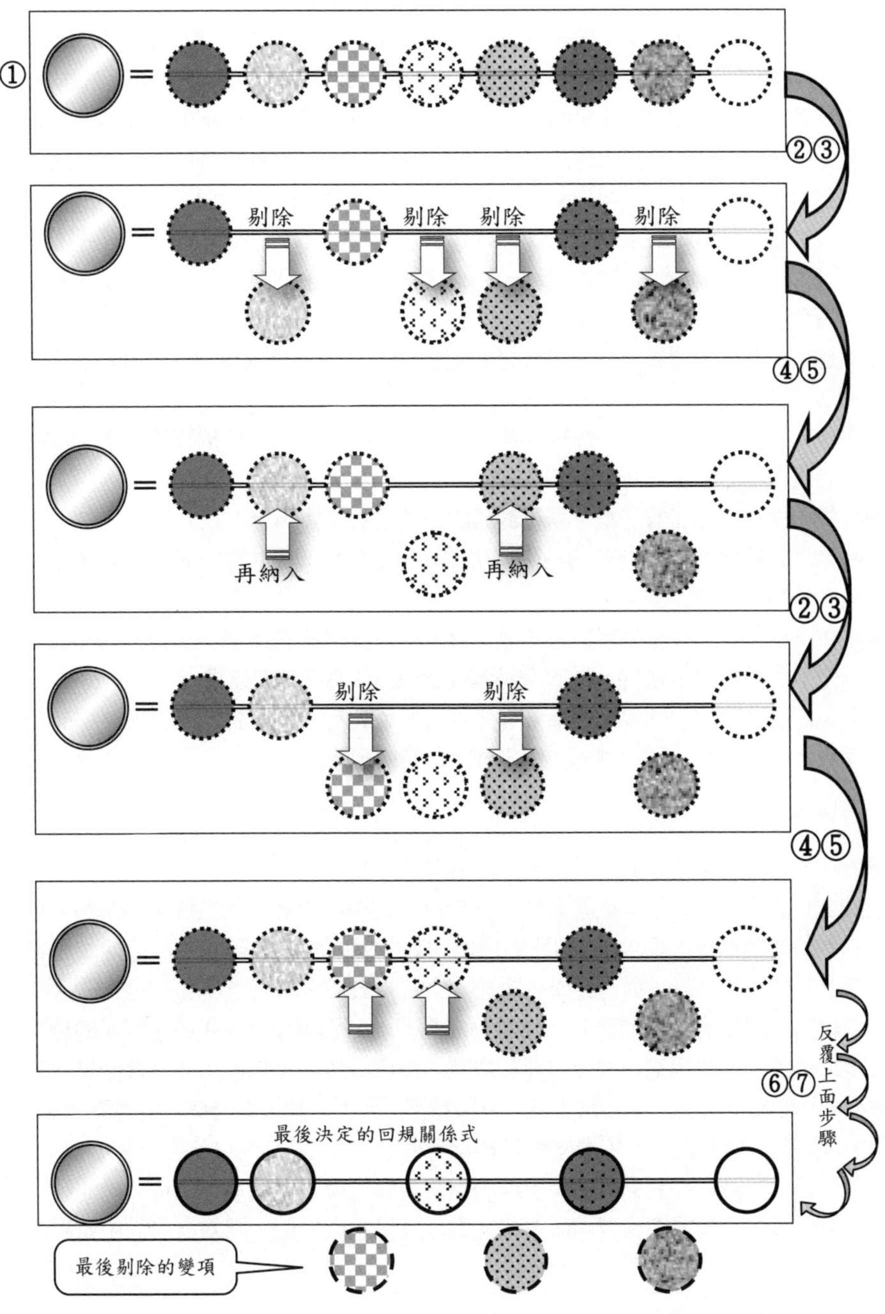
①
②③
剔除
剔除
剔除
剔除
④⑤
再納入
再納入
②③
剔除
剔除
④⑤
反覆上面步驟
⑥⑦
最後決定的回規關係式
最後剔除的變項

書末薦言　學習新方法的方法

不管是日常生活的資料或是研究的資料，資料的形式非常多種，並且隨著電腦的發達，資料的形式與量都日益增多。新的分析需求與新的分析法也都不斷地在推陳出新，本書著重的是在讓讀者了解研究設計與資料分析，以及各分析法的原理與中心思想。

任何分析方法，方法是人**想**出來的，**想出**如何分析才能用手上資料去了解想要知道的研究目的。我們要學習一個分析方法，最重要的是了解該方法是怎麼**想出**來的，創始者所想出該方法是如何去達到研究目的的；這也就是創始者所想該方法的**中心思想**。

以下舉一個已談過的分析法跟一個未談過的方法為例，來看看我們應該怎麼樣地學習，請參見右頁圖示：

〔例題一〕有兩組樣本身高資料，想知道兩個樣本的來源兩母群體的身高是否差異為 ψ。

右頁⑴是單元 45 提到過的運算處理方式，請注意右頁灰色框框所指出的這個運算處理方式的**中心思想**，並對照下面敘述：

★首先，你要決定怎麼判斷「**兩母群體的身高是否差異為 ψ**」。

★你要決定用什麼代表群體的身高，用總和、平均值、中位數、最大值、最小值，或是其他數值來計算差異？

★當你決定好後，接著浮現的想法是：**假定**兩母群體差異為 ψ，那麼來自兩母群體的兩樣本差異應該也是 ψ，也就是**兩樣本差異 ＝ 兩母群體差異 ＝** ψ。

接著你要決定如何運算處理後資料來做分析或比較，當**兩樣本差異值 ＝** ψ 時，下面關係都是對的，你要選哪一個來做為運算處理方式？

$$\text{兩樣本差異值} - \psi = 0 \qquad \frac{\text{兩樣本差異}}{\varphi} = 1 \qquad \text{兩樣本差異值}\sqrt{A^{\varphi}} = A$$

★最後，運算處理後得到的數值，如何用它來猜測？

以上，最重要的是了解及學習整個分析過程的**中心思想**，⑴式的**中心思想**可以表示成右頁①式的樣子。而 S2 等相關的複雜運算，只要知道那是該**中心思想**表現在數學運算上的樣子就可以，對於數學有興趣者才需要去細究為何是那樣子的數學運算。

〔例題二〕體重過重病的患者，隨機分成兩組，分別給予 A、B 各 6 個月的療程，在人體試驗中，當發現某組療效可能較好時，將處於療效不佳的人轉為接受療效較好的療程（不能為了研究而讓受試者處於危險狀態），因此每人有時間、何種療程、身高、體重等資料。想知道 A、B 兩療程何者較佳。

右頁⑵是本書未提到過的運算處理法，是個虛擬練習用的運算處理式子（請勿深究其數學涵義），請讀者練習忽略複雜的數學運算式與符號，只看框出的**中心思想**，看你是否也得到右頁②的**中心思想**式子。

讀者可再重新回顧本書所有的分析、捏造法，檢視自己是否充分了解各分析方式的中心思想

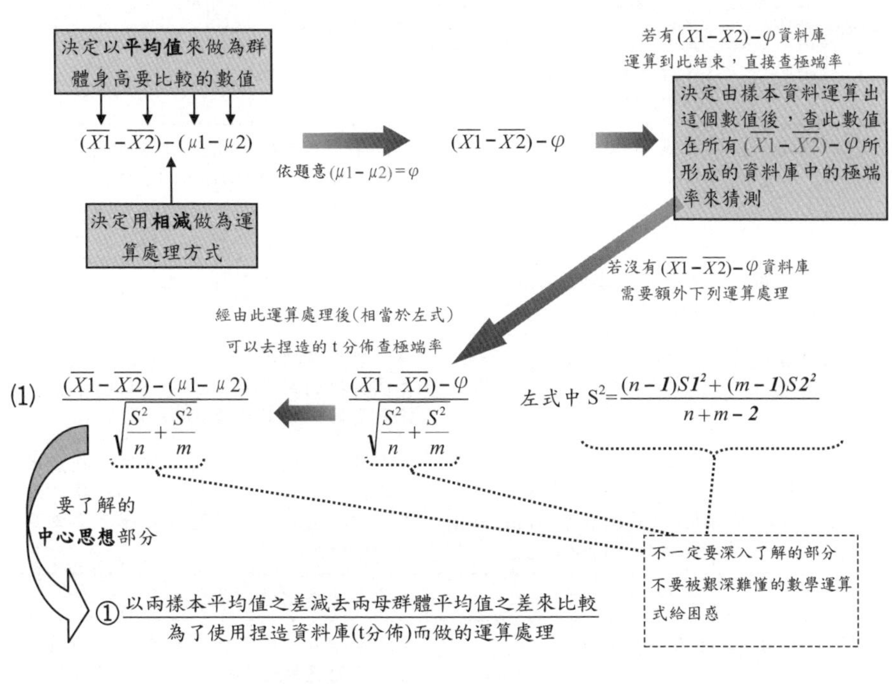

決定以平均值來做為群體身高要比較的數值
$(\overline{X1}-\overline{X2})-(\mu1-\mu2)$
決定用相減做為運算處理方式
依題意 $(\mu1-\mu2)=\varphi$
$(\overline{X1}-\overline{X2})-\varphi$
若有 $(\overline{X1}-\overline{X2})-\varphi$ 資料庫
運算到此結束，直接查極端率
決定由樣本資料運算出這個數值後，查此數值在所有 $(\overline{X1}-\overline{X2})-\varphi$ 所形成的資料庫中的極端率來猜測
若沒有 $(\overline{X1}-\overline{X2})-\varphi$ 資料庫
需要額外下列運算處理
經由此運算處理後(相當於左式)
可以去捏造的 t 分佈查極端率
(1) $\frac{(\overline{X1}-\overline{X2})-(\mu1-\mu2)}{\sqrt{\frac{S^2}{n}+\frac{S^2}{m}}}$
$\frac{(\overline{X1}-\overline{X2})-\varphi}{\sqrt{\frac{S^2}{n}+\frac{S^2}{m}}}$
左式中 $S^2=\frac{(n-1)S1^2+(m-1)S2^2}{n+m-2}$
要了解的中心思想部分
不一定要深入了解的部分
不要被艱深難懂的數學運算式給困惑
①以兩樣本平均值之差減去兩母群體平均值之差來比較
為了使用捏造資料庫(t分佈)而做的運算處理

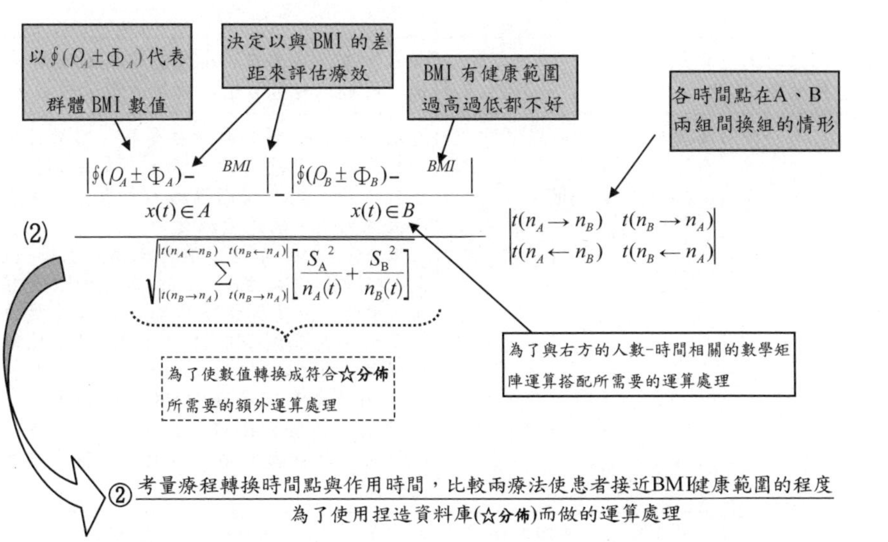

以 $\$(\rho_A\pm\Phi_A)$ 代表群體 BMI 數值
決定以與 BMI 的差距來評估療效
BMI 有健康範圍過高過低都不好
各時間點在A、B兩組間換組的情形
(2) $\frac{\frac{|\$(\rho_A\pm\Phi_A)-BMI|}{x(t)\in A}-\frac{|\$(\rho_B\pm\Phi_B)-BMI|}{x(t)\in B}}{\sqrt{\sum_{|t(n_B\to n_A)\ t(n_B\to n_A)|}^{|t(n_A\leftarrow n_B)\ t(n_B\leftarrow n_A)|}\left[\frac{S_A^2}{n_A(t)}+\frac{S_B^2}{n_B(t)}\right]}}$
$\begin{vmatrix} t(n_A\to n_B) & t(n_B\to n_A) \\ t(n_A\leftarrow n_B) & t(n_B\leftarrow n_A) \end{vmatrix}$
為了使數值轉換成符合☆分佈所需要的額外運算處理
為了與右方的人數-時間相關的數學矩陣運算搭配所需要的運算處理
②考量療程轉換時間點與作用時間，比較兩療法使患者接近BMI健康範圍的程度
為了使用捏造資料庫(☆分佈)而做的運算處理

本書註記：

標註編號	本書用語	一般生物統計學用詞	說明
1	猜	估計、推論、推測、estimate、inference	都是在猜的意思。
2	假定	假設、assumption	統計學上常用assumption表示前提假設，不用求證。用hypothesis表示等待證明的假設。在中文上assumption與hypothesis常常都同樣用「假設」一詞，容易混淆。
3	記錄簿	資料庫、data base、data bank	就是記錄一堆資料的地方
4	讀者自己決定	α 值	統計學上常用的 α 值有明確的定義，本書該處提到的是類似於 α 值的概念，並非完全等同統計學上的 α 值。
5	自然常態記錄簿	常態分佈（分配）、高斯分佈（分配）、normal distribution、Gaussian distribution	本書該處提到的公式是數學家所提出的，理論上，它只是一種數學上的機率密度分佈，但被公認為很接近自然世界真實事物的分佈情形。
6	明顯	顯著、significant	請見本書序中的說明。
7	極端率	p 值、p vaule	要注意的就是標示出某數值的p值時，是指在其對應的分佈中，發生比該數值更極端的數值的機率，而不是指發生該數值的機率。
8	篩選出的極端率	單尾p值	在自然常態分佈中，極端區域在圖的兩端，一般以雙尾p值、單尾p值來表示。
9		勝算比、危險對比值、odds ratio、OR	危險對比值必須要弄清楚是指「對於什麼，什麼比上什麼」的危險，在單元25例子中就是指「對於得❒❒病，大魚大肉比上不大魚大肉」的危險程度。 「對於A，B比C」的危險對比值若大於1就是B比C更容易發生A，小於1就是B比C更容易發生A，但其數值所代表的意義很複雜，是如單元25例子中4個數值經過3重比較的結果，並非危險對比值=2就是2倍容易發生的簡單意思。通常A是不好的事，所以常稱為危險對比值，如果A是件好事，odds常稱為勝算，odds ratio常稱為勝算比。
10		雙生子研究、雙胞胎研究、Twin Study	本書單元 26 中所舉例的只是說明概念，關於 Twin Study 的詳細研究設計有興趣者請參閱其他專門書籍。

標註編號	本書用語	一般生物統計學用詞	說明
11	猜範圍	區間估計、 Interval Estimation	就是猜一個範圍的意思。
12	命中範圍	信賴區間、 confidence interval、CI	一般書籍或教學解釋此詞中為信賴的意思時，主要是說有多少%信心會命中的意思，但對初學者而言，讓初學者能融會並理解其意義比讓其強記正確的英文原詞更重要；因此說信心，不如直接說就是命中率、猜對率。
13	t 分佈編號	自由度、 degrees of freedom、df	一般對自由度的解釋，就是有幾個傢伙可以自由地變動，舉例來說 100 人去只有 100 個座位的電影院看電影，當其中 99 人自由地選擇好座位坐定之後，剩下的那 1 人沒有選擇的自由，只能坐那剩下的 1 個座位，因此這個選座位事件的自由度是 n-1=100-1=99。 但說明自由度本身的意義，對於讓初學者了解為何 n=2 的就是對應到自由度 =1 的 t 分佈沒有幫助。因此本書請讀者當成這就是使用 t 分佈的規則，n=2 的就是對應到編號 1 的 t 分佈。本書編號 XX 的 xxx 分佈 = 一般說法自由度 XX 的 xxx 分佈。
14	這種猜錯	第一型錯誤、type I error	相對於第一型錯誤，〔當那個數值事實上不是來自那個分佈，卻猜那個數值是來自那個分佈〕在生物統計上就稱為第二型錯誤。
15	這種錯誤的機率	FDR、False discovery rate	〔當猜那個數值不是來自那個分佈，但那個數值事實上是來自那個分佈〕的錯誤率。這種錯誤與第一型錯誤或第二型錯誤都不同，請仔細比較。
16	各種事後比較的特色	無	很多生統教學資訊會列出各種事後比較的特色，某某事後比較方法較嚴格、較寬鬆、犯第一型錯誤機會較大或較小、檢定力較高或較低、較容易顯著……等等。這些應該是對這些比較方法要注意地方的提醒，研究者不宜只因為這些特色來決定使用哪個事後比較方法，最好是「你想要怎麼比，某個方法的比法、原理、特色剛好符合你想要的」，所以你使用那個方法來比較。
17	直線關係	線性關係	曲線也是線，中文上曲線關係也是線性關係，為免混淆，因此以直線明確表示。

標註編號	本書用語	一般生物統計學用詞	說明
18	回規	回歸、regression	都是指規律的意思。
19	規律線	回歸線、regression line	
20	個人醫療	個人醫療	目前臨床醫學上已證實有些疾病，雖是相同的病使用相同的藥物治療卻有極端差異的結果，發現是因為患者基因不同所導致。 人與人之間的差異很大，要找到多數人共通的特質來治病並不太容易，目前趨向將病人做各種細節的區分，找出每個人各自最佳的治療法。
21	干擾	干擾因子、 Confounding variable	一般生物統計學上對干擾這個字眼只用在干擾因子上，如同文中所說意義。
22		共變數分析、 ANCOVA、 Analysis of covariance	在單元 86 的例子中，此分析目的是想要知道球棒種類對距離是否有影響。而揮棒力量也影響距離，此分析中稱以回歸關係影響距離的揮棒力量為共變數（或共變項、covariance）。在單元 86~87 中簡述共變數分析如何在考量共變數的作用下求出球棒種類對距離影響的原理，至於詳細數學計算較為艱深複雜，本書省略。
23	四分位數的定義	四分位數的定義	不同定義的差別主要是因為數值排序後的序位是不連續的，但四分位數指的卻是處於不連續的序位上的數值（可以是連續的）。因此會有將不連續的序位投射在「用以表示連續的數值」的數線圖上的特殊概念（單元 92 圖），也因此會有是否要考慮第 0 個的想法分歧，以及每個序位在數線圖上佔據的空間概念（例如認為第 2 序位佔據了第 1.5~ 第 2.5 的位置）。
24	可以歸因	可歸因危險性、 Attributable Risk	這個詞通常在流行病學中使用，並且常用於是指壞的部分，因此用詞使用危險（Risk），然而其基本概念可以用在好、壞或中性的事物，例如單元 96 所提到的地方，可以說是可歸因治癒率。

最後提點：

不要忘記生統分析是幫助我們猜測的一種方法而已，我們是要使用它來幫助我們猜測，而不是要用它來破壞我們的資料！如果你的資料顯示了非常明顯的訊息，但卻找不到現有任何生統分析法、難以做任何轉換處理時，請捨棄利用生物統計學來幫助猜測，請由其他方式做猜測。

發展或使用某種生物統計方法來運算處理資料以進行分析固然很好，但可不要為了生物統計上的分析，將資料運算處理成無法解釋或已失去本義的數值。

附錄　近年國際動態：關於生物統計在醫學研究上的運用

以下所提到的 p，就是本書所說的**極端率**。

目前在生物醫學的研究上，研究人員是否能在國際期刊上發表他們的研究結果，很多都是取決於 p 的大小，因此有些研究人員為了讓 p 達到可以發表論文的程度，而更動研究設計或是資料分析方式（這些更動可能是增加研究樣本、挑選利於發表的資料或分析法……等等）。請注意，這邊說的是為了 p 達到可以發表的程度而做的更動，並不是指為了讓研究架構更完善或是修補研究中的缺失所做的更動。

這些做法很多都是不適當的，單純只是要調整 p 的大小以讓研究能夠發表。對於這種情形，學術界近年來有抵制生物統計上的 p 的潮流在慢慢成形；並且稱上述這種太過重視 p，以至於做研究以 p 為依歸的情形為：**被 p 駭了 (p-hacking)**！下列是關於 p-hacking 的文獻之一：

刊載期刊與日期：國際期刊《PLoS Biology》，2015 年 3 月

文章標題：The extent and consequences of p-hacking in science.

作者：Head ML, Holman L, Lanfear R, Kahn AT, Jennions MD.

摘要前兩句：A focus on novel, confirmatory, and statistically significant results leads to substantial bias in the scientific literature. One type of bias, known as "p-hacking," occurs when researchers collect or select data or statistical analyses until nonsignificant results become significant.

其實早在 2014 年 2 月，國際期刊頂尖期刊《Nature》就已明言〔P values, the "gold standard" of statistical validity, are not as reliable as many scientists assume.(統計上用以判斷或推論的 ' 黃金標準，p 值，不是你想像中的那麼可靠)〕。

文章標題：Scientific method: Statistical errors

作者：Regina Nuzzo

2015 年 3 月，與《Nature》同一家出版社的另一個國際頂尖期刊《Nature Methods》，發表了一篇關於 p 值與重複相同研究是否可出現相同結果的評論文章，其中說到〔Researchers would **do better to discard** the P value and use alternative statistical measures for data interpretation.（研究者最好不要再使用 p 值，趕快找別的統計測量值來解釋研究結果吧）〕。

文章標題：The fickle P value generates irreproducible results.

作者：Halsey LG, Curran-Everett D, Vowler SL, Drummond GB.

關於上面這篇，作者的立意應是良好的，是要勸大家不要太過依賴 p 值的意思；不過該篇文章的用詞有些不夠精確，此評論發表後有其他學者指出其論點不夠正確。讀

者讀完本書至此，應該知道 p 值並非是個統計測量值 (statistical measures)，它也不能用來解釋研究結果：它只是一個率，一個讓我們參考研究結果有多極端的**極端率**。該評論作者如此用詞可能是因為太多研究者都誤以為 p 值是個統計測量值，並且以 p 值來解釋研究結果。

P 快要被批評地像個邪魔歪道一樣了……什麼！有…有人用「**邪惡**」來形容 p 值？真的講這麼白，事情有那麼嚴重嗎：

刊載期刊與日期：國際期刊《Nature》，2015 年 4 月

文章標題：Statistics: P values are just the tip of the iceberg

作者：Jeffrey T. Leek & Roger D. Peng

內文第一句：There is no statistic more **maligned** than the P value.

2016 年 3 月，《Nature》又再度在他們的期刊警告 (warning) 不要再濫用藥物啦，喔不，是不要再濫用 p 值啦：

文章標題：Statisticians issue warning over misuse of P values

作者：Monya Baker

你以為這股學術潮流只是嘴上說說嗎？不，它們可不承認自己已經 40 歲只剩一張嘴而已啊，來看看這家國際期刊採取了甚麼實際的動作吧：《Basic and Applied Social Psychology》這本期刊 2015 年 2 月公開宣布它們不再發表文中出現有 p 值的論文（如果投稿人的文中有 p 值，在正式發表時將會被刪去或是不發表）。同月份《Nature》就在他們的期刊中提到這件事，並說 p 值被禁 (ban) 了：

文章標題：Psychology journal **ban**s P values

作者：Chris Woolston

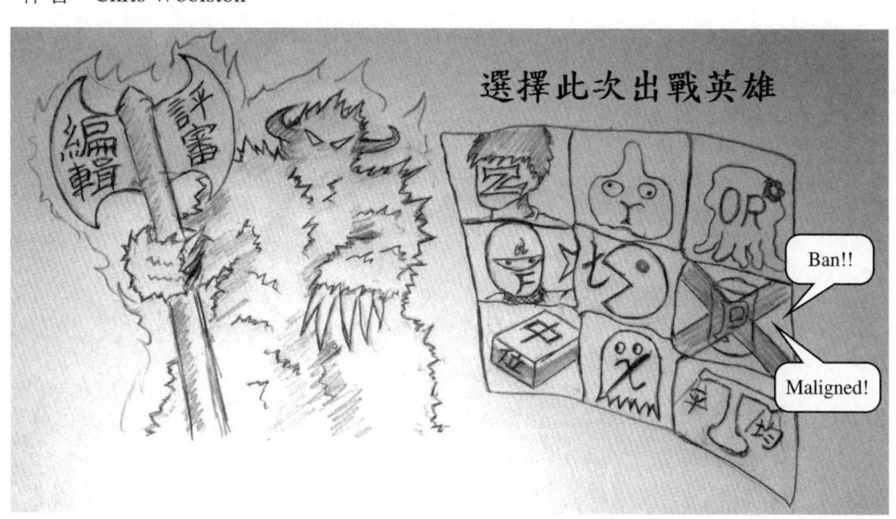

上面所列舉的文獻只是這股反 p 潮流的一小部分，各位可從上面文獻查詢到更多它們的相關文章。關於這股學術上的趨勢，本書的讀者們應該要注意，卻不必太過擔憂；相信本書的讀者們也絕對不會有濫用 p 值的事情，因為本書內文中壓根就沒有 p 值這個詞啊！讓我們再自我提醒一下：**極端率**只是一個讓研究者**參考**來猜測的數值，它只是個讓我們**參考**來猜測的數值，它只是讓我們**參考參考**而已！不是指標、不是標準、不是黃金，它純粹就是個**參考**而已。好好地利用**極端率**，而不要過度幻想它不具有的功能，**極端率**仍然是個非常有價值，能幫助我們猜測、決策的好東西。

只要確實從根本了解原理，就不怕錯用。只要不誤用、不濫用，各位讀者請有信心、光明正大地好好享用生物統計對分析資料所帶來的裨益；讓我們將生物統計用於所當用，止於所不可不止吧。

國家圖書館出版品預行編目資料

圖解生物統計學／陳錫秉著. --二版. --臺北市：五南圖書出版股份有限公司, 2024.09
面； 公分
ISBN 978-626-393-540-2(平裝)

1.CST: 生物統計學

360.13 113010013

5J72

圖解生物統計學

作　　者 — 陳錫秉(268.5)
企劃主編 — 王俐文
責任編輯 — 金明芬
封面設計 — 封怡彤
出 版 者 — 五南圖書出版股份有限公司
發 行 人 — 楊榮川
總 經 理 — 楊士清
總 編 輯 — 楊秀麗
地　　址：106台北市大安區和平東路二段339號4樓
電　　話：(02)2705-5066　傳　　真：(02)2706-6100
網　　址：https://www.wunan.com.tw
電子郵件：wunan@wunan.com.tw
劃撥帳號：01068953
戶　　名：五南圖書出版股份有限公司
法律顧問　林勝安律師
出版日期　2016年 6 月初版一刷(共四刷)
　　　　　2024年 9 月二版一刷
定　　價　新臺幣400元

經典永恆·名著常在

五十週年的獻禮——經典名著文庫

五南，五十年了，半個世紀，人生旅程的一大半，走過來了。
思索著，邁向百年的未來歷程，能為知識界、文化學術界作些什麼？
在速食文化的生態下，有什麼值得讓人雋永品味的？

歷代經典・當今名著，經過時間的洗禮，千錘百鍊，流傳至今，光芒耀人；
不僅使我們能領悟前人的智慧，同時也增深加廣我們思考的深度與視野。
我們決心投入巨資，有計畫的系統梳選，成立「經典名著文庫」，
希望收入古今中外思想性的、充滿睿智與獨見的經典、名著。
這是一項理想性的、永續性的巨大出版工程。
不在意讀者的眾寡，只考慮它的學術價值，力求完整展現先哲思想的軌跡；
為知識界開啟一片智慧之窗，營造一座百花綻放的世界文明公園，
任君遨遊、取菁吸蜜、嘉惠學子！